微观院士经济学：科学家的公司创新效应研究

Microeconomic Analysis of Academicians: Research on the Scientists' Corporate Innovation Effect

许荣　著

中国人民大学出版社
·北京·

国家社科基金后期资助项目

出版说明

后期资助项目是国家社科基金设立的一类重要项目，旨在鼓励广大社科研究者潜心治学，支持基础研究多出优秀成果。它是经过严格评审，从接近完成的科研成果中遴选立项的。为扩大后期资助项目的影响，更好地推动学术发展，促进成果转化，全国哲学社会科学工作办公室按照“统一设计、统一标识、统一版式、形成系列”的总体要求，组织出版国家社科基金后期资助项目成果。

全国哲学社会科学工作办公室

前　言

科技创新既是实现科技强国的重要保障，又是影响国家安全的坚固基石，还是实现中国经济高质量发展、建设制造强国的重要推动力。当前科技创新仍然面临着机制体制上的重重束缚，如何突破这些障碍和束缚，充分发挥新型举国体制的优势，是不同学科领域的研究者们正在努力探索的问题。

近十多年来，由于公司金融层面的创新数据容易获取，微观金融学和创新经济学的研究者们开始共同关注公司金融层面公司创新的研究。笔者的教学研究方向较多地集中于公司金融和金融市场，从 2013 年起开始关注公司金融层面的创新影响因素和创新效率问题。在研究公司创新的过程中，笔者逐渐对创新者也就是科学家产生了兴趣，并逐渐开展了针对科学家的选拔机制、激励机制、绩效度量、资源效应以及从科研成果向公司创新的转化机制等一系列问题的研究。

笔者与研究合作者以及指导的博士生、硕士生①从 2013 年开始共同搜集了有关院士以及院士候选人历届选举的公开数据，历经和波士顿大学费斯曼教授、南加州大学汪勇祥教授、麦考瑞大学石劲教授的共同探讨，最终形成了 2018 年发表于《政治经济学》杂志上的《社会关联与院士选举》一文（Fisman et al.，2018)。该文在作为工作论文期间即获得了较多关注，并在较短时期内即获得了谷歌学术搜索接近 100 次的引用，其作者团队曾受美国国民经济研究局（NBER）邀请做学术报告。著名的自然科学顶尖期刊《科学》杂志邀请社会学家、美国国家科学院院士、北京大学

---

① 特别感谢中国人民大学郑志刚教授，他主持的公司金融研讨会从 2008 年开始持续至今，以双周讨论会的形式共同探讨了很多宝贵的研究想法和研究方法。笔者长期参与该研讨会，受益颇多。感谢中国人民大学彭飞博士、刘成立博士、吕青博士、钟腾博士、杨雯葳、陆涛和对外经济贸易大学王珽博士以及宾夕法尼亚大学季若愚博士在数据搜集方面的辛勤付出。还有很多老师和同学以各种方式在数据搜集过程中提供过帮助，无法一一具名，在此均表示诚挚的谢意。

“千人计划”讲座教授谢宇以专文形式对论文进行了评论。[①] 受到这一研究成果的鼓励，同时也为了更进一步利用课题组搜集的原始数据，笔者和李从刚博士（现任教于苏州大学）[②] 进一步把院士及院士候选人（简称候选人）数据与公司合作及创新数据进行合并，开展了若干从公司金融层面探讨科学家对于公司创新以及公司融资甚至公司治理的影响的研究。

在上述成果的基础上，笔者进一步对科学家在公司创新中的影响以及作用机制进行了系统梳理，并有幸获得了中国人民大学科研基金以及国家社科基金后期资助。不同时期的评审专家在肯定这一选题的研究价值的同时，都对这一研究提出了极具建设性的批评意见，对这些意见的吸取也极大地充实并完善了我们的课题研究。展现在读者眼前的这本小书，正是这些思考和研究的部分成果。

本书除导论外共分八章。导论结合中国科技工作者激励机制的现状简要介绍了全书的研究视角。第一章和第二章可以看作全书的研究综述部分，在科学经济学和公司金融学这两个细分学科的背景下讨论了本书的研究主题，同时综述了有关科学家的公司创新效应的已有研究。第三到八章为本书主体部分，以规范的现代微观计量实证方法为主、以案例分析方法为辅，分别讨论了科学家的资源配置效应、院士工作站的公司创新效应评估（案例分析）、院士工作站的公司创新效应评估（实证分析）、科学家的声誉效应与信息鉴证效应的准自然实验研究、科学家独立董事的公司创新效应，以及科学家独立董事的监督职能。

由于篇幅限制，本书仅重点讨论了科学家的公司创新效应是否存在以及相应的机制问题，这样的内容选择更加符合本书书名《微观院士经济学》的原义，至于院士制度改革这一热点问题的探讨，本书并未涉及，可能会在以后的研究中进一步探索。

本书能够最终付印，要感谢很多人的努力。其中博士生研究助理方明浩和徐一泽承担了重要的资料搜集工作。中国人民大学出版社的崔惠玲老师和韩冰老师具有极强的专业性和敬业精神，她们在疫情期间仍然保持专业、高效的工作，极大地加快了本书的出版进程。

本书适合于对创新研究感兴趣的读者，也适合于对公司金融或者微观计量实证方法应用感兴趣的读者。需要指出的是，由于作者水平有限，书中难免存在一些错误，请各位读者不吝指出。

---

① Xie Y. It's Whom You Know That Counts. *Science*, 355 (6329): 1022 - 1023.

② 部分实证工作还受益于和宁波诺丁汉大学曹冲教授、中国人民大学王雯岚博士以及方明浩博士的合作研究。

目　录

导　论

为了用较短篇幅陈述本书的研究思路，本导论具体从科研实力与科研转化能力之间的鸿沟、科学家与经济人之间的桥梁这两个视角提出研究问题。由于这两方面的问题正是当前中国政策制定者和媒体特别关注的焦点问题，因此本书列举了较多的公开数据和新闻报道，希望既能体现本书研究主题的现实意义，又能增强阅读的趣味性。本导论分三部分展示了本书的研究切入视角，即聚焦于科学经济学与公司金融学的交汇点，尽可能利用现代微观计量实证的方法尝试回答科学家参与会对公司创新、公司融资以及公司治理产生什么具体影响这几个问题。

一、如何填补科研实力与科研转化能力之间的巨大鸿沟

1. 科研实力快速增强

从各项指标看，中国已经成为一个名副其实的科研大国，但是中美贸易战中暴露出较多“卡脖子”技术问题，表明基础科研与科技应用之间存在巨大的鸿沟，其中一个重要原因是我们的公司科学家数量严重不足，科学家与公司开展的合作较为欠缺。

从科研经费投入看，我国已成为仅次于美国的世界第二大研发（R & D）经费投入国家。2019 年，全国共投入 R&D 经费22 143.6亿元，比上年增加 2 465.7 亿元，增长 12.5%；R&D 经费投入强度（与国内生产总值之比）为 2.23%，比上年提高 0.09 个百分点。按 R&D 人员全时工作量计算的人均 R&D 经费为 46.1 万元。R&D 经费投入强度超过欧盟 15 国平均水平。① 我国 R&D 人员总量稳居世界首位。2018 年，按折合全时工作量计算的全国 R&D 人员总量为 419 万人年，是 1991 年的 6.2 倍。我国 R&D 人员总量在 2013 年超过美国，已连续多年稳居世界第一位。

---

① 参见国家统计局等发布的《2019 年全国科技经费投入统计公报》。

从科研成果看，数量方面，2018 年，国外三大检索工具《科学引文索引》（SCI）、《工程索引》（EI）和《科学技术会议录索引》（CPCI）分别收录了我国科研论文 41.8 万篇、26.6 万篇和 5.9 万篇，数量分别位居世界第二、第一和第二。质量方面，根据基本科学指标数据库（ESI）论文被引用情况，2018 年我国科学论文被引用次数排名世界第二。

2018 年，我国专利申请数和授权数分别为 432.3 万件和 244.8 万件。质量方面，以最能体现创新绩效的发明专利为例，2018 年，发明专利申请数达 154.2 万件，占专利申请数的比重为 35.7%；平均每亿元 R&D 经费产生境内发明专利申请 70 件。截至 2018 年底，我国发明专利申请量已连续 8 年居世界首位。2018 年通过《专利合作条约》（PCT）提交的国际专利申请量居世界第二位。

2. 科研成果转化严重不足

虽然我国科研经费投入及科研成果都已跻身国际前列，但是绝大多数科研成果并没有转化成现实的生产力。雄厚的科研实力与科研转化能力之间存在巨大鸿沟，集中体现为中美贸易战中爆发的中兴事件、华为事件以及一系列“卡脖子”技术问题。① 科研成果转化率并不存在一个权威的数值，而是存在多种估计。发改委原副主任张晓强曾经表示，我国科技成果转化率仅为 10%，而发达国家的这一比例在 40%以上。② 从统计数据看，2013 年，我国高校专利出售总金额为 4.5 亿元，实际收入为 2.5 亿元，分别仅相当于同年高校科研经费支出总额的 0.37%和 0.20%；专利出售合同数 746 项，仅占同年专利授权总数的 2.7%。而同期，美国高校的专利许可收入在 20 亿～30 亿美元，2010 年为 24 亿美元，相当于其科研经费支出的 3.8%。技术专利转让应用不足是我国高校科技成果转化面临的突出问题。这也是长期以来人们认为我国高校科技成果转化不足的主要原因。③ 沈健根据教育部的《高等学校科技统计资料汇编》，汇总得出 2015—2017 年中国高校获得的发明专利总数为 160 236 项，专利出售数为 7 957 项，将出售数除以专利总数得到比率为 4.97%；并基于 PatSnap 数据库中 2008—2017 年这 10 年的数据，得出高校专利出售和专利许可数量之比约为 5∶1，结合出售专利数据可以推算出中国的科研成果转化率约为 6%。他据此得出：“中美两国的科技成果转化率数值分别为 6%和

① 《科技日报》曾推出系列文章报道制约我国工业发展的 35 项“卡脖子”技术，引起了广泛关注与讨论，详见《科技日报》2018 年 4 月 24 日版。

② 中国科研投入效益差距大，成果转化率低［EB/OL］. 科学网，2015－12－06.

③ 杜德斌. 全面客观认识我国高校科技成果转化问题［M］. 光明日报，2015－12－12.

50％；以‘科技成果转化效率’指标衡量则差距进一步拉大，两国的数值分别为6％和100％。”①

3. 迫切需要研究科学家如何更广泛高效地参与公司创新

一方面，长期以来，中国尖端科研资源大多分布于科研院所，而与公司研发呈现割裂状态（张艺等，2016）。中国优质科研资源多数分布在科研院所，与公司研发缺乏跨组织的创新互动（张艺与陈凯华等，2016）。中国科研院所的科研资源与公司研发之间的割裂状态很大程度上源于20世纪50年代模仿苏联科技体制模式的影响（何郁冰，2012），在该模式下，庞大的科研体系（如中科院掌握了全国超过85％的大型科研设施以及130多个国家重点实验室）长期独立运行于公司研发体系之外。

国家知识产权局发布的《2018年中国专利调查报告》中的数据显示，我国公司对专利等创新的需求不断增加与高校专利成果转移转化困难的现象并存。在我国，78％的公司认为其所在行业需要依靠专利取得或维持竞争优势。然而，我国高校有效专利实施率和专利产业化率均远低于全国平均水平。高校专利运用能力不足，阻碍了高校专利价值的实现。66.93％的高校和科研院所认为，“缺乏技术转移的专业队伍”是专利成果转移转化面临的最大障碍。在当前全面实施国家创新驱动发展战略的新时期，产学研合作直接作用于创新环境，构成了国家创新体系的源泉（龚刚与魏熙晔等，2017）。如何促进产学研有效合作，解决当前创新资源分散、封闭、缺乏整合的现状，成为我国当前创新管理实践中迫切需要解决的问题。

另一方面，科学研究与公司合作的管理实践已经在国内部分顶尖公司中顺利开展。王珊珊与邓守萍等（2018）详细分析了华为公司的创新案例，其创新技术中约80％来自与各类高校的合作科研。2020年华为创始人任正非密集访问中国顶尖科研型大学的新闻也在国内外引起了广泛关注。任正非3天内在上海与南京接连访问了4所名校，即上海交通大学、复旦大学、东南大学和南京大学，“在每所大学均参与了专家座谈，与校方探讨了校企合作的历史与未来，产学研合作，并强调要重视高校人才的培育，助力芯片自主、人工智能产业壮大”②。另外，根据笔者所在课题组的前期研究，初步统计发现有462家上市公司拥有共358个院士（或院士候选人）等顶尖科学家担任独立董事。从2008年年底开始，在地方

① 沈健．中国科技成果转化率与美国差距有多大，问题在哪里？［EB/OL］．知识分子网，2019-11-22.

② 任正非3天访问4所名校：重视高校人才培育，助力芯片自主、人工智能产业壮大［EB/OL］．文化视界网，2020-08-02.

政府和中国科学技术协会的推动下，建立院士工作站的上市公司数量从2008年年底的5家增长到2016年的367家，占当年上市公司总数的近八分之一。这些案例和统计数据都表明，通过从学术界科研视角切入，研究学术界与公司创新之间多种合作方式的不同影响效果，以及学术界科研促进公司创新的内在机制，有可能更好地帮助学术界和产业界理解科学家参与公司创新合作的机制与影响，从而对推动国家创新体系的建设具有重要意义。

二、科学家与经济人之间的桥梁

科学家（scientist）这一当前使用频率极高的词汇，始于1833年英国威廉·惠威尔（William Whewell）的创造①，在19世纪后开始广泛使用。此前漫长的人类历史中，尽管并不缺少石破天惊的科学发明，但是并不存在"科学家"这一专门职业。然而，不论是政策制定者还是社会科学研究者以及读者大众，都倾向于把科学家视作单纯旨在改善人类福利、受好奇心驱使、不计名利得失的神圣职业。事实上，英文中的"scientist"更多对应的是"科技工作者"这一职业名称，并不含有褒贬之义。然而，中文所称"科学家"，不仅包含了对其工作性质的说明，而且包含了对其崇高的职业道德和人类理想的肯定。

亚当·斯密在其巨著《国富论》中曾明确地把科学巨匠牛顿描述成为完全受好奇心驱使、超越世俗利益追求的科学巨人，然而后世的历史研究揭示，斯密关于科学家的这一观点很可能并不准确。尽管科学家的工作很大程度上会造福人类，但是科学家也和普通人一样受到物质利益激励和各种资源约束，即同样是经济人，共同受到经济规律支配。《帕尔格雷夫经济学大辞典》中直言：斯密的《国富论》中关于牛顿的描述是错误的，好奇心的驱使可能不如金钱和名声的激励重要（Shiller et al.，2008）。如果针对科学家的激励不充分，那么很有可能出现科学家集体离职或者消极怠工的现象。现代金融体系中的资本市场有可能为科学家提供强大的激励机制。

1. 中科院核能所集体辞职事件体现了科研人员激励机制的重要性

2019年7月15日，在中美科技博弈之际，中科院合肥物质科学研究院所属核能所有90多名科研人员集体辞职，他们大都是拥有博士学位的年轻科研人员，其中70多人拥有编制。辞职的人数几乎占据整个研究所

---

① 参见斯坦福大学哲学大百科全书的说明。

人数的一半。据《中国经营报》报道，核能所这两年申请不到大的科研项目，没有钱，人才就走了。核能所最高峰时有 500 人，这几年人才快速流失，2018 年起只有 200 来人了。①

2. 现代金融体系尤其是资本市场提供的激励和治理功能

博迪和 1997 年诺贝尔经济学奖得主默顿于 20 世纪 90 年代在一系列论文及教材中提出了金融功能观的全新分析框架（博迪和默顿等，2009）。博迪和默顿等（2009）把金融体系最核心的功能概括为六项：在时间和空间上转移资源；提供分散、转移和管理风险的途径；提供清算和结算的途径以实现商品、服务和各种资产的交易；提供集中资本和分割股份的机制；提供价格信息；提供解决激励问题的方法。

创新公司对科技人才的激励，很多是以股票期权形式发放激励性薪酬，这类基于现代金融体系的酬劳支付方式很大程度上有助于缓解公司科技人才的逆向选择、道德风险和委托代理问题。

2019 年 6 月 13 日，上海证券交易所科创板宣布正式开板。科创板允许尚未盈利甚至存在累计未弥补亏损的优质公司在科创板上市，不再对无形资产占比进行限制。科创板创新性的上市制度为中国高新技术公司提供了强有力的金融支持，同时也为科技人才激励机制的完善提供了更多选择。

以在科创板发行上市的北京中科寒武纪科技有限公司（简称“寒武纪”）为例，其股票发行价为 64.39 元/股，开盘大涨 288%，股价直达 250 元/股，市值迅速冲破 1 000 亿元。寒武纪董事长、CEO 陈天石曾担任中科院计算所研究员及博士生导师，并于 2016 年创办寒武纪。短短 4 年，寒武纪发展迅猛，成为国内最具神秘色彩的科技独角兽之一。陈天石作为实控人，持有寒武纪约 1.2 亿股股份，持股比例高达 33.19%。随着寒武纪成功上市，按照开盘 1 000 亿元的市值计算，陈天石持股对应的市值超过 300 亿元。②

2021 年 3 月 23 日，诺诚健华 B（09969.HK）在香港联合交易所（简称港交所）挂牌上市，成为 2020 年首只在港交所上市的生物医药科技股。诺诚健华上市首日逆市高开，开盘价达 9.4 港元/股，较发行价上涨 5.03%。诺诚健华网站显示，施一公是该公司的联合创始人兼科学顾问委员会主席。作为诺诚健华的科学顾问委员会主席，施一公对公司的研发活

---

① 中科院核所 90 多人集体离职 待遇太低还是改革刺激？新浪财经，2020－07－21.

② 新浪新闻，2020－07－20.

动负协助和指导责任。诺诚健华的招股说明书显示，施一公的夫人赵仁滨持股 12.43%，是该公司的主要股东之一。尽管施一公本人并不直接持有公司，但由于他和赵仁滨的配偶关系，施一公被视为对该等相同数量的股份拥有权益。按照市值 122.5 亿港元，赵仁滨持股 12.43%计算，施一公夫妇身家已达到 15.22 亿港元。①

现代金融体系中的资本市场不仅为拥有高度复杂技能和人力资本的企业家和科学家提供了高效的激励机制，而且为我们观察科学家如何参与公司创新、凭借科学家声誉为公司在融资过程中提供鉴证功能、进入董事会发挥监督职能提供了有价值的研究机会。由于资本市场对信息透明和公开的要求，我们很大程度上可以通过搜集科学家参与公司的公开数据开展研究。另外，科学家自身的绩效评估、竞聘院士的制度以及获得院士资格之后的资源效应，非常类似于公司金融学研究中的首次公开发行（IPO）制度，我们可以利用在公司金融学研究中积累的有关公开发行研究的文献和相关方法对科学家的绩效评估和资源配置效应进行更加准确的度量。

三、科学经济学与公司金融学之间的融合：一个研究探索

本书的研究主题属于科学经济学②关注的问题之一，使用的场景是笔者相对熟悉的公司金融学领域。本书开展计量分析的样本大都源于上市公司，这是因为资本市场在信息披露方面具有优势。对于绝大多数在上市公司任职或者兼职的科学家，尤其是院士及院士候选人这些在中国相当知名的科学家而言，科学家自身的发表记录和上市公司详尽的信息披露为实证研究工作提供了极大便利。本书使用的研究方法属于当前公司金融学研究领域近一二十年发展起来的主流方法，通过类似于政策冲击等准自然实验方法、双重差分方法、配对方法等尽可能地减少传统政策研究中其他干扰项的影响。

为了更加直观地展示本书的研究视角，笔者把本书研究思路概括在图 0-1中。科学经济学用经济理论与思想来解释科学家的行为和知识产出。科学经济学与科学的关系类似于微观经济学与市场经济中的公司的关系。图 0-1 简要列举了科学经济学的研究主题，如科学家的激励机制、贡献度量和资源效应。公司金融学目前是金融学科的微观方向的主要支柱，公

① 施一公夫妇身家超15 亿港元！联合创办药企上市．新浪科技新闻，2020-03-24.

② 关于科学经济学研究主题的详细介绍，请参见本书第一章的论述。此处需要注意的是，科学经济学，并非指科学的经济学，而是以科学研究及科学家为研究主题的经济学研究，属于经济学研究的一个细分领域（Shiller et al.，2008）。

司金融学对公司创新的研究集中于图 0－1 中所列举的创新影响因素、创新项目融资以及董事会层面对创新公司的治理等。

尽管笔者的研究方向属于公司金融学，但是对于科学经济学和微观计量实证方法也进行了一定的学习和探索。因此本书也是对科学家对公司创新、公司融资以及公司治理的影响的探索性研究，旨在抛砖引玉，期待吸引更多人参与相关研究。同时本书存在的遗漏和错误也不可避免，希望读者给予批评指正。

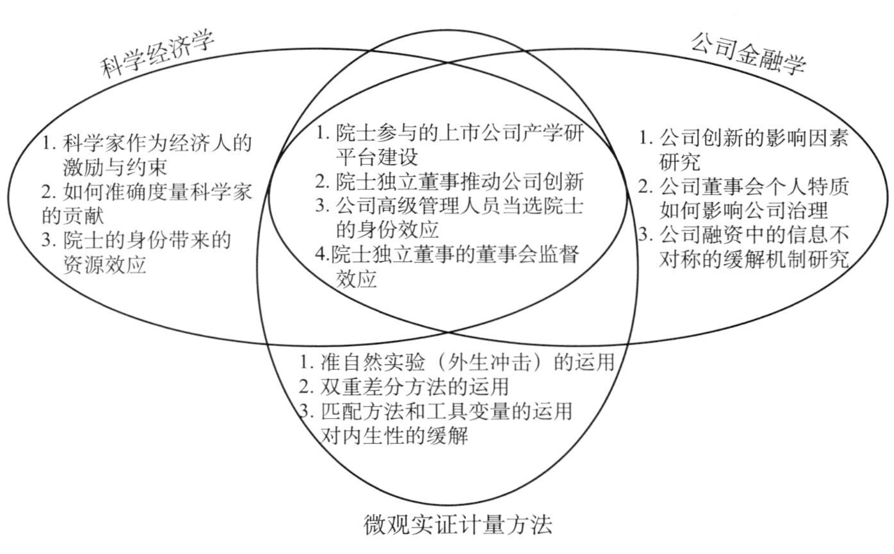

图 0－1 本书的研究视角

第一章　主流经济学视野中科学家的公司创新效应

第一节　科学经济学与公司金融学研究的交汇点

一、主流经济学对科技功能的探索：从古典经济学到现代增长理论

主流经济学针对科学发展以及更广泛的科学家的作用的研究可以粗略划分为三个阶段。

第一阶段自经济学诞生之日起延续到 20 世纪 50 年代末。在这一阶段，经济学家虽然认识到生产技术对于经济增长具有巨大的促进作用，但是经济研究仍然把科学研究如何作用于生产技术的进步视为“黑箱”。经济学自诞生之日起就意识到了生产技术（technology）对于经济增长的巨大作用，亚当·斯密在 1776 年出版的《国富论》中即明确讨论了生产技术进步提高劳动生产率与真实工资并增加技术工人的就业，从而促进经济发展（Brugger and Gehrke，2018；Kerr，1993）的观点。熊彼特在其著名的创新理论中把创新划分为三个阶段，其中至关重要的第一阶段是新的技术或经营模式的发明和创造，其后才是利用经济资源把第一阶段的发明具体落实到应用层面，最后形成有效扩散（Hospers，2005）。

正如从经济学视角出发研究科学发展的经典著作《打开黑箱：技术与经济》（Rosenberg and Nathan，1982）所指出的，科学技术具体如何与经济发展相互作用，即经济学基本规律（例如资源配置通过市场交易和价格变动得以优化）是如何作用于科学研究与技术进步的，在早期的经济学研究中是作为“黑箱”处理的，或者用更加技术性的术语将这种做法描述为“视作外生变量”。

第二阶段起始于 Nelson（1959）发表于《政治经济学期刊》的经典论文，以及同一时期的 Griliches（1958）和 Griliches（1957）。这些论文从宏观经济视角讨论了经济体究竟应该向基础科学研究投入多少资源，即，从全社会角度如何合理量化向基础科学研究投入的社会成本、社会收益以及社会净收益。

第三阶段以 Romer（1986）和 Romer（1990）创立的内生经济增长理论为标志。在这一阶段，主流宏观经济学进一步强调了人力资本投资、创新和知识生产对于推动经济增长的重大作用。不同于以 Solow（1956）为代表的外生经济增长理论把技术进步视为固定的外生变量作用于经济增长，内生增长理论借助模型明确讨论了各种不同形式的技术进步（例如创新产品生产技术还是创新技术生产旧产品）及其与市场结构和竞争监管政策之间的互动影响（Acemoglu，2009）。

二、科学经济学的研究内容

主流宏观经济学从经济增长的视角研究了科学和技术的作用，劳动经济学则进一步把科学家视为一个特殊群体开展了针对科学家劳动力市场的研究。此外，由于科学研究尤其是基础科学研究具有较强的公共产品属性，因此科学家的报酬结构和激励约束机制也吸引了经济学者的注意。Stephan（1996）发表在《经济文献评述》上的《科学经济学》一文对此前该领域的文献进行了系统综述，一定程度上标志着科学经济学这一细分领域获得经济学主流研究的认可。随后 Stephan 于 2012 年将其综述论文扩展成《科学经济学》一书并正式出版（Stephan，2012b）。于 2008 年出版的较为权威的《帕尔格雷夫经济学大辞典》（第二版）也正式收录了“科学经济学”词条（Shiller et al.，2008）。

科学经济学尝试以经济学视角分析科学研究中的经济问题，包括如何为科学研究提供资金等激励，以及科学研究如何促进技术进步和经济增长。科学经济学将经济理论与思想用于解释科学家的行为和知识产出。科学经济学与科学的关系类似于微观经济学与市场经济中的公司的关系。作为一门研究稀缺资源配置的学科，经济学为研究科学活动提供了框架和一系列工具，并取得了诸多研究成果（Stephan，2012b）。

科学家是一类特殊的人力资本（Stephan，1996）。科学家分布在高校、科研院所和公司等机构，构成了科学研究的合作网络。主要由公共研究机构承担的基础研究和主要由市场承担的应用研究在相互促进中共同发展。知识的公共产品属性启发了经济学家进一步关注科学研究激励机制的有效性。知识消费是非竞争和非排他的，市场可以免费获得基础研究成果并进行应用研发（Nelson，1959）。虽然知识的价值不因反复使用而减少，但由于知识生产极其耗时和昂贵，如果没有建立对科学家的激励机制，单单依靠市场这一无形之手的力量进行知识推广，就很容易催生知识消费的“搭便车”现象，挫伤研究创新的积极性。

科学研究是一种社会机制的集合：公共研究机构提供基础知识并丰富公共知识库，公司在此基础上开展应用研究，创造私有知识（Huang and Murray，2009）。科学知识的生产和传播是一个社会过程，可以通过经济学的概念和工具进行分析（Bonilla，2005）。一些经济学家按照效用函数的思路，研究了科学家的科研投入与成果产出之间的关系。虽然科学家个体对不同激励因素的偏好和反馈不同，但是科学家群体之中仍然存在一定普遍规律。针对科学家的激励因素包含以下三个方面。第一，财富积累。科学研究的投资价值表现为所产生的未来物质回报的现值。例如，科学家的薪酬体系一般可分解为基本工资、科研绩效工资和兼职工资。杰出科学家不仅可以获得可观的科研绩效工资，而且可以通过开设讲座、提供专业咨询等形式获得兼职工资。在科学家的职业生涯中，随着物质回报逐渐实现，财富积累动机的激励效果逐渐减弱（Levin and Stephan，1991）。第二，内在回报，即科学研究带来的即时心理获得感。与追求财富积累的动机随时间衰减的特征不同，追求内在回报的动机不会随着年龄增长而衰减。虽然探索未知的乐趣能够鼓励科学家进行研发，但是解决科学难题的个人成就感具有较强的主观性，仅仅依靠主观上的内在回报很难解决科研投入的巨大缺口（Gersbach and Schneider，2015）。第三，声誉。一项科学发明的社会贡献往往只归功于发明者，而后续研究者获得的社会认可就相形见绌（Leonard，2002）。在竞争激烈的科研环境下，优先发表能获得对成果的解释权。因此，对成果和所出版著作的归属权也成为许多学术争议的焦点。

三、公司金融学研究视角下的科学研究与科学家

1. 公司经营中的科学研究活动

公司和科研机构之间已经逐渐演化出了多种合作途径，包括专利转化、合作项目、专家咨询等（Cohen et al.，2020；Hayter et al.，2020）。从创新的结构性个体微观基础理论出发，Grigoriou 与 Rothaermel（2013）认为：重视创新合作的关系型科学家不仅是知识的生产者，而且能形成、维护并有效管理与公司之间的知识关系，为创新提供重要的微观基础。这

些科学家通过“雇中学”、身份效应、桥梁效应、产学研合作和同群效应影响创新活动，一方面通过身份效应集聚科学资源，另一方面充当连接公司和学术圈的桥梁，为产学研合作提供条件（李从刚与许荣，2019）。诸多学者从微观视角出发，探讨了产学研合作中科学家推动创新的作用。

科学家在商业活动中可以发挥重要的桥梁效应，通过交流与信息共享将知识转移至公司，提升公司人力资本水平。即使是研发资金和内部资源丰富的公司，也需要从外部获取创新资源，以实时跟踪和评估市场发展（Dahlander and Gann，2010）。裴云龙等（2015）以中国有机精细化学行业的科学家研发合作网络为背景，研究了公司中既从事科学研究又从事技术开发的桥梁科学家在科学知识转移网络中发挥的作用。研究发现：桥梁科学家成为联系科学网络和技术网络的重要中枢节点。而跨界联系人的角色定位也有助于桥梁科学家准确识别具有商业价值的科学知识，进而提高科研成果的利用率。张庆芝等（2019）以同方威视为对象，研究了高校基础科研成果如何有效地转移到公司，以及公司如何吸收高校科研成果，进而增强持续创新能力。研究发现：在产学研合作中，原始团队科学家的深度参与是隐性知识转移的有效方式，科学家自身的情感因素是隐性知识转移的重要驱动力。公司与高校和科研机构建立的长期合作与反哺机制有助于公司形成持续的创新能力。

同时，科学家在公司中的身份效应和示范效应也有助于提升公司组织绩效，甚至激励其他公司和科学家个人。Tartari 等（2012）基于社会心理学的社会比较机制的研究发现：学术科学家的产学研合作参与度在很大程度上受同行科学家行为的影响，并且同群效应的强弱与学术科学家资历相关。资历和学术水平越低的科学家，越容易受同群效应的影响。Tzabbar（2009）研究了招聘不同领域的科学家对公司技术变革的影响，发现招聘来自其他领域的科学家显著增大了公司技术向该领域变革的可能性，但效果受到公司对原有明星科学家技术贡献的依赖度和公司所涵盖的技术领域广度的影响。

部分文献进一步研究了不同类型的科学家在公司创新乃至产学研合作中的不同作用。Baba 等（2009）分析了巴斯德式科学家、侧重于研究的学术科学家和侧重于应用的爱迪生式科学家对先进材料领域公司的研发生产率的影响，发现巴斯德式科学家凭借其科学研究和应用研究的双重背景显著提高了公司的研发和创新效率。而公司与学术科学家或爱迪生式科学家的合作对创新产出几乎没有影响。张鹏飞等（2020）同样指出：实现应用与认知结合的巴斯德式科学家在挽救技术创新项目的过程中发挥着关键作用。Subramanian 等（2013）也得出了一致的结论，发现同时从事学术研究和专利申请的科学家相较于其他科学家而言有助于提高公司的专利绩效。具体而言，巴斯德式科学家在公司间联盟中起补充作用，但在大学-公司联盟中起替代作用。侧重于应用研究的爱迪生式科学家无论在公司间联盟还是大学-公司联盟中均起补充作用。

2. 公司运营中科学研究的特殊价值的来源

（1）科学研究的网络效应。

科学研究的网络效应主要指通过科学家合作网络形成的知识溢出（Watts and Strogatz，1998；Acemoglu et al.，2016）。基于互联网的创新协作机制更是突破了传统组织结构的限制（Faraj et al.，2011）。科学家们在科研合作中通过交流实现原有知识的继承与共享，并随着合作程度的深入在现有知识水平的基础上产生创新，拓展科学知识边界。不同的科学主题以及实体之间会随着时间的推移相互影响，进而形成相互交叉的科研关系网络，例如联合承担项目的科研机构合作网络、合作发表论文的科学家合著网络和文献相互引证的论文引文网络等（刘亮等，2019）。以中国高校科研网络为例，“985”高校合著网络和引文网络虽属于集聚程度较高的小世界网络，但已呈现出复杂网络的形态，其结构正朝着更有利于知识扩散的无标度网络发展（陈伟等，2014；Lin and Li，2010）。

在科研合作网络知识扩散机制的研究方面，岳增慧等（2015）和巴志超等（2016）认为科研合作中知识扩散是双向的，参与科研合作的双方都会从对方那里获取一定量的知识，但是知识扩散效率受科研合作者双方的知识水平差距、合作频率和合作规模等因素的影响。区域边界和区域环境也会制约产学研合作水平（刘凤朝等，2011）。Acemoglu 等（2016）基于美国 1975—2009 年的实用专利申请信息数据发现：上游技术进步会通过创新网络溢出至其他领域，对未来该领域专利申请的速度和方向起到重要的作用，但溢出效应会随着领域范围的扩大逐渐递减。在知识扩散的前期，溢出效应起主要作用，而在知识扩散的后期，则个体知识创新能力起主要作用（关鹏等，2019）。知识存量较大的专家节点对科研合作网络的知识扩散具有较大影响，这些专家节点的失效会严重降低网络的平均知识水平和知识扩散效率（李纲等，2017）。

在科学家的跨国合作中，网络效应的正外部性尤为突出。这种网络效应可以降低信息交流成本，推动知识溢出，实现全球范围内的科研资源共享和人员合作。Ding 等（2010）发现：加入国际学术网不仅提高了科学家个体的科研效率，而且促进了科研环境的公平化，为处在资源劣势的科学家群体（如女性和非顶尖研究机构的科学家）创造更大的增量效应。此外，由于隐性知识为科学家本人所专有，因此科学家的流动特别促进了跨国知识交换。移民科学家可以获得来自多方的独特知识集，进行知识重组后可以产生更强的创造力。科学家流动还有利于科学家寻找与其专业技能最匹配的研究环境，发挥自身最大价值（Franzoni et al.，2014）。实证结果显示，相比缺乏国际背景的本土科学家，侨民和海归科学家拥有更广的国际合作研究网络，科研成果质量也更高（Scellato et al.，2015）。科学研究网络的国际化实现了科学家流入国和流出国的共赢，不仅极大地拓展了目标国家研究网络的范围和质量，而且为母国创造了重要的人员合作基础。

（2）科学家声誉与马太效应。

对于处在研究生涯前期的年轻科学家，科学研究产生的未来财富价值更高，进行科研的财富积累动机更加显著。然而，实证发现：年轻科学家的科研效率并没有显著高于年长的科学家，重要的原因在于科学奖励制度中的马太效应，即科学家声誉带来的优势累积效应（Merton，1968）。人们对浩如烟海的科研成果往往缺乏系统完全的信息。科学家的声誉无疑传递了其成果具有更高可信度的积极信号，成为评估科研成果质量的重要依据，缓解了科研界的代理问题。当科学共同体通过合作研究发表成果时，科学共同体往往把奖励归功于成名的科学家。此外，声誉还具有反向增强作用，成名之后科学家早期的科研成果也可能会受到重视（Stephan，2012b）。因此，声誉成为影响科学研究效率的重要因素，它所导致的马太效应在科研合作网络和引证网络中均有重要体现（Barabási and Albert，1999；郝治翰等，2019）。

由于新入行的学者总热衷于与具有良好声誉的科学家合作，因此科研合作网络具有次线性择优依附的总体特征，在网络形成初期呈现较强的马太效应，体现为存在具有联结优势的核心节点。具体到个体而言，科研圈子对科学家开展合作发挥着重要的作用。科研工作者双方之前合作者的数量、二者之间合作的次数与二者展开科研合作的可能性呈现正相关关系，加剧了合作网络的马太效应（Newman，2001）。不同学科的科研合作网络特征存在一定差异。物理学科研合作网络呈现次线性择优依附特征，而医学合作网络呈现轻微的超线性择优依附特征。新兴的基因编辑领域和游戏智能运算等领域的科研合作网络结构依附系数则较低，尚未形成清晰的网络核心（Marco et al.，2007；Lara-Cabrera et al.，2014）。针对我国科研合作网络的研究也得出了类似的结论。“973”计划资助的科研合作网络呈现出“小世界”特征，聚集于中科院所属研究机构和985重点高校（刘凤朝等，2013）。

引证网络的马太效应更加明显，遵从优势持续累积的超线性择优依附网络模型（Redner，2005）。在科研成果问世后，个人声誉会为其带来强大的早期优势。Petersen等（2014）对450名科学家的引文统计结果显示，作者累计被引用量每提高10倍，其新发表的论文的被引用量大约会增加66%。文献往往具有一定的生命周期，随着时间推移逐渐淡出引证网络（Bouabid，2011）。声誉却能够显著延长引证寿命，弱化老化效应。被引用量高的论文对新引证的吸附能力随着被引用量的上升而持续提升，逐渐成为该领域新成果必然引用的经典文献，最终实现“赢家通吃”（Wu et al.，2014；Golosovsky and Solomon，2013）。

声誉因素还会影响政府资源配置，通过金钱因素进一步拉开科研绩效差距。李永等（2014）认为：政府资助具有马太效应，更愿意对规模大、成功率高、先期投入多的项目进行投资，这种反向因果关系可能会导致政府高估科研资助的绩效。在我国尚不健全的科研奖励体系中，少数有影响力的科学家可以参与政府决策。由人情关系导致的政府资源浪费和滥用极大地阻碍了创新进步（Shi and Rao，2010）。声誉对政府资助科研项目去向的影响还体现为名人名校效应，即向行政级别高的科研院所和高校倾斜。这种不健康的资助模式加剧了研究体制的僵化，导致科研成果低水平重复比例较大，政府资助科研资金的投入产出效益失衡，甚至引发了边际效益递减的现象（李硕豪等，2017；尚虎平等，2012）。

（3）科学家的公司价值效应的发挥途径：网络效应、声誉效应和监督效应。

与产品市场及劳动力市场类似，信息不对称的问题在科研尤其是公司研发市场和公司融资市场同样存在并且更加突出。由于资本市场是资本密集型和信息密集型市场，资金需求方与投资者之间的信息不对称程度更为严重。资金需求方需要向金融市场发出高质量的信号以吸引投资者，从而满足融资需求；而金融市场对投资项目或者公司估值的准确程度取决于能否对一家公司的技术水平、创新能力以及管理水平做出准确评估。在某种程度上，科学家与公司开展合作帮助实现了信息流与资金流的交换。

科学家独特的网络效应可以帮助公司把握专业领域的科研方向并且和学术界开展广泛的合作研究，而科学家的声誉效应则有助于为公司吸引更多高学历创新人才，同时为公司的融资项目尤其是高风险研发投资项目发挥信息鉴证效应。而科学家进入公司董事会将进一步增强公司董事会的监督功能，从而产生监督效应。图 1－1 直观展示了科学家的公司价值效应的分解。本书的实证主体部分，即从第四到第八章，探讨了科学家利用信息网络与合作网络推动的公司创新效应，科学家为公司吸引人才和融资提供的信息鉴证效应，以及科学家加入公司董事会产生的监督效应。

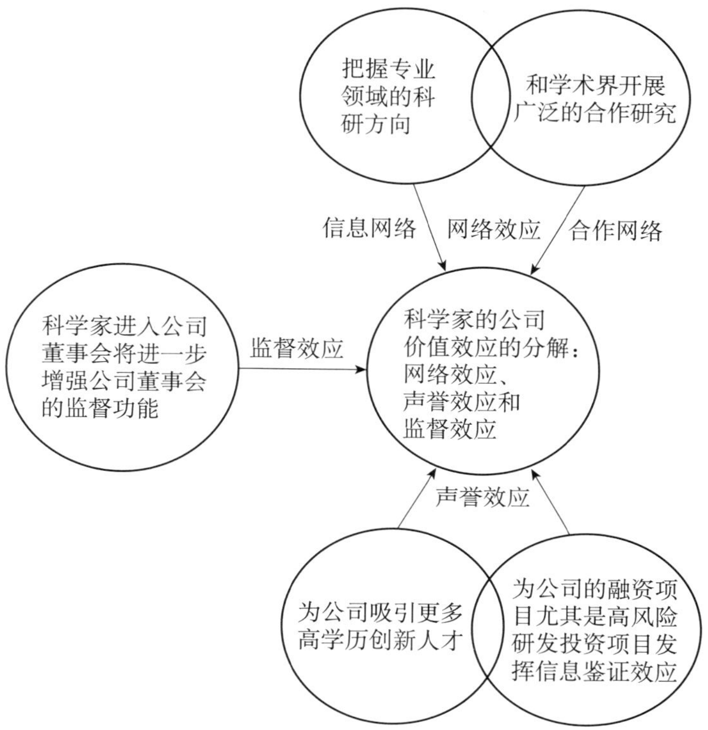

图 1－1　科学家的公司价值效应的分解

第二节　本书的研究视角和主要内容

一、本书研究结构

本书共分为八章，第一章阐明了科学家的公司创新效应这一研究视角，重点探讨了这一研究在科学经济学和公司金融学研究中的交汇点。第二章探讨了科学家的公司创新效应的理论基础，重点解释了科学家参与公司创新的价值来源。第三到八章为本书主体部分，以规范的现代微观计量实证方法为主、以案例分析方法为辅，分别讨论了科学家的资源配置效应、院士工作站的公司创新效应评估（案例分析）、院士工作站的公司创新效应评估（实证分析）、科学家的声誉效应与信息鉴证效应的准自然实验研究、科学家独立董事的公司创新效应，以及科学家独立董事的监督职能。表 1－1 总结了各章的主要研究内容及其在科学经济学和公司金融学两门学科中的对应研究方向以及使用的主要微观计量实证方法。

表 1－1　　本书研究结构

各章重点	科学经济学对应内容	公司金融学对应内容	微观计量实证方法
第三章：科学家的资源配置效应	科学家成就度量；科学家的资源配置效应	度量参与公司的科学家的成就高低及研究方向与公司主营业务的一致性	固定效应模型；控制不可观测且不随时间变动的变量的影响
第四、五章：院士工作站的公司创新效应评估（案例分析与实证分析）	产学研合作平台的公司创新效应度量	科学家与产业界合作对公司创新的影响	双重差分模型； 排除替代性解释； 倾向得分匹配（PSM）模型； 反向因果检验； 工具变量两阶段回归
第六章：科学家的声誉效应与信息鉴证效应	杰出科学家的网络效应与声誉	公司金融市场中的信息不对称与科学家的信号机制	双重差分模型； 外生冲击形成的准自然实验缓解内生性； 平行趋势检验
第七章：科学家独立董事的公司创新效应	科学家加入公司董事会是否促进公司创新	董事会成员的科学家背景是否能够提供技术创新的咨询效应	PSM 模型； Heckman 两阶段模型
第八章：科学家独立董事的监督效应	科学家的研究方向以及科研成果对其社会责任履行的影响	董事会成员的科学家背景是否能够提供更有效的公司投资监督	PSM 模型； Heckman 两阶段模型

二、研究内容与主要观点

1. 科学家科研绩效度量与资源配置扭曲

利用院士选举一定程度上可以对科学家的科研绩效进行合理度量，并对科学家在经济体系中的资源配置效应进行量化研究。这一研究揭示了科学家也是受到经济利益激励或者激励扭曲的经济人。

科学家的绩效度量、资源配置和激励扭曲这三个问题是紧密联系的。如果科学家能够拥有和掌握的资源配置权力和其科研绩效完全正相关，那么这在一定程度上说明科学家的资源配置是有效的，同时根据科学家的科研绩效来进行资源分配也是激励相容的。反过来说，如果我们发现科学家的资源配置与其科研绩效不完全正相关，甚至主要不由其科研绩效而是由其他因素决定，那么我们可以推论，科学家的资源配置机制是低效率甚至是失效的，而相应的激励机制也是扭曲的。

这一部分研究从同乡文化视角实证探讨了影响中国科技领域资源配置的问题，在一定程度上为《中共中央关于全面深化改革若干重大问题的决定》中提出的“改革院士遴选和管理体制，优化学科布局，提高中青年人才比例，实行院士退休和退出制度”这一政策导向和措施，提供了详尽的实证分析与科学的决策依据。此外，该研究也针对 2007 年中国院士选举的重要制度变动“将新增选院士的当选门槛从二分之一赞同票提高为三分之二”进行了实证检验，检验结果发现：该制度变动极大地提高了院士选举制度的效率。因此，该部分研究实证支持了院士选举制度改革的具体措施，并且为未来院士选举制度改革提供了参考价值。

2. 科学家推动公司创新的效应与机制

科学家的一个重要微观经济功能是亲身参与并推动产业界、学术界和科研界的深度合作并共同推动公司创新。本书有关科学家推动公司创新的效应与机制研究分为两个方面。

第一，科学家可以通过参与公司院士工作站，实现产学研深度融合。该部分研究利用 2008 年以来各级政府制定政策推动上市公司建立院士工作站的重要事件，通过实证分析发现：院士工作站的建立显著提高了公司的创新投入、创新质量与创新效率。进一步的研究发现：院士工作站的建立主要通过人力资本渠道发挥了促进公司创新的作用，因而是一种长效机制。

第二，科学家通过担任公司独立董事发挥重要的专家咨询作用，推动公司创新。该部分研究利用 2001—2016 年 A 股上市公司的数据，通过分析发现：科学家独立董事（简称独董）与公司创新显著正相关，并且科学家独董的任期越长、兼职的公司数量越多，对公司创新的促进作用越大。进一步的分析表明，科学家独董通过战略咨询、创新资源集聚和促进产学研合作三条渠道促进了公司创新。

3. 科学家在公司融资中的信号机制与鉴证功能

公司创新活动普遍具有较大不确定性，因而和外部金融市场存在较为严重的信息不对称，使公司创新投资遭受融资约束制约。科学家出任公司董事或者高级管理人员（简称高管），能够凭借其独特的声誉效应向金融市场以及政府部门提供信息鉴证，从而缓解融资约束并促进公司创新。该部分实证研究表明：公司高管当选院士的信息鉴证效应显著降低了债务融资成本，也显著增加了公司获得的政府补助，从而实现了研发资金等创新资源的集聚。公司高管当选院士后专利申请总数和发明专利申请数量分别提高了33.32%和32.26%。并且当选院士的已有科研成果影响越大（H指数越高），促进公司创新的效应越显著。基于事件研究法的结果表明，在中国科学院和中国工程院（合称两院）官网公布有效候选人、初步候选人和正式当选院士名单的三个阶段，候选人任职公司的股价均出现了不同程度的正向市场反应，在公布最终当选院士名单时市场反应最为显著，这体现了公司院士高管对公司的价值促进效应。

4. 科学家独立董事发挥的公司投资监督效应

科学家担任独立董事与公司未来一年的过度投资程度显著负相关，并且科学家独董对公司过度投资的抑制作用在处于高技术行业、科学家研究专长与公司主营业务一致以及技术水平（H指数）更高的公司表现得更强。科学家独立董事在战略委员会或投资委员会任职会显著加强科学家独董的监督效应，而具有政府官员背景或在多家上市公司兼职则会削弱其监督效应。此外，该部分研究表明，抑制公司过度投资的作用仅仅在担任公司独董的样本中有所体现，这表明科学家独董在抑制公司过度投资方面扮演的角色主要是监督者，而非咨询专家。

该部分研究对以往文献中独立董事因具备行业经验而发挥监督效应这一机制进行了更为深入的挖掘，利用有关科学家独董的详细科研方向和发表成果的公开信息，克服有关具备行业经验的独董的研究文献的局限，识别出独立董事因具备“行业技术专长”这一更加细分的独特因素而发挥监督效应的证据。

三、本书研究的独特视角及在已有文献基础上的边际贡献

第一，有助于理解科学家对公司创新的知识溢出效应。

由于创新过程的复杂性，越来越多的公司选择与其他公司、科研院所、政府机构尤其是科学家等构建创新合作机制来提升自身的创新（包括创新能力和创新产出）。其中，相较于其他合作机构，科学家在创造和传播知识方面有着天然的优势，并且知识溢出效应的影响范围更广，持续时间更长（Ponds and Oort et al.，2010），因而成为公司创新合作的重点对象。已有研究发现，公司与科学家合作对解决创新市场失灵和实现研发投资的全社会回报方面发挥了重要的作用，并为经济增长做出了积极的贡献（Belderbos and Carree et al.，2004；Markman and Siegel，2008）。目前，

越来越多的公司通过各种方式与顶尖科学家建立了合作关系。在发达经济体，这些合作以专利的授权与购买以及建立子公司等传统形式为主（Shane，2004；Friedman and Silberman，2003）。政府部门也纷纷推出政策支持科学家参与科研成果转化。

公司与科学家可以通过多种正式和非正式的形式建立合作关系。科学家对公司创新的知识溢出效应也随着合作方式的不同、知识溢出机制的不同而产生不同的效果。有关公司创新合作的研究往往认为，创新合作中的知识溢出效应很大程度上会受到区域的限制。创新的区域差异也成为解释经济发展的区域差异的主要原因之一。然而，微观层面的研究发现，知识溢出效应的路径不同，影响效果也不同。非正式的创新合作受到区域因素的影响较大，相应的知识溢出效应也局限于一定的区域范围内（Aghion and Dechezlepr E. Tre et al.，2016；Breschi and Lissoni，2003）。而许多跨区域或跨国的正式的创新合作则不受区域的限制，知识溢出效应也相应地可以传递到更远的地方（McKelvey et al.，2003；Hoekman et al.，2009）。在科学家与公司的创新合作中，早期的研究更多地关注专利的授权与转让以及建立子公司的贡献。尽管专利的授权和转让与子公司的建立更易观测，但研究表明这一方式仅占整体的知识传递活动的约 10%（Agrawal and Henderson，2002）。此外，科学家与公司还会通过人员的流动、非正式的沟通、咨询顾问关系或联合研究计划等方式形成知识传递链条。但由于合作目的不同，并不是每一种合作方式都会催生有价值的商业产品。Mansfield 与 Lee（1996）指出，公司寻求与科学家的合作也有可能是为了了解前沿技术的发展，获得与科学家接触的机会，或为具体的问题寻找解决办法。顶尖科学家对公司创新的溢出效应还会受到外界环境和政策变化的冲击。知识溢出的速度和效率很大程度上取决于知识传播者即科学家的活动。因此，针对科学家对公司创新的溢出效应的研究，应该考虑不同的知识溢出机制会产生不同的效果。本书研究的贡献之一是分别考察了科学家产学研平台建设、科学家担任独立董事和公司高管等多种知识溢出机制。

第二，有助于对公司与科学家之间多种合作创新方式的分类和识别。

尽管以科学家为代表的学术界在知识转化、公司创新和经济增长中的作用越来越受到研究者的关注，但有关公司与学术界之间的合作创新方式的分类仍未达成共识。现有研究多从与知识传递相关的公司的商业活动的角度出发，对公司与科学家的合作进行分类。从知识传递的形式来看，正式合作平台如院士工作站、博士后工作站的建立可以看作知识产权的资源配置，而科学家个人加入公司董事会或者担任咨询顾问更多可以看作信息交流过程（Grimpe and Fier，2012）。已有研究证明，科学家的科研成果可以通过公开发表的论文或报告、公开会议、非正式的信息传递和咨询等方式促进公司已有研发项目的完成和产生新的研发项目（Cohen et al.，2002）。D. Este 与 Patel（2007）从科学家个人参与公司研究活动的动机出发，将合作创新方式分为五类，即建立新的实体机构、咨询、联合研究、培训和会议。针对英国 4 337 位大学学者的问卷调查数据表明，这五类合作方式相互重叠率较低。在公司与顶尖科学家的多种合作创新方式中，正式的合作创新方式一般情况下更易于观测和鉴别，例如专利的授权与购买、设立子公司、制订联合研究计划、建立产业科技园区等。而非正式的合作创新方式涉及了更多与科学家的互动，包括会议、咨询甚至私人交往。

在不同的合作创新方式下，科学家对公司创新的影响机制也不同。公司与科学家之间正式的合作创新方式，如制订联合研究计划，带来的专利资源补充了公司内部创新资源的不足，从而促进了公司产品创新（Becker and Dietzl，2001）。而通过非正式的合作创新方式，例如咨询或会议等，可传递的信息和知识更为广泛，对公司研发项目的影响可能更大。由于非正式合作创新方式的松散性，公司与科学家的非正式合作创新对公司创新效应的促进作用很大程度上受到合作科学家个人意愿和激励的影响（D. Este and Patel，2007）。相关研究发现，公司与科学家的非正式合作创新在不同学科间有着明显差异，例如，工程学科的科学家比数学家或物理学家与公司合作的意愿更强。非正式合作创新的次数和种类与合作科学家的个人特征密切相关。具有合作经验的科学家会倾向于尝试更多种合作创新方式。年轻的科学家比年长的科学家更愿意参与多种公司合作创新方式。

已有文献通过公司与科学家之间是否有成文的专利共享区分二者之间的正式合作创新和非正式合作创新，并以问卷调查为主要手段对非正式合作创新进行分类，一定程度上解决了非正式合作创新不易于观测和获取数据的研究难点，但同时也模糊了除专利共享外其他合作创新方式的区别，忽略了其内在机制的不同对知识溢出效应的不同影响。因此，本书侧重于从社会资本和网络链接的角度区分公司与科学家合作创新的平台模式和个人模式。平台模式，即建立正规的产学研合作研究组织形式，如院士工作站。个人模式，则指科学家个人加入公司董事会或者担任技术咨询顾问。

第三，有助于对公司创新的度量以及公司创新与科研成果之间的相关性的有效度量。

早期使用R&D支出及专利数量度量创新产出的研究方法受到广泛质疑。正如Manso与Balsmeier等（2017）所指出的，研发支出数据只能反映单一的资金数量维度，而不能反映不同创新战略的差异，特别是有关突破性创新和一般性创新的差异。另外，Griliches（1998）也指出仅仅运用专利数量难以有效度量公司创新，真正有价值的创新并不一定需要申请专利，也不一定适合专利化，特别是专利质量难以比较。其后，Cohen与Nelson等（2000）通过对公司研发经理进行调研发现：某些行业的创新并未反映在专利数量上。Jaffe与Lerner（2011）发现：由专利制度的差异导致的专利数量的时间序列数据难以有效度量公司创新。近期的实证研究中，Igami与Subrahmanyam（2015）利用硬盘制造行业的数据验证了专利数量难以有效反映创新。随后，Igami（2017）使用硬盘容量的改进作为对创新的有效度量。Dang与Motohashi（2015）发现：部分源于地方政府的税收激励扭曲，中国专利数量统计数据尽管一定程度上可以度量公司创新，但存在偏差。

如何度量公司创新反映基础科研成果的程度也是一大难题。公司创新反映基础科学的程度是开展合作创新的公司和政策制定者非常关心的指标，对它的有效度量可以帮助我们有效评估公司与科学家合作创新的绩效。Perkmann等（2011）提出了一个绩效评估体系——“成功地图”（success map）——来评价顶尖科学家-公司联盟是否成功。“成功地图”将公司创新分为“投入—进程—产出—影响”四个阶段，对每个阶段的合作创新进行分析。当需求和兴趣最匹配的合作者结成联盟时，合作创新成功的可能性较大。“成功地图”也适用于对影响科学家-公司创新合作的各种外界因素进行监控，但仍然缺乏定量的研究。

近期研究沿着两个方向探索公司创新度量的难题，使用相对较多的方法是运用专利引用数据度量创新质量（Aghion and Van Reenen et al.，2013；Bhattacharya and Hsu et al.，2017），然而这一方法由于中国的专利数据缺乏引用数据披露而无法在中国的创新研究文献中运用。另外一种正在探索中的方法是使用文本分析技术对公司披露的各类公告和专利文书（Bellstam and Bhagat et al.，2017）进行分析并得出量化的创新指数。文本分析技术中，文本相似性方法值得我们开发和利用。文本相似性方法首先将文本按词汇出现频率进行向量化，然后定义向量之间的距离并组成词汇向量空间，通过比较距离的远近来分析文本的相似性。相似性越高的文本所传递的信息越相近。利用文本相似性方法，Hoberg与Phillips

(2016）对美国制造业公司年报中的产品文本进行向量化，利用文本相似性最大的原理，对美国制造业产业进行了重新分类。该产业分类方法以公司产品为核心，并具有动态变化性，为研究产业发展提供了新的视角。本书的研究贡献之一是：通过上市公司产品文本与科学家科研成果方向的相似度，一定程度上可以衡量公司创新是否和科学家科研方向形成协同效应（详见第八章）。

第四，有助于解释在公司-科学家创新合作中，政府应当如何发挥良好的促进作用。

针对政府支持创新的政策的评估研究中，已有文献关于政府支持创新的政策是否真正具有促进创新的效果存在较大争议。该问题的答案往往因具体政策差异、实施区域差异以及研究样本时间段差异而存在显著差异。一方面，创新对宏观经济增长和微观公司竞争力都起着至关重要的作用（Schumpeter，1911；Solow，1957；Romer，1986；Porter，1992），例如，经济合作与发展组织（OECD，2015）估计，创新对于现代经济体GDP增长的贡献达到了50%以上。另一方面，创新具有“知识外溢”的特点，会产生很强的正外部性，因而在缺乏政策引导的环境中通常会出现公司对于研发的投入不足（Aghion and Jaravel，2015）。在理论上，市场失灵和凯恩斯经济学理论（凯恩斯，2009）、熊彼特的技术创新理论（熊彼特，1979）以及系统失灵理论（Woolthuis et al.，2005）均认为政府支持创新的政策能够有效促进公司创新，而信息不对称理论和委托代理理论（Michael and Pearce，2009）、挤出效应理论（Lach，2002）则认为政府支持创新的政策反而会抑制公司创新。在实证上，一些学者从宏观层面检验了政府支持创新的政策整体上对公司创新的影响，也经常得出完全相反的结论。例如，Garrett-Jones（2004）利用澳大利亚政府和公司1980—2000年的数据研究了州政府和联邦政府对区域创新的贡献，研究发现，政府通过自下而上的方法构建的大型“技术堡垒”、当地创新集群、知识服务中心等一系列支持创新的政策，显著地推动和促进了国家创新体系的发展和公司的技术创新活动。而肖文和林高榜（2014）在对我国行业技术创新效率进行测算分析后却发现，由于对于“远期”技术的偏好和对资金用途管理的缺失，政府的直接和间接支持反而限制了工业公司技术创新效率的提升。

不同种类的政府支持创新的政策对公司创新的影响也存在很大差异。已有研究检验了以资金支持为主的政策对公司创新的影响，主要包括R&D补贴、税收优惠和政府采购。针对R&D补贴政策，Czarnitzki等

(2010) 和 Bérubé 与 Mohnen (2009) 分别利用比利时和加拿大的经验数据所做的研究发现，R&D 补贴具有互补效应和资源效应，能够显著促进公司创新。而另外一些学者却发现，R&D 补贴对公司创新具有抑制作用或者作用并不显著。例如，Wallsten (2000) 基于美国的经验数据所做的研究发现，政府 R&D 补贴具有挤出效应，政府每增加一单位 R&D 补贴，将导致公司相应减少一单位自身的 R&D 支出。张杰等 (2015) 在对我国政府创新补贴绩效进行检验后发现，政府创新补贴对中小公司的私人研发并未表现出显著的效应。针对税收优惠政策，Parisi 与 Sembenelli (2001) 利用意大利的数据所做的研究发现，税收优惠会通过成本效应促使公司增加 R&D 支出，且税收优惠对公司创新的激励效果要比 R&D 补贴更好。而 Bloom 等 (2002)、陈林与朱卫平 (2008) 分别利用美国和中国的数据所做的研究发现，由于挤出效应的存在，税收优惠不仅对公司创新没有显著作用，甚至可能抑制了公司创新。针对政府采购行为，Geroski (1990) 利用瑞士的数据所做的研究发现，政府采购由于会降低公司研发风险，从而能更有效地激励创新。但胡凯等 (2013) 利用我国省级面板数据所做的研究却发现，中国的政府采购政策由于市场竞争不足、地方保护主义等原因不仅没有促进技术创新，甚至可能阻碍了技术创新。可以看出，目前关于政府支持创新的政策的已有研究仍然主要集中于 R&D 补贴、税收优惠与政府采购等财税政策，且对这些政策的效果存在较大争议，而如何准确评估“产学研深度融合”对公司创新的影响却尚未得到充分研究。

本书的研究重点之一是 2008 年以来在地方政府大力推动下迅速发展起来的院士工作站，即由院士专家团队与公司科技工作者共同参与的一种产学研合作创新平台。本书第四章的案例分析与第五章的实证分析都发现，不同于以往单纯以资金支持为主的创新支持政策，科学家的参与能更长久、更切实有效地提升公司的人力资本水平和创新能力。

第二章　科学家的公司创新效应的理论概述

科学家这一概念在不同语境下有不同含义。例如，百度百科将科学家定义为“对自然、生命、环境、现象及其性质进行重现与认识、探索与实践，并作出突出贡献、具有杰出成就的科学工作者，如，英国物理学家牛顿、波兰化学家玛丽·居里、美籍物理学家爱因斯坦、中国空气动力学家钱学森。”中文的“科学家”概念所涵盖的范围不如英文文献中所称“scientist”（更接近于科技工作者）的概念，其要求是达到相当程度的造诣，也就是中文常说的成名成家，更加接近于英文文献中所称的明星科学家或者顶尖科学家（star scientist），一般被定义为那些科研成果卓著、在学术界享有较高知名度并且社会资源较为丰富的科学家中的顶尖群体。本书对科学家的度量基本采用参选院士（包括当选院士和所有参选院士的候选人）这一标准。凡获取院士选举资格的候选人都是已经在科技研究中获得较高程度专业认可的群体，对应英文文献中的 star scientist。

科学家的重要作用已经得到了国内外学者的广泛重视和关注。已有文献分别从经济学（Rosen，1981）、管理学（Kehoe et al.，2016；Oldroyd and Morris，2012；Tzabbar and Kehoe，2014）和心理学（Campbell et al.，2017）等学科视角进行了跨学科、多角度的积极探索。特别是科学创新领域的研究发现，创新成果遵从二八定律，20％的科学家往往拥有 80％的创新成果（Kehoe，Lepak and Bentley，2016），例如在生物科技行业，科学家数量占比只有 0.75％，但发表的文章数量占比却高达 17.3％，科学家的文章发表数量是普通科技工作者的 22 倍（Zucker et al.，1998）。尽管科学家在创新活动中的重要作用已经得到了国外文献的广泛支持（Azoulay et al.，2012；Furukawa and Goto，2006；Hess and Rothaermel，2011；Palomeras and Melero，2011；Song and Almeida，2003），然而与国外较为丰富的研究成果相比，我国学术界对中国科学家群体参与公司创新的研究相对不足。因此本章尝试通过对国内外相关文献的梳理和研究，厘清科学家在创新活动中可能发挥的作用，为后文的实证检验提供理论基础。

科学家可以通过公司参与效应、身份效应、桥梁效应、产学研合作和同群效应在创新活动中发挥重要作用。首先，公司可以聘请科学家，从而获取并吸收他们的知识和创新成果，并通过公司和科学家之间的组织互动、观察学习、正式交流和信息共享等机制将创新知识转移到其他员工身上，提升公司的人力资本水平。但是，这也可能导致对科学家的过度依赖和对组织内其他科技工作者创新资源的挤出效应等问题。其次，科学家具有资源集聚效应，凭借特殊的身份、地位和学术威望，能够吸引研发资金和创新人才等科学资源向科学家及其所在组织集聚，从而产生马太效应。再次，科学家往往由于拥有较多的科研成果和社会资本而备受关注，因此他们往往处在社会网络的中心位置，起着连接公司、科研院所等社会网络的桥梁作用。复次，桥梁效应为科学家广泛参与到产学研合作活动中创造了条件，并在促进公司与外部知识的交流与产学研合作方面发挥着极为重要的作用。最后，组织中科学家的加入能产生同群效应，可以在公司现有科技工作者当中激活社会比较程序，激励他们努力提高个人和组织绩效，是一种重要的“精神激励”机制。

本章结构如下：第一节对国外文献中关于科学家的概念界定和分类等进行了厘清；第二节对科学家在公司创新活动中可能发挥的作用，如参与效应、身份效应、桥梁效应、产学研合作和同群效应进行了系统的梳理和研究；最后一节结合国外的理论研究和我国实际，提出了对未来的研究展望。

第一节　科学家的概念界定与分类

对于我国语境下的科学家，国外文献中通常使用顶尖科学家、明星科学家或者明星员工（star employee）的称谓。Oldroyd 与 Morris（2012）认为，明星员工不仅在组织中表现出比其他人更加卓著的科研绩效，而且在劳动市场上具有较高的可见度。进一步地，Call 等（2015）在对经济学、社会学和管理学等学科领域相关文献进行系统梳理的基础上，从科研绩效（performance）、可见度（visibility）和社会资本（social capital）三个维度对“明星员工”进行了定义，即相对于一般员工，明星员工应该拥有更显著并且持续时间更长的个人科研绩效、可见度和相关社会资本。

借鉴以上对明星员工的定义并结合国外对顶尖科学家的相关研究文

献，本书将科学家定义为那些科研绩效卓著、在学术界享有较高可见度并且社会资本丰富的科技工作者。从科研绩效角度来看，已有文献大多从基础研究成果（文章发表数量和引用量）（Rothaermel and Hess，2006；Almeida et al.，2011；Hess and Rothaermel，2011）或应用研究成果（专利申请数量和引用量）（Kehoe and Tzabbar，2015）超过同行平均水平（或超过平均水平的几个标准差）的角度来界定科学家。例如，Almeida 等（2011）和 Hess 与 Rothaermel（2011）将发表文章数量和文章引用数量超过同行平均水平三个标准差的科技工作者界定为科学家。Tzabbar 与 Kehoe（2014）和 Kehoe 与 Tzabbar（2015）将根据专利数据计算得出的科研产出得分分别超过同行一个标准差和两个标准差的科技工作者界定为科学家。从社会知名度和社会资本的角度来看，Weinberg（2006）和 Higgins 等（2011）将诺贝尔奖得主界定为科学家。Perkmann 等（2011）依据英国研究评估考核（the Research Assessment Exercise，RAE）结果对科学家进行定义。当然，这几个定义科学家的维度并非相互排斥，更多时候是相互兼容和并存的。表 2－1 中汇总了部分国外文献中对科学家的定义。

表 2－1　部分国外文献中对于科学家的定义

文献	对科学家的定义
Rothaermel 与 Hess（2006） Almeida 等（2011） Hess 与 Rothaermel（2011）	文章发表数量和引用量超过同行平均水平三个标准差的科技工作者
Kehoe 与 Tzabbar（2015）	根据专利数据计算得出的科研产出得分超过同行两个标准差的科技工作者
Tzabbar 与 Kehoe（2014）	根据专利数据计算得出的科研产出得分超过同行一个标准差的科技工作者
Weinberg（2006） Higgins 等（2011）	诺贝尔奖得主
Perkmann 等（2011）	RAE 达到一定等级的科技工作者

此外，国外学者还从不同角度对科学家做了进一步细分。例如，Subramanian 等（2013）以及 Baba 等（2009）根据发表成果（基础研究）和专利产出（应用研究）的具体分布情况将科学家细分为：（1）巴斯德式科学家，即学术成果和专利产出均超过同行平均水平的科学家；（2）爱迪生式科学家，即专利产出超过同行平均水平，但学术成果低于同行平均水平

的科学家；（3）非专利型科学家（non-patenting star scientist），即学术成果超过同行平均水平，但专利产出低于同行平均水平的科学家。Kehoe 等（2016）根据科研成果、身份地位及社会资本的分布特征将科学家细分为通用型科学家（universal star）（科研成果多且身份地位高）、绩效型科学家（performance star）（仅科研成果多）和地位型科学家（status star）（仅身份地位高），并分析了不同类型的顶尖科学家的价值创造方式和能力。

第二节 科学家在公司创新活动中的作用

一、科学家与公司合作中的"雇中学"效应

科学家往往拥有较高的人力资本水平，大部分科研产出和创新成果经常来自极少数科学家（Rosen，1981）。同时，有些不易编码的知识由于其隐秘性和复杂性传播成本非常高，从而紧紧依附在发明者本人的人力资本上。因此，公司通过雇用这些科学家来获取和学习他们的知识和创新成果就变得非常重要。公司可以让其他员工向所雇用的科学家学习、与之正式交流和信息共享等机制提升人力资本水平，从而完成"雇中学"（Palomeras and Melero，2011；Song and Almeida，2003）。

科学家的加入不仅能迅速提升公司的创新绩效，而且为公司提供了他们的创新想法和知识储备，从而可以进一步促进公司的创新。例如，Singh 与 Agrawal（2011）通过实证研究发现：样本公司确实增加了对新加入科学家先前的创新思想和发明成果的开发和应用，增幅高达 219%，其中近一半的开发应用来自发明人本身，公司合作网络越好，发明人的知识扩散效果越好，并且这种作用具有长期持续性。此外，新雇用的科学家的技术专长和公司已有的知识储备相距越远，这种"雇中学"效果会越好（Palomeras and Melero，2011；Song and Almeida，2003）。Tzabbar（2009）研究了雇用在技术专长上与公司自身相距较远的科学家对公司技术重组和技术调整的影响，发现新科学家的加入对公司技术重组和技术调整具有显著的促进作用，并且公司内部科研权力集中度越高，这种促进作用越小，而技术专长宽度太宽或太窄都会弱化促进作用。这表明：雇用在技术专长上相距较远的科学家对于公司学习外部知识有积极的作用，公司内部环境和组织结构越鼓励信息交互和知识分享，这种作用就越大。此

外，科学家的加入还会通过有效合作、知识分享和提供帮助等渠道提升组织中其他科学家的生产效率，从而提高团队整体创新效率和组织绩效。例如，Agrawal 等（2017）使用大学层面进化生物学领域的数据所做的研究发现，科学家的加入通过提升行业标准、合作力度和促进知识分享等机制提高了部门其他科技工作者，特别是与科学家专长领域相关的科技工作者的生产效率，从而提高了组织的整体创新效率。Slavova 等（2016）用 94 所美国大学的化学工程部门的数据所做的研究发现：新科学家的加入通过“雇中学”显著提高了部门现有科学家的科研绩效，并且现有科学家的任期越短、部门研究领域越单一、内部合作程度越高，“雇中学”的效果就越好。Oettl（2012）则从社会维度研究了科学家的帮助对合作者的科研产出的影响，发现帮助型科学家的死亡会显著降低合作者的科研产出，而非帮助型科学家的死亡对合作者的科研产出没有显著影响。在帮助方式上，科学家提供批评建议等概念反馈方面的帮助比提供资料获取、研究工具和技术支持等技术上的帮助对合作者科研产出的促进作用更大。

然而，虽然科学家的“雇中学”是组织迅速开拓新研究领域、提高组织团队科研生产率和公司整体技术创新能力的重要方式，但同时也会导致对科学家的过度依赖和对组织内其他科技工作者创新资源的挤出效应等问题。首先，Paruchuri（2010）通过对 8 家大型制药公司的纵向研究发现，科学家在公司组织结构中的中心地位和对关键组织资源的控制，使公司及其他科技工作者对科学家的专业知识和创新领导能力产生过度依赖。对科学家的过度依赖还会使公司产生路径依赖，沿着原有的知识领域开发，不利于公司对新知识的探索。Hohberger（2016）利用生物科技行业的专利数据研究了科学家“站在巨人的肩膀上”对知识积累的作用。研究发现，科学家对自身前期成果的引用和积累会产生更多甚至更有价值的发明成果。然而，当科学家在其他科技工作者的创新成果的基础上进行创新时，将可能对发明成果的成功率和产生高价值发明的可能性产生负面影响。这表明：科学家对原创知识的生产和积累有重要作用，但同时也存在路径依赖，不利于进一步的创新。Tzabbar 与 Kehoe（2014）利用 1972—2003 年生物行业的数据所做的研究也支持了这一点。该研究发现：虽然科学家的离职在一定程度上破坏了公司现有的创新路径，减少了对已有创新成果的进一步开发，但同时也为公司突破原有创新路径，加大对新知识、新领域的探索提供了很好的机会。其次，科学家的加入对组织内其他科技工作者创新资源的挤出效应也得到了国外学者的广泛关注。科学家的存在促使组织中大部分有形资源和无形资源如人力被重点用来支持科学家的研究项目，从而使得其他科技工作者缺少足够的时间和资源来从事他们自己的研究（Huckman and Pisano，2006）。例如，Agrawal 等（2017）使用大学层面进化生物学行业的数据所进行的研究发现：科学家的加入虽然提高了与科学家专长领域相关的科技工作者的创新效率，但同时也挤出了与科学家专长领域无关的科技工作者的创新资源和科研产出，具有挤出效应。Kehoe 与 Tzabbar（2015）基于资源依赖理论中的权利不平衡和相互依赖性这两个概念，利用 1973—2003 年 456 家生物技术公司的数据研究了科学家对组织创新绩效的影响，发现科学家的作用具有二元性：科学家的加入虽然提高了公司的生产率，但同时也会因为利益冲突等原因限制公司中其他创新领导者的出现。但在科学家行业专长较广且合作力度较大的情况下，公司的生产率和其他科技工作者的创新领导力会得到增强。

图 2－1 更加直观地表达了科学家与公司合作中的“雇中学”效应的完整过程及其优缺点。

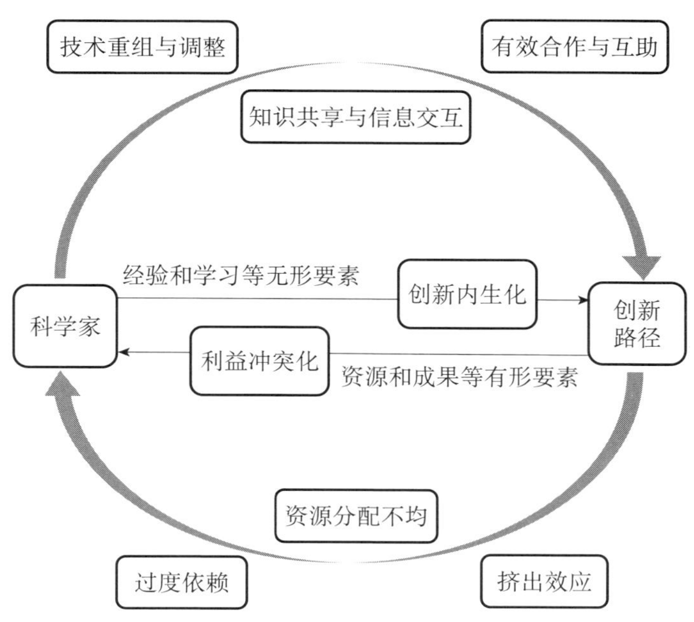

图 2－1 科学家与公司合作中的“雇中学”效应

二、科学家的身份效应

身份效应是指在个体自身能力和努力程度等保持不变的情况下，仅仅凭借个体的身份和知名度对个体本身和所在组织产生的影响（Azoulay et al.，

2012)。身份效应已经得到了多个领域的文献支持，例如，Waguespack 与 Sorenson（2011）发现，在电影行业，在控制电影内容质量的前提下，知名制作方和导演的身份会使得电影更容易获得较有优势的分类级别。Hsu（2004）利用创业公司样本进行的研究发现，在金融行业，在创业公司首轮融资时，行业知名度较高的风险投资人投资成功的概率要比同行业中知名度低的竞争者高 3 倍，并且能以 10%～14%的折价率购买创业公司的股权，这表明金融资本之外的身份资本往往也会带来独特的竞争优势。

默顿（Merton，1968）较早研究了科学领域的身份效应，发现最初身份的微小差异随着时间的推移会不断放大并产生累积优势。一方面，科学家的身份地位会提高人们对他们的科研产出质量的评估，例如，Azoulay 等（2012）发现：当一个科学家被评为霍华德休斯医学研究所研究员后，其身份地位的提高会提升其可见度，导致他之前发表的文章的引用量大幅增加，特别是当文章质量的不确定性较大或者该科学家评选时身份地位较低时，这种效果会更加明显。另一方面，科学家较高的可见度还有利于他们吸引到更多的研发资金和杰出人才等创新资源，从而又进一步提高了科学家的创新产出质量和数量。因此，声名显赫的科学家通常拥有更高的声望和可见度，在马太效应下，导致科学资源和人才资源向科学家集聚（Azoulay et al.，2012)。Agrawal 等（2017）使用大学层面进化生物学领域的数据研究了科学家对组织绩效的影响，发现科学家的入职既会提高组织中已有科学家的绩效，还会通过其在社会上较高的可见度和知名度吸引其他高水平科学家的加入，从而提升组织的整体创新绩效，且后者的影响机制占主导地位。Waldinger（2010）利用解雇部分科学家的外生冲击检验了科学家对组织绩效的影响，发现科学家的流失对组织绩效的影响具有长期效应，其中的一个重要影响机制是科学家的离职显著降低了后续雇佣人员的质量和科学家团队的整体水平，从而表明科学家是组织吸引其他高层次人才的关键。科学家的身份地位不仅能帮助公司吸引高层次人才，还能帮助公司吸引其他科研项目、资金等创新资源。例如在中国，两院院士作为杰出科学家不仅拥有崇高的学术地位，在政治上享受副部级待遇，并且拥有较大的科研资金和科研项目分配权，从而可以吸引创新资源配置向自身集聚（Fisman et al.，2018)。此外，科学家的身份还有助于发挥鉴证质量和价值的信号作用。例如，Higgins 等（2011）发现，在科技型公司 IPO 时，诺贝尔奖获得者的任职可以为市场潜在投资者传达有关公司质量的积极信号，但随着公司的逐渐成熟以及其他信号传递机制的完善，科学家的这种信号作用将逐渐减弱。

图 2-2 直观展示了科学家身份效应发挥作用的机制。

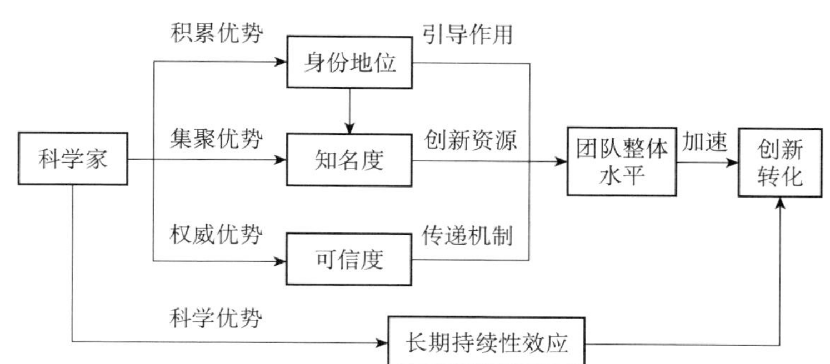

图 2-2 科学家身份效应

三、科学家与公司合作的桥梁效应

核心员工有着较高的绩效和可见度，因而相比其他普通员工更有可能获得较多的社会资本（Oldroyd and Morris，2012），并在社会网络中占据核心位置，起着连接各方的桥梁作用（Tichy et al.，1979）。同理，科学家相比普遍科技工作者具有更高的科研绩效、可见度和社会资本，往往处在社会网络的核心位置。科学家创新产出越高，距离社会网络中心的距离就越近，从而拥有越多的合作者、能够获取越多的信息并对网络中的知识流动有着越强的控制（Schiffauerova and Beaudry，2011）。科学家往往在公司、大学和科研院所等社会网络中发挥着重要的桥梁效应。例如，Zucker 等（2002）的研究发现：公司里的科学家（简称公司科学家）是顶尖大学和公司之间的重要桥梁。顶尖大学里的科学家（简称顶尖大学科学家）生产的知识往往艰深难懂，不易传播和扩散，公司科学家可以通过与顶尖大学科学家的合作起到将大学知识引入公司并进行商业化的桥梁效应。研究发现：公司科学家与顶尖大学科学家合作发表的文章越多，越有利于将其生产的知识在公司内进行商业化，并显著提高公司的专利数量和质量。此外，公司科学家对于连接公司与学术圈、引入外部知识也起着重要作用。例如在制药行业，科学家充当着跨界桥梁的重要角色，连接着公司和学术圈，为公司获取价值链上游知识资源打开了通道（Hess and Rothaermel，2011）。Furukawa 与 Goto（2006）利用文章发表数量和专利申请数量分析日本制药公司科学家的作用时发现，公司科学家虽然文章发表数量远超一般科技工作者，但他们的专利申请数量却并没有显著超过一般科技工作者。进一步的研究发现：科学家凭借与外界学术圈的广泛交流，为公司合作者引入了大量外部知识，从而对合作者的专利申请起到了显著的促进作用。这表明公司科学家实际上发挥着桥梁和中央管道的作用，他们将外部知识引入公司内部，促进了公司创新。Almeida 等（2011）研究了不同组织之间科学家个人层面的非正式合作对公司创新的影响。该研究发现，当用合作发表论文的数量来衡量科学家之间的合作时，与外界科学家合作发表的论文越多，越有利于学习和吸收学术圈的知识存量。此时公司科学家发挥了在公司和学术圈之间建立连接的桥梁作用，将公司外部知识引入公司内部，从而提高了公司创新能力。

图 2－3 直观展示了公司科学家发挥桥梁效应的具体机制。

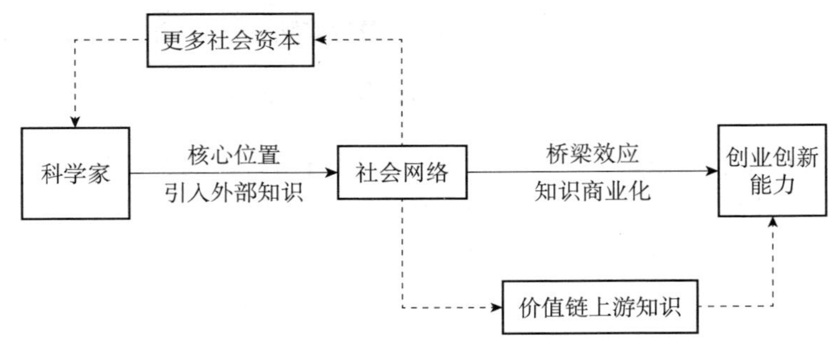

图 2－3　科学家在公司中的桥梁效应

四、科学家与公司的产学研合作平台建设

科学家的桥梁效应为促进产学研合作创造了条件。大量文献表明：科学家广泛参与到了产学研合作活动中，并发挥着积极的作用。例如，Zucker 与 Darby（2007）发现，在生物技术行业，任教于大学的科学家在积极参与到公司的产学研合作期间，在公开期刊上发表的文章的数量和单篇文章的引用量均出现了显著增加。这表明：科学家对产学研合作的积极参与不仅促进了重大创新突破的商业化应用，还加快了学术研究的步伐，是一个良性循环和双赢的结果。Schiller 与 Diez（2010）通过对德国科学技术领域科学家的采访数据的分析发现，科学家可以通过产学研合作、创业和人力资本建设渠道促进地区内的知识流动和知识溢出，充当本地区的知识溢出代理人。Hess 与 Rothaermel（2011）利用 108 家制药公司 1974—2003 年的数据研究了公司中科学家与战略联盟之间的互补或替代关系。该研究发现，科学家与上游公司的战略联盟之间为替代关系，这降低了公司的边际创新绩效；科学家与下游公司的战略联盟之间为互补关系，这提高了公司的边际创新绩效。这是因为，对制造业来说，科学家提

供的大多是价值链上游的知识，价值链中同一环节的资源组合会由于知识冗余而相互替代，而不同环节的资源组合则相互补充。所以，当拥有科学家的公司通过合作将价值创造活动扩展到与其价值链相关的组织或个人时，一定程度上能够对公司价值链的联结产生促进作用，而科学家就是通过这种产学研合作对公司的基本增值活动产生影响。

此外，不同类型的科学家在产学研合作中扮演的角色和发挥的作用也不同。例如，Baba 等（2009）分析了大学中不同类型的科学家对材料领域产学研合作和公司创新绩效的影响，其研究发现：巴斯德式科学家可以利用在基础研究和应用研究上的双重优势充当知识理解和知识应用之间的桥梁，从而显著促进产学研合作的开展和公司创新绩效的提高。而偏重于基础研究的学术型科学家则难以对材料领域的实际问题提供直接有效的咨询和帮助，因而对产学研合作和公司创新绩效没有显著的促进作用。Subramanian 等（2013）利用生物科技行业 222 家公司 1990—2000 年的数据研究了公司内不同科学家人力资本构成与公司战略联盟的交互效应对公司专利绩效的影响。该研究发现：搭桥科学家（同时从事专利发表和创新活动）相对于其他科学家对公司专利绩效有着更加显著的促进作用。他们进一步将搭桥科学家分成巴斯德式搭桥科学家和爱迪生式搭桥科学家（侧重于应用研究）进行了研究，发现这两类科学家与公司之间的战略联盟都为互补关系，但就公司与大学之间的战略联盟而言，巴斯德式搭桥科学家起的是替代作用，而爱迪生式搭桥科学家则起互补作用。

图 2-4 直观展示了科学家参与公司产学研平台建设的作用机制。

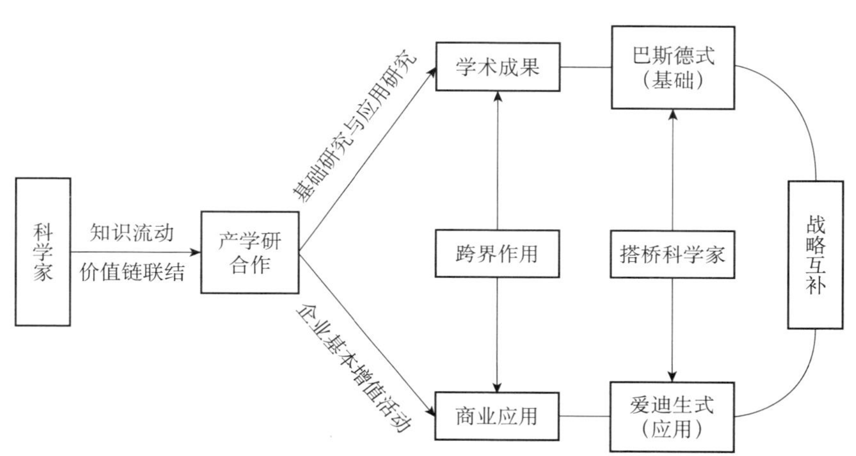

图 2-4　科学家参与公司产学研平台建设的作用机制

五、科学家与公司创新的同群效应

美国社会心理学家利昂·费斯廷格（Leon Festinger）在 1954 年提出的社会比较理论（social comparison theory）认为，人们天生就有一种“向上看齐”的比较心理（Festinger，1954）。以社会比较理论为基础，同群效应指的是人们倾向于通过比较在某些方面和自己相似或者略好于自己的同类人来评价自身的能力、观点和绩效，并在行为上受到他们的影响（Felps et al.，2009；Tartari et al.，2014）。例如，Tartari 等（2014）通过对英国 1 370 名大学科学家的研究发现，大学科学家们会将与自己资历相似的同事作为自身行为的比较基准和参照对象，他们与公司的产学研合作行为会显著受到周围同事的影响，并且任职年限越短、科研产量越低，受同事的影响越深。Felps 等（2009）发现，同事的工作嵌入和求职行为解释了其他个体“自愿离职”的大部分变化，这表明员工的离职行为受到了同事工作嵌入和工作搜寻等行为的深刻影响。Mas 与 Moretti（2009）用电脑扫描仪上的交易数据研究了超市收银员的工作效率是否会受到其他同事的影响，发现超市工作效率高的员工具有显著的生产率溢出效应，会通过社会压力和相互监督机制显著提高效率较低的超市员工的工作绩效，因此，最好的员工组织结构应该尽可能地最大化员工的技能分散度。

那么科学家在组织中会对周围同事产生怎样的同群效应呢？理论上，科学家的加入有可能导致周围同事“搭便车”的外部性问题，组织中善于投机的个体则会充分利用这种便利性坐收渔翁之利，从而降低工作积极性。但 Kandel 与 Lazear（1990）的理论分析表明，同群效应会抵消合作关系中的“搭便车”问题，将工作当中的外部性内化。因为在同一公司工作的同事往往容易成为社会比较的目标，而科学家的加入无疑将会在公司现有科技工作者当中激活社会比较程序，激励他们提高绩效（Slavova，Fosfuri and Castro，2016）。例如，Azoulay 等（2010）利用生命科学领域 112 位科学家非预期意外死亡的外生冲击研究了他们在合作者网络中对其他科技工作者的溢出效应。该研究发现，科学家的非预期意外死亡对与之合作的科技工作者的科研产出有着显著的负面影响，且意外死亡的科学家产出越大，负面影响越显著。

同群效应的大小取决于特定社会网络的相对重要性。例如，Waldinger（2010）利用解雇部分科学家的外生冲击检验了大学科学家的产出质量是否会影响其他人的产出。研究发现：大学科学家的质量对博士生科研产出质量有着显著的正向影响，但对大学教授的影响并不显著。大学教授的产出会随着大学内外合作者的离开而下降。原因是：博士生资历较浅，更加依赖于大学里的社会网络，容易受到大学同群效应的影响；而教授的社会网络更广，受大学里同事关系的影响相对较小，受到合作者产出质量的影响相对较大。Kiml 等（2009）研究了美国 25 所顶尖大学在 20 世纪末 30 年里竞争优势的演化后发现，这些大学的竞争优势在逐渐下降，随着通信技术的发展和交流成本的下降，本地区社会网络的重要性和与科学家的地理距离缩短所产生的效果逐渐减弱，基于地区社会网络的科学家溢出效应随之下降。

此外，大量研究表明：与明星员工的社会比较还有可能给其他员工和组织绩效带来负面效应。例如，根据资源保存理论，组织资源往往根据个人工作绩效进行分配，明星员工对资源的大量占用会使其他员工将明星员工视为争夺资源的重大威胁，从而激发出维护自身资源的强烈动机，并在行为上试图排挤、打压明星员工（Campbell et al.，2017）。在科学领域，科学家的存在对组织中其他科技工作者创新资源的挤出效应已经得到了广泛证实（Agrawal et al.，2017；Huckman and Pisano，2006），但这是否会引起其他科技工作者的不满和排斥，从而降低整个科学家团队和组织的创新绩效，却并未得到充分研究。

图 2－5 直观表达了科学家在公司中正反两方面的同群效应的作用机制。

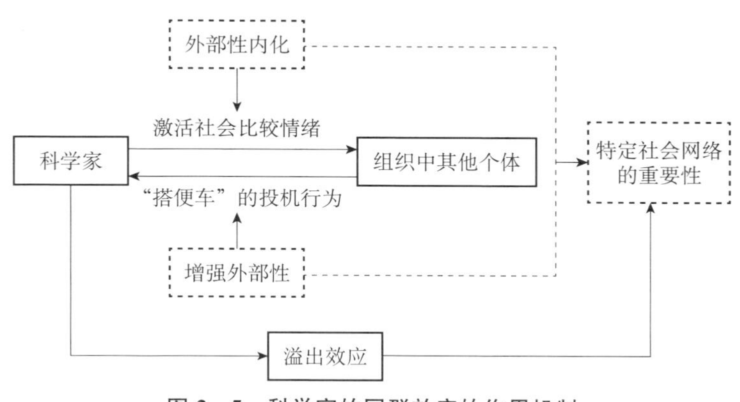

图 2－5　科学家的同群效应的作用机制

第三节　科学家的公司创新效应的研究展望

一、如何积极地进行政策引导，充分发挥科学家的公司创新效应？

由于创新具有“知识外溢”的特点，因而它具有很强的正外部性，在缺乏政策引导的环境中通常会导致公司对于研发投入不足的问题（Aghion and Jaravel，2015）。市场失灵理论、凯恩斯经济学理论、熊彼特的技术创新理论以及系统失灵理论均认为，政府支持政策能够有效促进公司创新。然而大量实证研究却发现，由于委托代理问题和挤出效应的存在，R&D 补贴（Wallsten，2000）、税收优惠（陈林与朱卫平，2008）和政府采购（胡凯等，2013）等以资金支持为主的传统政府支持政策对公司创新有着负面影响。由资金推动的公司创新往往只具有短期效应：当有大量政府补贴或者税收返还资金投入时，公司创新较多；而当政府补贴下降时，公司创新随之减少。通过科学家的"雇中学"提升公司的人力资本水平和创新能力才是真正推动公司创新的长效机制。因此，如何充分发挥科学家的作用是政府今后制定创新支持政策和学术研究的一个重要方向。

值得一提的是，2008 年以来在地方政府大力推动下迅速发展起来的公司院士工作站在这个方向上迈出了重要一步。公司院士工作站是由院士专家团队与公司科技工作者共同参与的一种"政产学研用"合作创新平台。《中国科协关于推进院士专家工作站建设的指导意见》指出：院士工作站要充分发挥院士专家的技术引领作用，帮助公司培育科技创新团队，集聚创新资源，突破关键技术制约，推动产学研紧密合作。可以预期，不同于以往单纯以资金支持为主的创新支持政策，院士专家等科学家的参与将会更长久、更切实有效地提升公司的人力资本水平和创新能力。

二、如何充分发挥科学家的桥梁效应以促进产学研合作？

长期以来，中国尖端科技研发资源大多分布于科研院所，与公司研发呈现割裂状态，因此，有效促进产学研高效合作，解决当前创新资源分散、封闭、缺乏整合的问题，成为我国当前创新管理实践最为迫切的需求。特别是考虑到公司创新往往是一个多阶段的漫长过程，涉及选题创意、研发开展、疑难咨询、联合攻关，以及专利申报和产品化等多个阶段，因此对复杂漫长的创新过程中的公司和外部机构合作进行研究显得尤为重要。而顶尖科学家因为处在公司、科研院所和学术圈等社会网络的中心位置，可以为公司参与外部知识的交流与产学研合作发挥至关重要的桥梁效应。

近年来的研究已经发现：在产学研合作领域中，专利买卖等正式合作渠道对公司创新的贡献逐渐减少，而公司资助科研项目、签署合作研究协议，以及人员互访等非正式合作渠道对公司创新的贡献逐渐增加（Perkmann et al.，2013）。因此，如何通过公司与科学家之间的正式或非正式合作渠道促进公司创新是学术界和政策制定者亟须探讨的问题。

三、如何针对科学家设计并实施有效的创新激励机制?

Holmstrom（1989）较早提出“创新需要长期投入和冒险精神，因而创新激励不同于普通工作激励”这一观点，但是此后的研究更多关注如何对公司 CEO 等管理层进行期权形式的薪酬激励（Manso，2011）以及对非管理层的期权激励（Chang et al.，2015），特别缺乏对于真正开展创新工作的创新发明人及科学家的创新激励。在国外文献中，较早的突破出现在 Akcigit 等（2016）的研究中。该研究发现：税收差异显著影响拥有较强创新能力的科学家对工作地点的选择，这表明经济激励具有显著效应。Aghion 等（2018）利用芬兰的个人收入数据和公司经营数据进行的研究发现，公司创新使创新发明人及科学家个人的收入有了显著增长，并且这种收入增长也溢出到公司所有者和其他员工。除了收入方面的货币激励外，组织中科学家的加入也会发挥同群效应，在精神上激励其他科技工作者努力提高个人和组织绩效。

第三章　科学家的绩效度量、资源配置与激励扭曲

第一节　本章研究概述

在本书第四到第七章正式开展对科学家的公司创新效应的实证研究之前，我们需要首先解决如何合理度量科学家的科研绩效以及科学家在经济体系中的资源配置效应的问题，还需要了解科学家在多大程度上也是受到经济利益激励或者激励扭曲的经济人。

科学家的绩效度量、资源配置与激励扭曲这三个问题是紧密相连的。如果科学家能够拥有和掌握的资源配置权力和其科研绩效完全正相关，那么这在一定程度上说明科学家的资源配置是有效的，同时根据科学家的科研绩效来进行资源分配也是激励相容的。反过来，如果我们发现科学家的资源配置与其科研绩效不完全正相关，甚至主要不由其科研绩效而是由其他因素影响或决定，那么我们可以推论，科学家的资源配置机制是低效率甚至是失效的，而相应的激励机制也是扭曲的。

对资源配置的效率开展分析是经济学家的看家本领，经济学研究长期以来一直关注寻租行为的后果以及由此引发的经济资源配置效率低下的状况。早期的研究主要集中于经济生产中资本（人或物）的错配（例如，Murphy，Shleifer and Vishny，1991；Acemoglu，1995）。然而，根据Romer（1986）的内生增长理论，科学技术知识能使经济持续获得递增规模报酬。因此，科学研究与知识生产中的寻租和扭曲在宏观层面对经济增长和发展模式的影响特别重要，但实证分析却很少涉及这一主题。

我们首先从媒体报道中寻找开展实证研究的线索，部分媒体报道认为，我国存在一定程度的科研人员资源错配问题，例如，在广泛报道的中国工程院院士李宁案件中，李宁被指控违规占用超过2 000万元人民币的

资金。[①] 也有媒体报道和网站评论认为，中国科学院院士选拔过程中也存在腐败现象。中科院院士声望极高，享有研究资源配置方面的特权，且受到高薪追捧，可以获得直接的物质利益。

一些科学家认为，中国科学院和中国工程院院士选举过程不透明，更多地依赖个人关系和游说而非科研成果。作为在中国乃至全世界拥有重要影响力的著名科学家，施一公和饶毅 2010 年在《科学》杂志上使用较多证据有力地指出了中国科研界由关系引发的扭曲效应。[②] 他们认为，中国有相当大比例的科学家在建立关系上花费了太多时间，却没有足够的时间参加研讨会、讨论科学问题和培养学生；对拥有权力和影响力的科学家通过关系进行评价，低估了科研成果的价值。他们的研究引发了对科学家精力及资源在游说与研究之间错配的担忧。此外，他们的研究表明，中国科研界可能已经陷入了 Acemoglu（1995）所描述的“寻租均衡”，即当今科学家的寻租选择影响了未来科学家的寻租激励。

在本章的实证分析中，我们描述并实证分析了 2001—2013 年间中国科学院和中国工程院选举院士时存在的资源错配问题。我们关注在中国社会联结中扮演重要角色的同乡关系。同乡关系在中国的文化中非常重要，并且能找到可被观测和记录的衡量指标。我们根据候选人与学部常务委员会委员的籍贯是否相同来衡量是否存在同乡关系。

我们的实证研究表明，在 2001—2013 年期间，有同乡关系的候选人最终当选的概率比没有同乡关系的候选人高出 39%。在控制了学部-年份固定效应、籍贯固定效应、大学固定效应和任职单位固定效应后，这个结果仍然非常稳健。此外，我们发现，与非学部常务委员会委员的同乡关系和与其他学部常务委员会委员的同乡关系均对结果没有影响。这些“安慰剂”变量的实证结果进一步明确了较高的当选概率来自与候选人本学部有影响力的人员之间的同乡关系。最后，我们发现，候选人与学部常务委员会委员的校友关系和同事关系对当选概率没有显著作用，表明上述结果不太可能受到教育背景、任职单位等有关候选人质量的“软”信息的影响。

我们研究了同乡关系在两阶段选举过程中的影响。第一阶段选举由每个学部内的所有院士通过邮件进行，其主要目的是筛选明显不合格的候选人。我们发现第一阶段的通过率与和本学部常务委员会委员的同乡关系无

① 中国工程院院士李宁等贪污案二审开庭并当庭宣判［EB/OL］. 新华网，2020-12-08.

② 这两位著名科学家同样在 2011 年的院士选举中落选并引发广泛关注，某种程度上成为中国公众乃至全世界公众共同关注的重要话题，本章研究题目的选择最初同样受到这一报道的影响。参见饶毅施一公为何落选院士［N］. 中国青年报，2012-03-23.

关，而与候选人被提名时的科研绩效（由 H 指数衡量）相关。同乡关系的作用完全体现在第二阶段。在该阶段的面对面会谈中，个人游说可以更容易地影响选票，而科研绩效却不能影响当选概率。

在 2007 年后，拥有同乡关系的候选人不再有较高的当选概率。从该年起，为了使选举更加透明和公平，中国科学院和中国工程院修改了院士选举规则。在第二轮投票过程中，所需要的赞成票最低比重从一半上升到了三分之二，并且最终当选的院士名单会在线公布。我们推测，选举规则的变化可能会使得本学部常务委员会委员难以为自己青睐的候选人争取到足够的选票。

如果同乡关系使得候选人当选院士的门槛降低，那么可以预测出两个结果：（1）有同乡关系的候选人的平均科研绩效较低；（2）有同乡关系而最终被评为院士的候选人在所有候选人中科研绩效较低。在分析候选人的 H 指数和其他度量科研绩效的指标的基础上，我们认为前者不成立，也就是说，候选人的质量与同乡关系无关。但是，后者得到了有力的实证支持。例如，在最终当选的候选人中，有同乡关系的候选人发表引用次数超过 100 次的高质量论文的比例只有无同乡关系的候选人的一半。这种差异主要来自对无同乡关系的候选人的主动筛选。我们通过计算得到，在剔除了家乡背景对评选的影响后，发表高质量论文的候选人的当选概率提高了 2.7%。相比所有候选人都有同乡关系的情景，在候选人都没有同乡关系的假设情景中，发表高质量论文的候选人的当选概率提高了近 20%。

在实证分析的最后一部分我们发现，当选院士不仅使该科学家被任命为院长或大学校长的概率增加了一倍，而且每年能为其任职单位额外带来约 950 万美元的政府经费。拥有院士头衔意味着可以获得更高的职位和更多的资源，因此对资源配置具有重大影响。

本章补充了有关社会联结影响科研资源分配的文献。例如，Li（2017）研究了评委“关系”在获得美国国家卫生研究院资助中的作用，并发现与评委存在历史引用关系的申请人更有可能获得资助。Zinovyeva 与 Bagues（2015）发现，在西班牙，与评委的工作关系有助于进行学术推广。Durante，Labartino 与 Perotti（2011）发现，在意大利，家庭关系在科技人才招聘中会发挥作用。

对于中国资源错配的实证研究主要集中于公司间的资源错配。Hsieh 与 Klenow（2009）记录了中国与美国劳动力边际产量和资本边际产量的巨大差距，并认为将中国公司资源重新分配后，制造业全要素生产率可以提高 30%～50%（另见 Brandt，Biesebroeck and Zhang，2012；Khandelwal，Schott and Wei，2013）。本章关注科研界这一独特领域，为同乡关系引起的分配机制扭曲提供了更直接的证据。

此外，本章还丰富了有关研究群体偏袒的扭曲效应的文献。中国国内越来越关注关系的滥用问题，其中同乡关系尤为突出。然而，偏袒行为带来的扭曲效应是一个全球性问题。例如，Burgess（2015）表明，在肯尼亚，当地人口与总统属同一种族的地区能够获得两倍于其他地区的道路建设资金，道路的长度也是其他地区的四倍。

本章的研究也有两点不足。首先，我们只观察了可能形成资源错配的渠道之一。尽管我们后续也讨论了没有社会联结和相应寻租的假设情况，但是在反事实情景中很难准确估计院士当选人的质量。其次，我们难以衡量社会联结行为的最终影响。我们证明了社会联结会降低当选院士的质量，但是并未研究其对科研资源配置的全部影响。

本章第二节介绍了中国科学院和中国工程院的背景信息，概括了院士选举过程，并讨论了同乡关系在中国社会中的作用。第三节讨论了实证分析所使用的数据。第四节对同乡关系在院士选举中的作用及其后果进行了实证分析。第五节得出了结论。

第二节 院士选举的制度背景

一、中国科学院和中国工程院背景介绍

中国科学院（简称中科院）是中国自然科学最高学术机构、科学技术最高咨询机构、自然科学与高技术综合研究发展中心。中科院也是一个学术团体，中科院院士头衔被视为中国科研领域最高荣誉。截至 2014 年，中科院有 711 名院士（包括 274 名 80 岁以上、不参与新院士选举的名誉院士），分布在六个学部，即数学物理学部、化学部、生命科学和医学学部、地学部、技术科学部、信息技术科学部（其中信息技术科学部是 2005 年由技术科学部分立而来）。中国工程院（简称工程院）由九个学部组成（2014 年有 791 名院士），即机械与运载工程学部，信息与电子工程学部，化工、冶金与材料工程学部，能源与矿业工程学部，土木、水利与建筑工程学部，环境与轻纺工程学部，农业学部，医药卫生学部，工程管理学部。最后两个学部是 2006 年由同一学部分立而来。中国科学院与中国工程院合称两院。

除了荣誉头衔之外，院士还享有许多物质利益，包括配备私人司机和优先享受国内最好的医疗资源等（与副部级政府官员享受的医疗福利相当）。地方政府也往往会出台各种政策以吸引两院院士。例如，中国工程院网站详细列出了居住在湖南省的院士所享受的福利，包括至少 20 万元人民币/年的工资，至少 100 万元人民币的初始科研经费，以及汽车和司机。“湖南省政府已研究决定给在湖南工作的中国科学院院士和中国工程院院士配发 9 块‘湘 O’汽车牌照。”① 相比之下，普通正教授的薪水不到其一半。有些单位进一步增加了院士福利。例如，部分高校明确表示，学校将为院士提供年薪 200 万元、搬家津贴 100 万元，以及免费住宿。

对院士的追捧部分源于两院院士头衔带来的经费倾斜。两院及其院士直接决定了重大研究资源的分配。在 2014 年的国家预算中，中科院获得了超过 4 亿美元的研究经费，用于各个领域的战略重点项目。国家科学技术部也往往要征询两院的建议。此外，两院院士也经常出任领导岗位。例如，中国工程院院士李宁负责国家高新科技研发计划，即 863 计划。除了两院掌握大量社会资源之外，院士个人也有巨大的影响力。

二、两院常务委员会

两院各个学部都设有常务委员会，这些常务委员会在院士选举过程中起着关键作用。每个常务委员会由 15～23 名院士组成，具体取决于部门的规模。常务委员会委员由各学部的院士提名，包括 1 名学部主任、3～5 名副主任。中科院的院士选举规则明确规定：常务委员会应保证院士在各个领域、部门和地区之间的平衡。在 2008 年之前，中科院各学部的常务委员会委员任期 2 年，最多 3 年；之后延长至 4 年，只可连任一次。到 2008 年，至少三分之一的常务委员会委员必须每 2 年更换一次；从 2008 年之后，至少一半的常务委员会委员需要每 4 年更换一次。

两院均有学部主席团，负责学院的日常管理。主席团由院长、副院长、当然成员、各学部主任和若干名经两年一度的院士大会直接选举的成员组成。当选的主席团成员任期 4 年，中科院主席团成员不可连任，工程院主席团成员可连选连任一次。在样本期间，中科院学部主席团成员数量从 27 人到 38 人不等；中科院学部主席团成员数量从 31 人到 37 人不等。

三、中科院和工程院院士选举规则

中科院六个学部每两年增选 60 名院士，由常务委员会决定增选名额在

① 湖南提高两院院士待遇 为院士配发“湘 O”车牌［EB/OL］. 新浪新闻，2001-05-25.

各部门间的分配。工程院九个学部每两年增选 90 名院士，同样由常务委员会决定名额分配。候选人可通过现任院士或有关学术团体提名。通过学术团体提名的，由负责监督该团体的部级单位审查并决定获得提名的人选。例如，北京大学受教育部管辖，因此需要向教育部提交提名。教育部负责评估在其管辖范围内的大学所提交的候选人，决定哪些候选人获得正式提名。

每个学部的常务委员会分两个阶段进行院士评选。在第一阶段，每个常务委员会根据学科专业（例如，有机和无机化学）划分为若干评审组。每个评审组包括至少 15 名院士，负责审阅候选人材料并投票赞成或反对。在此基础上，学部再进行集体评审和投票，淘汰大约 40%的初始申请人。在第二阶段，各学部常务委员会指定三名院士对每一位进入第二阶段的候选人进行评估，并将评估结果呈递给整个学部。全体参评院士对通过第一阶段的候选人进行无记名投票，按获得赞成票数产生本学部正式候选人名单。正式候选人名额为各学部应增选名额的 1.2 倍（2008 年之前为 1.4 倍）。然后，还要由全体参评院士对正式名单中的候选人进行最后一轮投票。获得赞成票不少于投票人数三分之二（2006 年之前为一半）的候选人，根据获得赞成票数依次产生本学部终选候选人建议人选。在院士增选过程中，常务委员会委员起到了举足轻重的作用。在第一阶段，他们将候选人的申请分配给学部全体院士进行评审。在第二阶段，由常务委员会指定的三人小组评估进入该阶段的候选人，并有机会影响最终的个人投票。作为学部领导，常务委员会委员必须参加两年一次的院士增选评审会议，而对非常务委员会委员没有这一强制要求。工程院院士的选举规则与中科院类似，但是在第二阶段投票之前，进入该阶段评审的候选人必须到会自我介绍、回答问题。

第三节　院士选举数据的搜集与处理

一、数据来源和处理说明

中科院和工程院的候选人信息均来自其官方网站以及中科院院刊。我们从两院官网获得了通过第一和第二阶段的候选人信息，但是未能获得进入最终个人投票环节的候选人名单。中科院没有公布 2001 年和 2013 年通过第一阶段的候选人名单，工程院则没有公布 2001 年的信息。在向两院提出获取数据的请求后，工程院向我们提供了 2001 年的数据。

我们利用上述数据构建了两个主要变量：$Elected_{yi}$ 表示第 y 年候选人 i 是否当选院士。$First\ Stage_{yi}$ 表示候选人 i 是否在第 y 年通过了院士选举第一阶段。在两院院士第一阶段选举中落选的候选人可能会在接下来的几年中再次被提名，因此同一候选人可能多次出现。我们根据姓名、籍贯和出生年份进行了匹配。在最终的样本中，1 663 名（占 49.7%）候选人被提名一次，915 名（占 27.4%）候选人被提名两次，768 名候选人获得三次及以上提名（11 名候选人在同一年被提名到中科院和工程院，其他候选人-年份指标都是唯一的）。

落选后再次被提名的候选人的当选概率显著提高：首次提名的当选概率为 7.1%，第二次提名的当选概率为 13.6%。

中科院和工程院院士的候选人通常都是知名的科学家和社会精英。因此，我们从所在院校官网和百度获得了大多数候选人的个人和专业信息，包括出生年份、性别、籍贯（包括辖区内的农村地区）和教育背景。我们还通过知网获取了论文中列示的作者信息并对数据进行了补充。中科院和工程院官网也发布了院士当选过程的纪要。在总共 3 349 名候选人中，766 名候选人的籍贯信息无法找到。其中，259 名候选人（占总数的 20.7%）为中科院院士候选人，507 人（占总数的 21.7%）为工程院院士候选人。我们在研究中剔除了这些样本。① 另外，2001—2013 年期间各学部常务委员会委员名单来自中科院官网和工程院年鉴。

结合院士和候选人的籍贯信息，我们构建了变量 $Committee\ Tie_{yi}$，表示在第 y 年候选人 i 至少与一名常务委员会委员为同乡关系。在 79%的样本中，与候选人有同乡关系的常务委员会委员只有一名，在 17%的样本中有两名，而在 4%的样本中有三名或更多。类似地，我们构建了变量 $Non\text{-}Committee\ Tie_{yi}$，表示在第 y 年候选人 i 与常务委员会中的任何人都不存在同乡关系，但是与所在学部的其他院士存在同乡关系，描述某一城市盛产优秀科学家的程度。另外，我们引入了“安慰剂”变量 $Committee\ Tie\_Placebo_{yi}$，描述在第 y 年候选人 i 是否与本学部常务委员会中的院士不存在同乡关系，但与其他学部常务委员会的院士存在同乡关系。

根据候选人的教育背景，我们构建了两个变量：$Committee\_College\ Tie_{yi}$ 描述在第 y 年候选人 i 与常务委员会委员是否从同一所大学毕业，$Non\text{-}Committee\_College\ Tie_{yi}$ 描述在第 y 年候选人 i 与非常务委员会委员是否从

① 可以找到籍贯信息的候选人和无法找到籍贯信息的候选人的 H 指数无明显差异。可以找到籍贯信息的候选人的 H 指数平均值为 8.8，无法找到籍贯信息的候选人的 H 指数平均值为 8.4，两者差异的 p 值为 0.70。两类候选人的平均年龄也几乎相同，均为约 58.4 岁。

同一所大学毕业。类似地，$Committee\_Employer\ Tie_{yi}$ 描述在第 y 年候选人 i 在提名时是否与常务委员会委员是同事关系，而 $Non\text{-}Committee\_Employer\ Tie_{yi}$ 则描述在第 y 年候选人 i 是否与非常务委员会委员是同事关系。我们的补充稳健性检验结果表明，对教育背景和任职单位的控制结果是稳健的（限于篇幅，本书没有附上这些表格）。

在实证分析中，我们希望控制科研成果对当选概率的影响。我们用院士选举当年年末的 H 指数衡量候选人的科研成果，相关数据来自科学网。在此，我们遵循已有文献，如 Aghion，Van Reenen 与 Zingales（2013），在统计引用次数时滞后数年，以前瞻性的视角考察科研成果。因为统计引用次数时选举结果已产生，所以当选院士可能对引用次数有潜在的积极影响。然而，我们补充的稳健性检验结果显示，以发表刊物衡量科研成果质量的实证结果是稳健的，不存在上述问题（限于篇幅，本书没有附上这些表格）。我们还根据作者的任职单位和研究领域对作者重名或者使用缩写而非全名的情况进行了匹配。[①]

H 指数分布右尾长，并且 36%的工程院候选人以及 6%的中科院候选人的 H 指数为零，因此我们使用 $\ln(1+H\text{-Index}_{yi})$ 作为对候选人科研成果的主要衡量指标。在没有充分的数据佐证候选人质量的情况下，H 指数是一个可接受的描述科研成果和影响力的公认指标（Hirsch，2005）。

为了评估实证结果的稳健性，我们使用替代性指标 *Homeruns* 衡量科研成果，包括候选人的总出版物数、总引用数以及高质量（引用次数超过 100 次）论文数。我们用变量 *Has Homerun* 描述候选人在提名时是否有一篇高质量（引用次数超过 100 次）论文。

我们还引入了变量 $Doctorate_{yi}$ 来衡量候选人是否拥有博士或同等学位。同时我们也认识到：未获得博士学位本身并不表示资质不足。例如，2015 年诺贝尔医学奖获得者屠呦呦就没有获得博士学位。我们还引入了描述地位或关系等其他方面因素的变量。其中，$Dean_{yi}$ 表示在第 y 年候选人 i 是否在其学术团体中担任院长或更高级别职务。$Political\ Tie_{yi}$ 描述在第 y 年候选人 i 是否（或曾经）是一个副厅局级别（或以上）的政府官员。政府官员通常拥有较大的政治影响力。例如，铁道部前部长傅志寰于 2001 年被提名为院士候选人并当选。

---

① 虽然中文名重名现象很普遍，但是任职单位和研究领域都相同的同名者很少见。在筛选了姓名和任职单位后，我们没有在无关研究领域发现同单位的同名作者。

二、数据的初步描述性统计

表 3－1 列示了全样本描述性统计分析，表 3－2 和表 3－3 则分别按 *Committee Tie* 和 *Non-Committee Tie* 分列数据。后两种分类并不互斥，与常务委员会委员和非常务委员会委员都有同乡关系的候选人在样本中并不少见。

表 3－1 **数据全样本描述性统计**

变量名称	均值	标准差	观测值（个）
Committee Tie	0.1	0.299	4 921
Non-Committee Tie	0.332	0.471	4 921
Elected	0.143	0.35	4 921
First Stage	0.404	0.491	4 357
Elected | *First Stage*＝1	0.338	0.473	1 760
ln(1＋*H*-Index)	1.677	1.271	4 921
Homeruns	1.545	4.708	4 921
Has Homerun	0.271	0.445	4 921
Doctorate	0.457	0.498	4 921
Age	58.393	8.846	4 825
Political Tie	0.048	0.213	4 921
Dean	0.403	0.491	4 921
Committee _ College Tie	0.246	0.431	4 921
Non-Committee _ College Tie	0.446	0.497	4 921

如表 3－1 所示，同乡关系相对较为少见。只有 10.0%的候选人与常务委员会委员有同乡关系。① 候选人平均年龄为 58.4 岁，可见院士头衔是在职业生涯晚期对其过往成就的嘉奖。

在比较有无同乡关系的候选人的当选情况时，我们发现了一些值得关注的现象。首先，在全部样本中，有同乡关系的候选人的当选概率比没有同乡关系的候选人高出 5.9 个百分点（19.6%对 13.7%，该差距在 1%的水平上显著）。但是，同乡关系对于是否能够通过第一阶段选举没有影响。没有同乡关系的候选人通过第一阶段选举的概率更高，但该差异在统计上不显著。由此可见，同乡关系对于通过第一阶段选举的候选人是否能最终当选非常重要。通过第一阶段选举后，有同乡关系的候选人最终当选的概

① 每个学部中，与常务委员会委员有同乡关系的候选人比例不一，最低为工程管理学部（3.6%），最高为数学物理学部（16.1%）。中科院的这一比例为 11.2%，工程院为 9.4%。

率比没有同乡关系的候选人高出 17.2%。相比之下，与非常务委员会委员的同乡关系对当选概率的影响就小很多。

表 3-2　根据是否与常务委员会委员存在同乡关系所做的描述性统计

变量名称	*Committee Tie*=0		*Committee Tie*=1		差异（*t* 统计量）
	均值	标准误	均值	标准误	
Elected	0.196	0.397	0.137	0.344	0.059（3.557）
First Stage	0.388	0.488	0.406	0.491	2.018（2.718）
Elected | *First Stage*=1	0.494	0.502	0.322	0.467	0.172（4.42）
ln(1+*H*-Index)	1.617	1.238	1.683	1.274	2.067（21.104）
Homeruns	1.418	3.945	1.559	4.785	2.141（2.629）
Has Homerun	0.257	0.438	0.273	0.445	2.016（2.742）
Doctorate	0.398	0.49	0.463	0.499	2.065（22.758）
Age	59.713	8.474	58.247	8.875	1.465（3.448）
Political Tie	0.035	0.183	0.049	0.216	2.015（21.429）
Dean	0.373	0.484	0.406	0.491	2.033（21.403）
Committee _ College Tie	0.402	0.491	0.229	0.42	0.173（8.506）
Non-Committee _ College Tie	0.543	0.499	0.435	0.496	0.108（4.562）

表 3-3　根据是否与非常务委员会委员存在同乡关系所做的描述性统计

变量名称	*Non-Committee Tie*=0		*Non-Committee Tie*=1		差异（*t* 统计量）
	均值	标准误	均值	标准误	
Elected	0.151	0.358	0.139	0.346	0.012（1.117）
First Stage	0.393	0.489	0.409	0.492	2.016（21.044）
Elected | *First Stage*=1	0.368	0.483	0.324	0.468	0.045（1.86）
ln(1+*H*-Index)	1.618	1.221	1.706	1.294	2.088（22.293）
Homeruns	1.376	4.952	1.63	4.581	2.254（21.783）
Has Homerun	0.245	0.43	0.284	0.451	2.04（22.949）
Doctorate	0.39	0.488	0.49	0.5	2.099（26.617）
Age	59.955	8.587	57.622	8.872	2.332（8.68）
Political Tie	0.05	0.217	0.047	0.211	0.003（0.421）
Dean	0.386	0.487	0.412	0.492	2.026（21.756）
Committee _ College Tie	0.326	0.469	0.207	0.405	0.119（9.204）
Non-Committee _ College Tie	0.533	0.499	0.402	0.49	0.131（8.743）

其次，有些地方盛产科学家，他们也往往在顶尖学术机构学习。因此，如表 3－2 和表 3－3 的最后两行所示，有校友关系的候选人与没有校友关系的候选人在当选概率上存在很大差异。因此，我们需要特别关注控制籍贯固定效应后原有结果是否稳健，并且还要考虑“安慰剂”变量的影响。

此外，有同乡关系的候选人与没有同乡关系的候选人在年龄上也存在显著差异。与常务委员会委员有同乡关系的候选人与没有同乡关系的候选人的年龄差异约为 1.5 岁。与非常务委员会委员有同乡关系的候选人与没有同乡关系的候选人的年龄差异更大，平均为 2.3 年并且显著。这也直接导致了有同乡关系的候选人与没有同乡关系的候选人在拥有博士学位的比例上有显著差异。直到 20 世纪 90 年代后，中国科技工作者才普遍进修博士学位。例如，60 岁以下的候选人中超过 70％拥有博士学位（大约 85％的候选人在 50 岁以下），而 60 岁及以上的候选人中这一比例低于 20％。控制了年龄之后，表 3－2 和表 3－3 中拥有博士学位的候选人的比例差异不再显著。

有同乡关系的候选人与没有同乡关系的候选人在年龄上为何存在差异仍然是一个疑问。虽然我们没有观察到候选人提名的来源，但是候选人可能是由任职单位或现任院士提名。我们推测任职单位可能不太愿意提名临近退休的人员，通过现任院士提名成为这些人获得提名的唯一渠道。因此，年龄较大者更可能在提名过程中采取寻租行为，表现为有关系的候选人年龄较大。

第四节　院士选举数据的实证分析

一、同乡关系对两院院士选举的影响

我们将样本划分为三个相互不存在重叠关系的小组：与常务委员会委员有同乡关系的候选人（*Committee Tie*＝1），与常务委员会委员没有同乡关系但与非常务委员会委员有同乡关系的候选人（*Committee Tie*＝0 且 *Non-Committee Tie*＝1），以及没有同乡关系的候选人（*Committee Tie*＝0 且 *Non-Committee Tie*＝0）。我们发现了两个值得注意的现象：首先，在整个观测期间，后两个小组的当选概率几乎没有差异，说明与非常务委员会的同乡关系并不起作用。其次，在 2007 年之前，与常务委员会委员有

同乡关系的候选人的当选概率比其余两个控制组大约高出三分之二。2007年，所有小组的当选概率都有所下降，其中与常务委员会委员有同乡关系的候选人的当选概率下降幅度更大。到 2009 年，三个小组的当选概率已完全收敛。

对于与常务委员会委员有同乡关系的候选人以及候选人整体当选概率均下降的原因，我们提出了几种可能的解释。我们推测，一个重要原因是院士选举制度的演变。从 2007 年起，在第二轮投票过程中，候选人所需要的赞成票最低比重从一半上升到了三分之二。这既可以解释当选概率的普遍下降，也可以解释为何与常务委员会委员有同乡关系的候选人当选概率下降更显著。此外，也是从 2007 年开始，两院院士最终当选名单会公布在《人民日报》和《光明日报》上。而在此之前，名单只在中科院院刊和工程院官网上公布。广泛宣传和选举规则优化都可能改进两院院士的选举流程。

表 3-4 展示了规范的回归分析结果。本章构建如下模型：

$$Elected_{yi}=\alpha_{dy}+\beta_1\cdot Committee\ Tie_{yi}+\beta_2\cdot Non\text{-}Committee\ Tie_{yi}+Controls_{yi}+\varepsilon_{yi} \tag{3-1}$$

其中，α_{dy} 表示学部-年份固定效应（在 7 年内中科院和工程院共有 15 个学部，总共 105 个固定效应），ε_{yi} 是误差项。因为同一人可以多次申请，所以我们在计算标准误时允许个体聚类。

第（1）列只引入 *Committee Tie* 和 *Non-Committee Tie* 两个变量和学部-年份固定效应。*Committee Tie* 的系数为 0.050 并在 1%的水平上显著。第（2）列又引入了以下变量：候选人质量的代理变量 ln(1+*H*-Index) 和 *Doctorate*；学术地位变量 *Dean*；政治地位变量 *Political Tie*；描述是否与学部院士来自同一大学的变量 *Committee _ College Tie* 和 *Non-Committee _ College Tie*；年龄的自然对数 ln*Age*。*Committee Tie* 的系数略上升至 0.053（在 1%的水平上显著）。与常务委员会成员不存在同乡关系的候选人的平均当选概率仅为 0.137，与常务委员会成员的同乡关系使当选院士的概率提高了约 39%。在第（3）列中，我们引入了衡量科研成果质量的指标 *Has Homerun*，表示候选人是否至少有一篇引用次数超过 100 次的论文。同第（2）列的 *H* 指标变量一样，*Has Homerun* 在 1%的水平上显著，其系数为 0.060，比 *Committee Tie* 的系数高约 15%，这表明发表高质量论文对院士选举的影响与同乡关系大致相当。

表 3-4　　同乡关系与当选概率的回归结果

	(1)	(2)	(3)	(4)	(5)	(6)	(7)
Committee Tie	0.050***	0.053***	0.052***	0.048**	0.070***	0.055*	0.052**
	(0.019)	(0.02)	(0.02)	(0.024)	(0.025)	(0.032)	(0.026)
Non-Committee Tie	0.007	−0.000	0.001	−0.030*	−0.009	−0.011	0.006
	(0.01)	(0.01)	(0.01)	(0.02)	(0.01)	(0.02)	(0.01)
ln(1+*H*-Index)		0.030***		0.029***	0.037***	0.037***	0.027***
		(0.01)		(0.01)	(0.01)	(0.01)	(0.01)
Doctorate		0.02	0.030**	0.016	0.017	0.029	0.017
		(0.01)	(0.01)	(0.02)	(0.02)	(0.03)	(0.02)
Dean		0.008	0.012	0.007	0.000	0.021	0.004
		(0.01)	(0.01)	(0.01)	(0.01)	(0.02)	(0.01)
Political Tie		0.033	0.032	0.062**	0.040	0.139	0.027
		(0.02)	(0.02)	(0.03)	(0.03)	(0.14)	(0.02)
ln *Age*		0.121***	0.141***	0.192***	0.231***	0.138**	0.119***
		(0.04)	(0.04)	(0.05)	(0.05)	(0.07)	(0.05)
Committee _ College Tie		0.019	0.019	0.028*	−0.009	0.036	0.008
		(0.01)	(0.01)	(0.02)	(0.02)	(0.02)	(0.02)
Non-Committee _ College Tie		−0.009	0.008	0.016	−0.018	0.007	0.010
		(0.01)	(0.01)	(0.01)	(0.02)	(0.02)	(0.01)
Has Homerun			0.060***				
			(0.01)				
学部-年份固定效应	Yes	Yes	Yes	Yes	Yes	Yes	Yes
籍贯固定效应		Yes					
大学固定效应				Yes			
样本	Full	Full	Full	Full	Full	CAS	CAE
观测值（个）	4 921	4 825	4 825	4 824	4 641	1 800	3 025
R^2	0.023 5	0.033 5	0.031 6	0.176	0.152	0.033 4	0.022 2

说明：括号中的数为 *t* 值；* 表示在 10%的水平上显著；** 表示在 5%的水平上显著；*** 表示在 1%的水平上显著。本书其余表中各符号的含义与此相同，不再一一指出。

第（4）列列示了控制 424 个城市（包括县级市）的籍贯固定效应以及学部-年份固定效应，以此控制籍贯对出任常务委员会委员和当选两院院士的概率的共同影响后的更加严谨的实证结果。*Committee Tie* 的系数基本保持不变，但由于变量饱和，标准误随之增加，系数仅在 5%的水平上显著（p 值为 0.047）。第（5）列引入了大学固定效应，*Committee Tie* 系数略微增加至 0.070。最后，在第（6）和第（7）列中，我们分别考察了中科院和工程院院士候选人，并没有发现同乡关系的作用在两院有显著差异。

总体而言，表 3 - 4 的结果表明，与常务委员会成员的同乡关系对提升院士当选概率的作用是非常稳健的。在第（1）至第（5）列中，我们至少可以在 10%的水平上拒绝 *Committee Tie* 和 *Non-Committee Tie* 系数相等的假设。此外，尽管大学更可能是体现个人科研成果的软信息，但是我们没有发现校友关系产生了一致影响。

在补充的稳健性检验（限于篇幅，本书中未附上该表）中，我们证明了同乡关系对两院院士选举结果影响的稳健性和显著性。在第（1）列中，我们进行了证伪实验，引入了描述与候选人所在学部之外的常务委员会成员有无同乡关系的变量 *Committee Tie _ Placebo*。因为能够预计到院士选举在学部层面进行，所以与所在学部之外的常务委员会的同乡关系对候选人的当选概率没有影响。在第（2）列中，我们控制了年龄固定效应，结果仍然稳健。β_1 的点估计与表 3 - 4 中的估计几乎相同，其标准误也可比。在第（3）列中，我们引入了衡量提名时同事关系的变量 *Commission _ Employer Tie* 和 *Non-Committee _ Employer Tie*，同时控制了任职单位固定效应。我们认为，相比同乡关系，校友关系和同事关系等专业联系似乎更应该传递有关个人能力的软信息。第（3）列中 *Committee Tie* 的系数增加到 0.061，而 *Non-Committee Tie* 的系数为负但不显著。如果同乡关系之所以对院士选举产生影响是由于其传递的软信息，那么校友关系和同事关系没有产生任何影响的现象是出乎意料的。在第（4）列中，我们验证了观察到的时间差异在统计上的显著性。在引入了 *Committee Tie* 与标记选举年份是否在 2007 年之后的虚拟变量的交叉项后，我们发现 *Committee Tie* 的系数增加到了 0.094，交叉项的影响程度相近但方向相反。最后，为了强调在改变科研成果的测度后实证结果仍然稳健，我们补充使用了与表 3 - 4 第（2）列对应的变量，包括 ln(1+*Publications*)、ln(1+*Citations*)、ln(1+Chinese *H*-Index)，以及 *Publications* 和 *H* 指数的十分位数。在每一列中 *Committee Tie* 的系数均稳定。除 ln(1+Chinese *H*-Index) 以外，所有衡量科研成果的指标都对选举结果有重要影响。最后，当籍贯为某地方的院士上任或卸任常务委员会委员时，我们预测籍贯为该地方的候选人的当选概率会出现较大变化。根据统计，在 60 个案例中，至少有一个候选人在上述变化前后均被提名。由此得到的当选概率变化与回归结果非常一致：在籍贯为某地方的院士上任常务委员会委员的当年，籍贯为该地方的候选人的当选概率从 14.7%上升到 21.3%；当其卸任时，当选概率从 18.3%降至 12.8%。由于研究范围有限，我们未进行上述情况前后数年的事件研究。

接下来，我们分别考察同乡关系在两个阶段选举中的作用。由于无法获得 2001 年和 2013 年中科院通过第一阶段的候选人名单，因此该部分样本规模相对于表 3－4 较小。① 在表 3－5 所示的回归结果中，我们控制了个体固定效应和学部-年份固定效应。为节约篇幅，控制变量的系数没有列示。第（1）列和第（2）列给出了第一阶段选举的结果。我们观察到以下两个现象：首先，在第一阶段，候选人质量在很大程度上影响其能否进入下一阶段的选举。第（1）列中 ln(1＋*H*-Index）的系数为 0.074（p 值 <0.001），是表 3－4 中对应系数的两倍多。第（2）列中 *Has Homerun* 的系数为 0.131，说明发表一篇高质量论文能够将第一阶段选举的通过率提高近 13 个百分点，比没有高质量论文候选人的通过率（36%）高出 36%。其次，在第一阶段，同乡关系与能否通过筛选无关。*Committee Tie* 的系数都接近于零并且不显著，可以在 95%的置信区间上否认同乡关系的作用。

第（3）列和第（4）列中的因变量是当选院士虚拟变量 *Elected*，样本为通过第一阶段选举的候选人。我们发现 *Committee Tie* 对第二阶段的通过率产生了非常大的影响：在通过第一阶段的筛选后，与常务委员会委员的同乡关系能够使最终当选概率提高 15.8%。值得注意的是，第二阶段的通过率与科研绩效测度变量 ln(1＋*H*-Index）和 *Has Homerun* 之间的相关性要弱得多：第（3）列中 ln(1＋*H*-Index）的系数接近于零，第（4）列中 *Has Homerun* 的系数比第（2）列中的对应系数低约 60%并且仅在 10%的水平上显著。

总体上，表 3－5 的结果同样证明了个人游说在第二阶段选举中的突出作用。正如第一节所提到的，第二阶段选举通过闭门会谈的方式进行。但是我们发现：在第一阶段选举中，与常务委员会委员的同乡关系无关紧

---

① 我们对可以获得第一阶段选举结果的小样本也进行了研究，回归结果表明与常务委员会委员有无同乡关系产生的影响与全样本几乎相同。

要，个人书面评审材料对结果起着决定性的作用。

表 3-5 同乡关系对于分阶段选举结果的影响的回归结果

	第一阶段选举		最终当选	
	(1)	(2)	(3)	(4)
Committee Tie	−0.009 (0.03)	−0.014 (0.03)	0.158*** (0.04)	0.160*** (0.04)
Non-Committee Tie	−0.019 (0.02)	−0.017 (0.02)	0.022 (0.03)	0.022 (0.03)
ln(1+*H*-Index)	0.074*** (0.01)		0.009 (0.01)	
Has Homerun		0.131*** (0.03)		0.049* (0.03)
学部-年份固定效应	Yes	Yes	Yes	Yes
样本	Full	Full	First Stage=1	First Stage=1
观测值（个）	4 265	4 265	1 738	1 738
R^2	0.069 6	0.060 2	0.051 7	0.052 9

二、科学家的绩效度量及其影响因素

如果同乡关系使得候选人当选院士的门槛降低，那么可以预测出两个结果：(1) 存在同乡关系而被提名的候选人的平均科研绩效更低；(2) 存在同乡关系而最终当选院士的候选人的平均科研绩效也更低。

我们构建了模型（3-2）并在表 3-6 中列示了回归结果：

$$Quality_{yi}=\alpha_{dy}+\beta_1\times Committee\ Tie_{yi}$$
$$+\beta_2\times Non\text{-}Committee\ Tie_{yi}+Controls_{yi}+\varepsilon_{yi} \quad (3-2)$$

我们考察科研绩效度量指标 ln(1+*H*-Index) 和 *Has Homerun* 与候选人各个阶段通过率的关系。在表 3-6 第（1）至第（3）列中，因变量是 ln(1+*H*-Index)，第（1）列中的样本包括所有候选人，第（2）列为通过第一阶段选举的候选人，第（3）列为最终当选的候选人。第（4）至第（6）列中，因变量替换为 *Has Homerun*，候选人样本选择方法相同。

我们发现，在第（1）列中，对于全体候选人，*Committee Tie* 的系数在统计上不显著，说明在全体候选人中，同乡关系最多只微弱地降低了候选人质量。从第（1）至第（3）列，*Committee Tie* 的系数逐渐增加。在第（3）列，对于最终当选的候选人，*Committee Tie* 的系数为−0.392，是第（1）列的五倍以上，并且在1%的水平上显著。对比第（2）和第（3）列我们发现，对于候选人的负向选择显然发生在选举的第二阶段。有趣的是，在选举的第二阶段，*Non-Committee Tie* 的系数为正且显著。一种可能的解释是，两院提出了地区多元化的要求。如果在学部中已经有籍贯为某一地方的院士，增选籍贯为该地方的院士的门槛会更高。① 我们补充的稳健性检验结果报告了与第（3）列对应但使用了其他科研成果测度指标所得到的回归结果，进一步证明了与常务委员会委员的同乡关系与当选院士的科研成果之间存在负相关关系（限于篇幅，这些稳健性检验表格没有附上）。

表 3-6　科学家的科研成果测度及其影响因素

	ln(1+*H*-Index)			*Has Homerun*		
	(1)	(2)	(3)	(4)	(5)	(6)
Committee Tie	−0.072 (0.06)	−0.11 (0.09)	−0.392*** (0.12)	−0.017 (0.02)	−0.054 (0.04)	−0.198*** (0.05)
Non-Committee Tie	0.032 (0.04)	0.061 (0.07)	0.219** (0.09)	−0.001 (0.02)	−0.001 (0.03)	0.059 (0.04)
Dean	0.154*** (0.04)	0.213*** (0.06)	0.240*** (0.08)	0.01 (0.02)	0.015 (0.02)	0.003 (0.04)
Political Tie	−0.049 (0.09)	−0.099 (0.14)	−0.087 (0.18)	−0.012 (0.03)	0.004 (0.06)	−0.075 (0.08)
ln *Age*	0.390*** (0.15)	0.432* (0.24)	−0.025 (0.29)	−0.150** (0.06)	−0.158 (0.10)	−0.293** (0.14)
Doctorate	0.545*** (0.05)	0.520*** (0.08)	0.485*** (0.10)	0.108*** (0.02)	0.109*** (0.04)	0.068 (0.05)
Committee_College Tie	0.018 (0.04)	0.019 (0.07)	0.008 (0.09)	0.004 (0.02)	2.007 (0.03)	2.022 (0.04)
Non-Committee-College Tie	0.008 (0.04)	0.018 (0.06)	2.012 (0.09)	0.019 (0.02)	0.026 (0.03)	0.007 (0.04)
样本	Full	First Stage=1	Elected=1	Full	First Stage=1	Elected=1
观测值（个）	4 825	1 738	700	4 825	1 738	700
R^2	0.512	0.537	0.608	0.353	0.379	0.418

① 然而，在使用 *Has Homerun* 作为对科研成果的测度指标时，*Non-Committee Tie* 的系数不再显著［见表3-6中第（2）列的结果］。

如果我们更进一步观察每个选举阶段候选人 H 指数的中位数，就能够更加清晰地发现显著的负向选择效应。虽然在全部候选人中，同乡关系对候选人质量无明显影响（H 指数的中位数分别为 4 和 4.5），但是在最终当选的候选人中，有同乡关系的候选人的 H 指数中位数不到没有同乡关系的候选人的一半。这一观察还有助于揭示一种无法从回归系数中识别的现象：虽然选举第一阶段对候选人质量进行了正向选择，但是第二阶段的负向选择使得最终当选的有同乡关系的候选人质量不及上一阶段筛选出的有同乡关系的候选人。可能的原因是：委员们担心自己在家乡关系网络中被更有能力和影响力的人替代。这符合领导在选择同事或顾问时会权衡忠诚和能力两方面因素这一观点（Egorov and Sonin，2011）。

对表 3－6 中其余三列以及样本数据，我们将 *Has Homerun* 作为科研成果的测度指标并重复上述分析，得到了非常相似且更为直观的结果。特别是，最后一列中 *Committee Tie* 的系数是－0.198。结合之前的研究结果（没有同乡关系的候选人发表高质量论文的比例为 0.398）我们发现，有同乡关系的当选院士发表高质量论文的比例降低了一半。通过对比第（1）列和第（3）列的结果，我们发现该影响几乎完全来自选举中的筛选过程，而不是候选人分布本身存在差异。

虽然同乡关系对个体质量的影响非常大，但是在衡量同乡关系对当选院士整体质量的影响时，需要结合有同乡关系的候选人的比例。只有 10％的候选人和 13.7％的当选院士与常务委员会成员有同乡关系。因此，在选举过程中摒弃家乡偏袒仅能使最终当选院士发表高质量论文的比例提高 2.7％（＝0.137×0.198）。当然，同乡关系只是造成资源错配的形式之一，各类形式的资源错配的总体影响可能比仅考虑同乡关系大得多。

三、科学家的身份效应和资源配置效应

在实证分析的最后一部分，我们考察了院士头衔对资源配置的影响。首先，我们研究了院士头衔如何影响被任命为高级行政职务的概率。其次，我们研究了一所大学的院士人数与所获得的科研经费的关系。

在第一组分析中，我们进行了事件研究并分析了在两院院士选举期间被任命为大学院长或校长的概率。

我们将样本分为当选的候选人和被提名但未当选的候选人两类。对于被多次提名但从未当选的候选人，我们将首次提名日作为事件日。以最后一次提名日作为事件日和以提名日平均值作为事件日所得到的结果几乎相同。

我们的数据观察描述了两组候选人在提名或当选日前后三年［－3，＋3］的事件窗口期内被任命为院长或校长的概率。由于有关行政任命的数据仅更新至 2015 年，我们研究了 2001—2011 年的两院院士候选人数据。我们发现，在当选当年，新院士获得高级行政职务的概率大幅上升并在随后的 3 年保持较高水平。相比之下，落选的候选人担任这些职务的概率没有增加甚至小幅下降。

我们研究的第二个影响渠道是科研经费。两院院士是职业生涯晚期的荣誉。因此，相比个人直接获得的科研经费，我们对院士为其合作者或任职单位带来的科研经费更感兴趣。我们使用中国教育部官方网站公布的数据，研究了院士对大学所获科研经费的影响。《中国教育年鉴》提供了 2001—2013 年（2003 和 2004 年除外）的政府拨款和科研人员等数据，包括竞争性拨款（例如由国家自然科学基金会和科技部提供资助的项目）以及每所大学所获得的政府拨款预算。后者作为校级科研经费的主要来源，很大程度上由教育部官员决定。为研究大学院士数量与科研经费总额之间的关系，我们绘制了排除大学、学部-年份固定效应后的残差与院士数量之间关系的散点图（限于篇幅，图形没有附上）。我们使用的样本是在 2001—2013 年期间至少有一名院士任职的大学。散点图表明，院士数量与科研经费之间存在明显的正相关关系。在回归中控制了大学和学部-年份固定效应以及全职科研人员的数量后，我们估计每增加一名院士能够为学校多带来 6 300 万元（约 950 万美元）的科研经费。该结果在 1%的水平上显著。

本章研究了中科院和工程院院士的选举过程。与学部常务委员会委员有同乡关系的候选人最终当选院士的概率高出 39%，该差异完全来自选举的第二阶段。第一，本章利用科研发表的 H 指数以及是否发表了高质量论文对科学家的科研绩效进行了科学度量。从后面几章的实证分析可以看出，科学家的科研成果对其参与公司创新以及在公司董事会发挥监督职能都会产生重要影响。第二，我们通过本章研究发现，科学家这一职业群体的动机和行为同样受到经济利益的影响：当选院士的有同乡关系的候选人的科研成果不如当选院士的无同乡关系的候选人。有同乡关系并当选的候选人中发表高质量论文的比例只有无同乡关系并当选的候选人的一半。第三，科学家具有重要的身份效应和资源配置效应，表现为当选院士可以使该科学家担任高级行政职务的概率增大，也可以使其任职单位获得更多的科研经费。

第四章　科学家参与产学研合作的公司创新效应：院士工作站案例分析①

本章通过案例分析的方式，从公司创新动力相关理论出发寻找院士工作站影响公司创新的两条途径：一是作用于公司创新动力，使公司更有意愿开展创新活动；二是直接提高公司创新能力，使公司更有能力开展创新活动。后者是更主要的途径。本章选取普洛药业股份有限公司开展了具体的案例分析，分析得出：院士工作站在为公司培养创新人才、提供战略咨询、攻克关键技术难题、开发新产品等创新活动开展方面卓有成效。

第一节　院士工作站的发展历程与建站模式

一、发展历程

院士工作站是由院士专家与公司科技人员共同参与的"产学研深度融合"的工作平台（季学猷，2013）。它的发展大致可以分为两个阶段：

（1）形式初创和机制探索阶段（2003—2008 年）。2003 年，沈阳市科学技术协会抓住中国科学技术协会年会和百名院士齐聚沈阳之机，首建黎明航空发动机（集团）院士工作站。随后几年，院士工作站只是发生在局部地区的新生事物。从 2006 年开始，中国科学技术协会为服务经济建设，组织承办了一系列"院士专家地方（公司）行"活动。实践表明："院士行"存在"活动容易流于形式，专家在公司的时间过短，难以深入了解和研究公司问题，合作成效不大"等问题（季学猷，2013）。

（2）快速扩张期（2008 年至今）。2008 年，为有效应对金融危机的冲击，贯彻落实《国务院关于发挥科技支撑作用 促进经济平稳较快发展的

① 特别感谢中国人民大学苏州国际学院金融风险管理专业硕士生唐茜、赵博雅、杨伟豪、高洁和黄宏楣为本章撰写所做的资料搜集和整理工作。

意见》以及中央七部门联合发布的《关于动员广大科技人员服务公司的意见》，中国科学技术协会于 2008 年 4 月在南京召开会议，决定借鉴沈阳做法，“由行到站”，以江苏为试点省，大力发展院士工作站，探索长效机制。此后，各地政府和科学技术协会密集出台了相关政策文件，推动了院士工作站的快速发展。

二、建站模式

院士工作站旨在促进科技成果产业化，培养创新人才队伍，为增强企事业单位的自主创新能力提供强有力的支撑。院士工作站的主要工作内容包括五个方面：（1）根据建站单位或产业发展的技术需求，组织院士及其团队与本地研发人员开展联合研究，研究重大理论、方法，研发重大新技术、新产品、新工艺、新装备，培育具有自主知识产权的主导产品品牌；（2）开展产业发展及学科发展战略咨询；（3）引进院士及其团队具有自主知识产权的科技成果，共同进行转化和产业化；（4）与院士及其团队联合培养科技创新型人才；（5）与院士及其团队联合开展高层次学术或技术交流活动。

院士工作站采取政府推动、院士参与、公司管理、市场运作的建站模式。院士工作站的组建和运行可以按照公司与院士专家的参与形式大致分为以下五种模式：“公司＋院士专家”模式、“两院＋项目＝公司”模式、“两院＋地方科研院所（高校）＋公司”模式、“地方（公司）＋科技副职”模式和“平台＋院士专家＝院士中心”模式。

表 4－1　院士工作站建站模式

模式	特点
“公司＋院士专家”	最直接也最原始的院士工作站建站模式，两院院士以项目为基础直接与公司开展技术研发和转让活动。公司借助重大课题和科研专项的契机，在内部建立以公司为依托的院士（专家）工作站，为工作站的日常运作和专项研发提供资金支持。专家团队只要针对技术难题进行攻关，应用化的研究以及产业化运作则是由公司自身完成。
“两院＋项目＝公司”	由两院直接创建或参与投资公司，院士专家作为智力资源投入，参与公司的创建。
“两院＋地方科研院所（高校）＋公司”	以项目为桥梁将中科院、工程院、地方科研院所（高校）与公司有机连接起来，由两院和地方科研院所（高校）联合研究开发，再由公司进行投资生产。

续表

模式	特点
“地方（公司）＋科技副职”	两院长期以来采取的一种模式。科技副职是指中科院属各单位根据社会经济发展需求遴选出科技和管理骨干，根据地方需求，经任职地区分院推荐，地方政府主管部门统一或公司同意，报两院备选后选送到地方政府或大中型公司（集团）全时担任科技副职的人员。科技副职在院地合作中发挥纽带作用，推动科技成果的转移转化，积极组织科技支农、科技扶贫、科普宣传等活动，促进区域社会经济科学发展。这种模式能有效促使中科院、工程院与地方（公司）需求信息对称，并将地方（公司）需求与两院优势有效结合，实现二者资源优势互补。
“平台＋院士专家＝院士中心”	该模式主要是由院士专家在开发区、工业园区内建立院士中心（工作站），为区域产业发展提供服务。这种模式适宜建立在园区层面，以“点对面”的模式，主要面向园区内的民营公司，既包括具有独立研发中心、研发能力较强的大型民营公司，也包括研发能力较差的中、小型民营公司，形成覆盖面广、服务对象多样化的格局。

三、院士工作站的政策内涵

《中华人民共和国国民经济和社会发展第十三个五年规划纲要》提出要构建“政产学研用”创新网络，提高公司的自主创新能力。《中国科协关于推进院士专家工作站建设的指导意见》对院士工作站建设的指导思想、基本要求、工作目标、基本原则、基本方法和保障措施等做了全面的解读，指出院士工作站要发挥院士专家的技术引领作用，帮助公司培育科技创新团队，集聚创新资源，突破关键技术制约，推动产学研紧密合作。要坚持以“需求为基础，项目为核心，企业为主体，实效为根本”的基本原则。十九大报告进一步提出“深化科技体制改革，建立以企业为主体、市场为导向、产学研深度融合的技术创新体系”。

以院士工作站的早期试点省份江苏省为例，江苏省科技厅在其颁布的《江苏省公司院士工作站管理办法（试行）》中指出，院士工作站的工作内容主要有：（1）开展产业及公司发展战略咨询和技术指导；（2）围绕公司发展亟须解决的重大关键技术难题，组织院士及其创新团队与公司研发人员开展联合攻关；（3）引进院士及其创新团队的技术成果，在公司共同开展转化和产业化，培育自主知识产权和自主品牌；（4）与院士及其创新团队共建研究生培养基地，联合培养公司创新人才。该管理办法同时指出，省科技厅是全省公司院士工作站的主管部门，负责制定公司院士工作站相关政策、规划，并对批准设立的公司院士工作站给予经费支持。根据相关政策文件和建站实践，院士工作站主要可以分为关键技术突破型、研发能力提升型、高层次创新团队培育型、行业战略联盟构建型、产业集聚区服务中心型、开放式资源整合型和科技成果转化型七种模式（白露等，2015）。

第二节 院士工作站影响公司创新的机制分析

一、院士工作站影响公司创新动力的机制

国内外学者不断丰富对创新动力的研究，总结出诸多利润动机以外的动力因素。这些研究可大致分为三类：单因素驱动论、双因素驱动论和系统论。在单因素驱动论中，熊彼特认为，科学研究和技术发明是创新的主要动力；费隆（1964）认为，对创新的预期是决定创新活动的主要动力；施穆克勒（1966）认为，技术创新的动力来自市场需求；于骥（2008）认为，技术创新动力的根本来源是企业家精神。[①] 在双因素驱动论中，弗里曼、莫厄里和罗森伯格等人认为，技术创新的成功依赖于技术推动与需求拉动的有机结合；斋腾优（1979）认为，技术创新的动力来源于社会需求和社会资源之间的矛盾。在系统论中，公司创新动力源于多种因素共同作用，并耦合而形成创新动力机制。冯波（2005）认为，公司技术创新动力系统应包含三个层次：源动力系统、运行动力系统和环境动力系统[②]；李柏洲（2009）认为，公司创新动力系统应由三个子系统组成：公司内部自动力系统、公司外部环境推动系统和公司文化系统；谢自强和傅端林（2011）认为，决定和影响公司创新的各种动力因素包括公司利益、企业家精神、创新激励机制和公司创新能力等内源动力和市场需求牵引力、市场竞争推动力、科学技术驱动力和政府政策支持力等外源动力。

本章参考系统论的观点，在谢自强和傅端林所述的动力要素基础上对公司创新动力因素进行分析。公司创新能力是创新动力机制顺利运行的基础，如果公司不具备独立完成自主创新的技术积累、人才队伍以及高效资源调配及组织实施能力等，即使利益驱动力再大，公司也无法集中优质资源实现有效的创新。创新动力描述的是公司创新的意愿，分为内源动力和外源动力，内源动力包括公司利益、企业家精神和创新激励机制等，外源动力包括市场需求牵引力、市场竞争推动力、科学技术驱动力和政府政策

① 于骥．企业技术创新不足的经济学分析［J］．科技管理研究，2008，28（4）.

② 冯波．企业技术创新的动力系统研究［D］．武汉：武汉大学，2005.

支持力等。

二、院士工作站促进公司创新的途径

院士工作站通过两条途径单独或联合促进公司创新：一是作用于公司创新动力，使公司更有意愿开展创新活动；二是直接提高公司创新能力，使公司更有能力开展创新活动。后一条是院士工作站促进公司创新最主要的途径。在公司创新动力途径中，院士工作站的作用路径又可分为内生动力路径和外生动力路径，其中内生动力路径是最主要的路径（见图 4-1）。

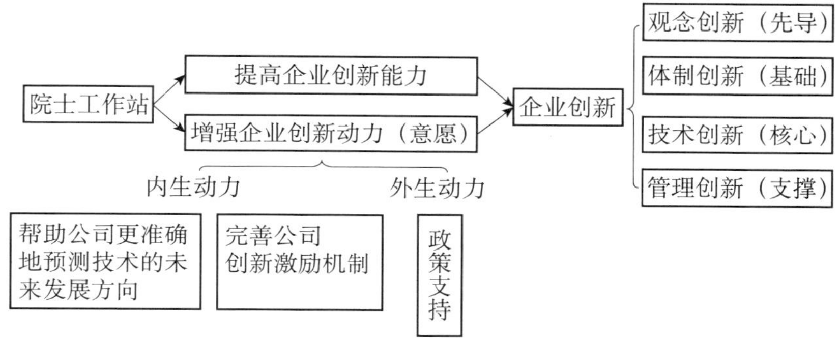

图 4-1 院士工作站促进公司创新的途径

不同途径会催生不同的创新活动。公司的创新活动可以分为观念创新、体制创新、技术创新和管理创新。通过第二条途径，院士工作站直接促进公司的技术创新；通过第一条途径，院士工作站直接或间接促进公司的观念创新、体制创新和管理创新，间接促进公司的技术创新。

1. 内生动力路径

在内生动力路径方面，院士工作站的建立能够帮助公司更准确地预测技术的未来发展方向，完善公司创新激励机制，并且可能间接提升企业家创新精神，从而提升公司开展创新活动的动力，促进公司开展创新活动。

（1）帮助公司更准确地预测技术的未来发展方向。

专家和院士的引入有利于公司了解技术前沿，更准确地预测技术的未来发展方向，从而提前布局，抢占市场份额以获取丰厚利润；同时，可以帮助公司及时淘汰落后的技术，提高利润获取效率。因此，院士工作站的建立使得公司在追求利润方面更明晰、富有前瞻性和精细化。对利润的预期将驱动公司开展创新。

（2）完善公司创新激励机制。

在各省市有关建设院士工作站的文件中，均明确提到建立完善的高端科技人才激励机制，这其实也就是建立完善建站主体——公司——的创新激励机制。因此，院士工作站的建立使得公司创新激励机制更为完善，从而驱动公司开展创新活动，这是一种体制和管理创新。

2. 外生动力路径

在外生动力路径方面，院士工作站的建立能够直接增强政府政策对公司创新的支持力度。同时，越来越多的院士工作站的建立将会间接增强市场竞争推动力和科学技术驱动力。

地方政府对院士工作站的项目申请、人才管理和资金配备等方面有政策倾斜，即建站主体——公司——通过建立院士工作站能够享受政府的政策倾斜，节约创新成本，减少创新阻力。因此，院士工作站的建立加大了政府对公司创新的政策支持力度，这一外部支持力将驱动公司开展创新活动。

3. 公司创新能力路径

在公司创新能力路径上，院士工作站的建立能为公司带来更多的创新资源，包括人才、技术、先进设备等，直接提高公司创新能力，使公司创新活动得以完成和持续。

资源实力反映了公司的创新能力，院士工作站带来的创新资源大大提升了公司创新能力。创新的风险很大，公司只有具备合宜的资源（人力、技术、资金等），才有动力和能力进行有效的创新。因此，院士工作站的建立将直接提升公司创新能力，带动公司在技术上开展更进一步的创新活动，这是一种技术创新。

另外，院士工作站能够聚集高端智力资源，在公司和高校、科研院所之间搭建人才输送平台，为公司输送技术人员，注入新鲜血液，影响公司的体制和管理，甚至影响整个公司的文化。因此，院士工作站的建立为公司引进了人才。公司直接创新主体的高端化将促进公司开展创新活动，这是一种技术创新、体制创新、管理创新和观念创新。

第三节 院士工作站促进公司创新的案例分析：普洛药业①

一、公司简介

普洛药业股份有限公司（以下简称普洛药业）是国家级重点高新技术公

① 本节资料如无特别说明，均来自公司历年年报。

司和浙江省医药工业重点公司，2001 年在深交所主板上市，是横店集团医药产业产融结合平台。普洛药业从事医药产品的研发、生产和销售，主要业务有原料药（API）业务、合同研发生产服务（CDMO）业务和制剂（FDF）业务，产品主要集中在心脑血管、抗感染、抗肿瘤等治疗领域。

普洛药业被认定为“国家认定企业技术中心”，拥有两个省级院士工作站、两个国家级博士后科研工作站、一个手性药物及中间体技术国家工程研究中心。各事业部均建立了结合自身业务发展的研发团队，研发团队中有省“千人计划”专家 4 名。

二、公司建立院士工作站的历程与机制

1. 公司建立院士工作站的历程

表 4－2 列出了该公司建立院士工作站的详细历程。

表 4－2　公司建立院士工作站的历程

年度	事件
2007 年	公司开始酝酿建设院士工作站，筹建科研大楼和院士工作团队，加大了与院士的合作力度。
2009 年	公司正式成立了金华市首个院士工作站，公司总经理亲自参与院士工作站的规划与组织建设，投入大量资金新建多个研究室、办公室和会议室，配备了先进的科研设备和专业的工作团队；另外，财务部门设立了院士专项经费，为院士们在公司的工作和生活提供有力的支持。
2010 年	公司获批设立省级院士工作站。
2012 年	被评为省优秀院士工作站，同年公司作为全省仅有的两家公司代表就院士工作站的建设和运行情况在省科学技术协会工作会议上做典型发言。公司的院士工作站还被评为 2011—2012 年度“全国‘讲理想、比贡献’活动先进集体”。

2. 院士工作站的主要做法与经验

（1）改善科研环境。

院士工作站是公司破解技术难题的关键性研发平台，公司十分注重院士工作站的科研设施及研发经费投入。院士工作站拥有科研场地 2.7 万平方米，科研资产 1.6 亿元。公司累计投入各项经费 4 000 余万元。为了给院士提供优越的工作和生活环境，公司为每位院士设立了办公室和会议室，建立了院士工作档案，修建了院士公寓楼，在财务方面设立了院士专项经费，使工作站的优势资源得以更好地利用和发挥。

（2）培养人才。

院士工作站在提升公司创新能力的同时以有形的项目为载体，为科技

人员施展才华、全面自由发展和实现自身价值搭建了平台。公司设置了专业技术岗位，合理开展岗位竞聘，积极帮助科技人员成长，鼓励和引导科技人员沿着专业路径发展，为科技人员致力于科技创新事业创造条件，有利于引进和留住高技术人才。

院士工作站负责人郭振荣为海归博士，省“千人计划”专家。院士工作站通过开展课题研究、举办短期培训班和院士做专题学术报告等知识传播的形式，搭建起院士与技术人员交流的平台，锻造和培养了一支结构合理、理论和实践水平较高的科研队伍，极大地提升了公司技术人员素养。

（3）提升管理水平。

普洛药业设立了工作站领导管理小组，完善了项目开发管理办法、经费管理办法、技术创新激励制度、知识产权管理制度及技术保密制度管理机制，确保了公司技术创新的持续性。同时公司还有各种人才、项目激励机制，如每年一次的科技成果奖评选。此外，对不同项目、不同进程也会采取评估、考核、竞争、奖励等措施，以此促进创新人才队伍建设，引领公司自主创新。

（4）与其他创新平台联动。

自 2009 年开始，普洛药业充分发挥院士工作站、国家级研发中心、博士后工作站以及上海药物研究院、各公司内部研发中心等创新载体的作用，完善研发体系和研发人员的考核体系。院士工作站统筹公司内部各种创新资源，协同创新，使公司技术创新形成“体系力量”，在此过程中，工作站不断实现与其他创新平台的联动。

自 2009 年成立首个院士工作站后，公司与浙江大学、天津大学、浙江理工大学合作，充分发挥高等院校在教学、培训、科研和师资等方面的优势，合作共建院士工作站、博士后科研工作站、专业人才培养基地等，建立了以公司为主体、产学研相结合的联合创新体系，增强公司研发实力。除 2 个省级院士工作站之外，普洛药业还拥有两个国家级博士后科研工作站，2017 年又新设立了一个手性药物及中间体技术国家工程研究中心，总共拥有全职博士 32 名，浙江省“千人计划”专家 4 人及专职研发人员 400 余人。

3. 院士工作站对公司创新的具体影响

据普洛药业年报披露，自建站以来，公司科研投入不断加大，尤其 2011 年、2014 年同比出现了 50%以上的增长，2017 年同比增长 20.59%，达到 2.43 亿元，2018 年前三季度累计科研投入同比增长 6.41%，达到

1.33亿元；科研投入占营业收入的比重也逐年上升，2017年达到4.37%；科研人员的数量从2014年的410人增加到2017年的441人，截至2017年年底，科研人员占总员工数量的比例已达到7.14%。

院士工作站是公司重要的人才培养基地，截至2017年4月，院士工作站现有技术人员263名，其中博士10名、硕士34名。2015年新增引进及培养博士2名、硕士9名、本科生156名。通过建设院士工作站，一批核心关键技术难题得到解决，一批留得住、用得上的公司科研人才快速成长。

普洛药业在建立院士工作站之初希望形成“引来一个院士，开发一批项目，带动一个团队”的生动格局，不断注入新鲜血液，提升科研人员的技术水平，强化公司研发实力。院士专家与公司“联姻”后，通过课题研究和交流等，加快了公司人才队伍的建设，也为公司培养了新一代的科研带头人。这是一种从“输血”到“造血”的转变。比如，张珂华博士原先是周后元院士科研团队的一员，麻黄素项目完成后，作为技术骨干留在了普洛药业创新创业；王宏博是氢溴酸右美沙芬原料药项目的主要研发人员，多年参与右美沙芬项目研究，并为其产业化发展做出了突出贡献。

此外，公司内部还建立了各种人才、项目激励机制，目的在于促进创新人才队伍建设，引领公司自主创新，提高院士工作站吸引人才的能力。

4. 院士工作站对公司技术创新能力的具体提升

建立和完善院士工作站为公司确立研发方向、进行技术攻关、培养人才发挥了重要作用，也为公司持续、和谐发展提供了支撑。

（1）为公司开展战略咨询。

院士工作站在一个新的战略高度引领公司自主创新，帮助公司根据产业战略发展需求进行项目研发，使公司的创新更有战略性、前瞻性和系统性，在国际市场竞争中有更强的竞争力。

普洛药业自成立初期就先后与6名院士开展合作。建立院士工作站后，院士专家团队与公司研发生产的关系就有了质的转变。合作形成了一种机制，院士工作站签约院士3人，即周后元院士、甄永苏院士和侯惠民院士，他们分别是化学工艺、制剂和新药研发领域的领军人物。公司和院士深度合作，实现了从成果转化到真正意义上的自主创新驱动发展的跨越。院士在公司研发方向的确立方面起到了重要作用，院士会在第一时间将技术和信息传递给公司，公司有需求也会在第一时间联系院士。“两个第一”将院士与公司两种创新需求紧密结合起来了，使项目合作更加顺畅。

（2）帮助公司攻克关键技术难题。

院士工作站积极与高等院校、科研院所以及公司合作开展技术攻关和药物研发工作，重点和关键科研项目包括化学合成麻黄素原料药项目、盐酸金刚乙胺原料及制剂研究项目、氢溴酸右美沙芬原料药项目、盐酸麻黄素新工艺项目等。

上述项目都是依托于院士工作站的技术资源和社会资源共同开展。参与研发工作的有上海医药工业研究院专家、国家药物制剂工程研究中心等科研机构以及其他公司。

以氢溴酸右美沙芬为例，项目涉及化学工艺研究、质量研究、生产环境安全、国内国际注册申报等方面，前期工艺创新和后期放大试验的难度很大。在整个研发进程中，院士专家工作站统筹公司内部各种创新资源，组织 400 多名科技人员参与研发，经过一年攻关，获取硕果。

同时，普洛药业加大与院士工作站签约院士侯惠民与国家药物制剂工程研究中心的合作力度，主攻新型药物制剂研发，重点攻克出口制剂的质量研究技术难题，使产品的质量研究与国际先进水平接轨。

普洛药业近几年重点研发的鼻喷剂、缓释技术，都是在侯惠民院士的指导下进行的。其中，酮咯酸氨丁三醇鼻喷剂已进入临床试验阶段。这种鼻喷剂改变了传统口服给药方式，通过鼻黏膜吸收，方便、快速，可使中重度疼痛患者达到与注射剂同样的疗效。还有非布索坦肠溶片和苯磺贝他斯汀鼻喷剂，目前处于工艺研究阶段；美金刚缓释胶囊，目前处于中试阶段。

（3）帮助公司开发新产品、新项目。

院士工作站实际上是借助以院士专家为核心的科技团队的力量，建立一个集产、学、研、用于一体，攻克产业核心关键技术的长效合作机制，项目是院士工作站建设的核心，也是院士专家与公司对接合作的载体。

（4）建站后，促进产品研发、成果转化等。

截至 2017 年 4 月，普洛药业的院士工作站先后完成新产品研发 11 项、技术改造 32 项、成果转化 18 项，获得授权发明专利 10 项，受理发明专利 3 项，主持和参与制定国家标准 9 项；直接或间接为公司产生经济效益 6.29 亿多元，利税 1.6 亿元。

我们把院士工作站的具体合作院士以及项目成绩列示在表 4－3 中。

表 4-3　普洛药业的院士工作站的项目列举

项目	合作院士	项目成绩
化学合成麻黄素原料药项目	周后元院士	获上海市科学技术一等奖、浙江省科技成果转化二等奖等。项目技术拥有国家授权发明专利 2 项，其中 1 项获第十二届中国专利优秀奖。
盐酸金刚乙胺原料及制剂研究项目	周后元院士和侯惠民院士	国家二类新药、国家药品储备产品，获浙江省技术创新优秀项目奖、国家重点新产品和浙江省高新技术产品等荣誉。
氢溴酸右美沙芬原料药项目	周后元院士	已实现产业化，2013 年被列入浙江省重大科技专项。
盐酸麻黄素新工艺项目	周后元院士	项目曾荣获上海市科学技术发明一等奖、浙江省科技成果转化二等奖、金华市科学技术一等奖；两项核心技术已获得国家发明专利，其中一项专利获第十二届中国专利优秀奖。
抗肿瘤一类新药	侯惠民院士和甄永苏院士	核心技术已申请两项发明专利。
酮咯酸氨丁三醇鼻喷剂	侯惠民院士	已完成合成工艺小试放大，正在进行稳定性研究。

资料来源：浙江省院士专家工作站服务中心。

三、案例分析结论

院士工作站建立之初旨在有效搭建中科院、工程院与地方和公司之间的交流合作平台，形成长期、稳定的产、学、研一体的合作机制，进而有效推动研发成果的高效转化，促进区域创新，提高公司的市场竞争力。

本章从有关公司创新动力的理论出发，结合院士工作站的目标、功能和特性，展开院士工作站对促进公司创新的路径分析，得出了如下结论：院士工作站可通过两条途径促进公司创新：一是增强公司创新动力，使公司更有意愿开展创新活动；二是直接提高公司创新能力，使公司更有能力开展创新活动，这是最主要的途径。本章选取浙江省医药巨头普洛药业进行了案例分析。从具体数据可以看出，院士工作站对公司培养创新人才、为公司提供战略咨询、帮助公司攻克关键技术难题、帮助公司开发新产品等方面确实卓有成效，截至 2017 年 4 月，院士工作站已经为普洛药业带来直接或间接经济效益 6.29 亿多元，利税 1.6 亿元。

本章的院士工作站政策介绍以及案例分析为下一章的实证研究提供了良好的研究直觉和背景介绍。

第五章　科学家参与产学研合作的公司创新效应：院士工作站实证分析

科学家的一个重要微观经济功能是亲身参与产学研深度融合并共同推动公司创新。公司创新领域的研究现状是：当前关于政府支持公司创新政策的文献主要集中于资金推动政策，少有对产学研深度融合尤其是科学家亲身参与的战略合作政策是否以及如何影响公司创新的机制研究。本章利用2008年以来各级政府政策推动上市公司建立院士工作站的重要事件，通过实证研究发现：（1）院士工作站的建立显著提高了公司的创新投入、创新质量与创新效率，在经过一系列的稳健性检验后，该结论依然成立；（2）院士工作站的建立主要通过人力资本渠道发挥了促进公司创新的作用，因而具有长效机制。本章的贡献在于：通过准确评估科学家亲身参与产学研深度融合的创新促进效应，既在一定程度上科学量化了科学家参与产学研的合作效应，也为科学合理地制定相关政策提供了实证依据，有助于贯彻落实十九大报告中提出的“深化科技体制改革，建立以公司为主体、市场为导向、产学研深度融合的技术创新体系”的重要号召。

第一节　科学家参与产学研合作能否促进创新

一、政府支持政策能够推动公司创新吗？

政府支持政策能否真正有效促进公司创新以及不同类别的政府支持政策在促进公司创新上是否存在效应差异？围绕这一热点问题，理论研究和实证文献均存在激烈争论，曾萍和邬绮虹（2014）对此进行了详细的论述。在理论方面，市场失灵和凯恩斯（2009）的经济学理论、熊彼特（1979）的技术创新理论以及系统失灵理论（Woolthuis et al.，2005）均认为政府支持政策能够有效促进公司创新，而信息不对称理论和委托代理理论（Michael and Pearce，2009）、挤出效应理论（Lach，2002）则认为政府支持反而会抑制公司创新。在实证方面，一些学者从宏观层面检验了政府支持整体上对公司创新的影响，也经常得出完全相反的结论。例如，Garrett-Jones（2004）利用澳大利亚政府和公司 1980—2000 年的数据研究了州政府和联邦政府对区域创新的贡献，发现政府通过自下而上的方法构建的大型“技术堡垒”、当地创新集群、知识服务中小公司等一系列创新支持政策，显著地推动和促进了国家创新体系的发展与公司的技术创新活动。而肖文和林高榜（2014）在对我国行业技术创新效率进行测算分析后却发现，由于对“远期”技术的偏好和对资金用途管理的缺失，政府的直接和间接支持反而限制了工业公司技术创新效率的提升。

不同种类的政府支持政策对公司创新的影响是否存在差异呢？已有研究检验了以资金支持为主的政府政策，主要包括 R&D 补贴、税收优惠和政府采购对公司创新的影响，但检验结论不尽一致。（1）R&D 补贴与公司创新。Czarnitzki 等（2010）、Bérubé 与 Mohnen（2009）分别利用比利时和加拿大的经验数据所做的研究发现，R&D 补贴具有互补效应和资源效应，能够显著促进公司创新。而另外一些学者却发现，R&D 补贴对公司创新具有抑制作用或者作用并不显著。例如，Wallsten（2000）基于美国的经验数据发现，政府 R&D 补贴具有挤出效应，政府每增加一单位 R&D 补贴将导致公司相应减少一单位自身的研发投入。张杰等（2015）在对我国政府的 R&D 补贴的绩效进行检验后发现，R&D 补贴对中小公司的私人研发并未表现出显著的效应。（2）税收优惠与公司创新。Parisi 与 Sembenelli（2001）利用意大利的数据所做的研究发现，税收优惠会通过成本效应促使公司增加研发支出，且税收优惠对公司创新的激励效果要比 R&D 补贴更好。而 Bloom 等（2002）、陈林与朱卫平（2008）分别利用美国和中国的数据所做的研究发现，由于挤出效应的存在，税收优惠不仅对公司创新没有显著作用，甚至可能抑制了公司创新。（3）政府采购与公司创新。Geroski（1990）通过瑞士数据所做的研究发现：由于会降低公司研发风险，政府采购能更有效地激励创新。但胡凯等（2013）利用我国省级面板数据所做的研究发现，中国的政府采购政策由于市场竞争不足、地方保护主义等原因不仅没有促进技术创新，甚至可能阻碍了技术创新。以上分析详见表5-1。可以看出，关于政府创新支持政策的已有研究仍然主要集中于 R&D 补贴、税收优惠与政府采购等财税政策，且存在激烈争论，而如何准确评估产学研深度融合对公司创新的影响却尚未得到充分研究。

表 5－1　　政府支持政策对公司创新的影响

政策类型	效应类型	作者（年份）	研究所用数据的来源国	政策的优点或缺陷
R&D补贴	促进作用	Czarnitzki 等（2010）；Bérubé 与 Mohnen（2009）	比利时，加拿大	互补效应，资源效应
	抑制作用	Wallsten（2000）	美国	替代效应
	不显著	张杰等（2015）	中国	不显著
税收优惠	促进作用	Parisi 与 Sembenelli（2001）	意大利	成本效应
	抑制作用	Bloom 等（2002）	美国	挤出效应
		陈林与朱卫平（2008）	中国	
政府采购	促进作用	Geroski（1990）	瑞士	降低公司研发风险，能更有效地激励创新
	抑制作用	胡凯等（2013）	中国	市场竞争不足，地方保护主义

二、院士工作站促进公司创新的理论假说

第一，院士工作站的建立是否有可能促进公司创新？Jaffe（1989）的早期研究发现，存在从高校及科研院所的学术研究向公司创新的溢出效应，但是该研究更多着眼于学术研究是一种公共产品，而并没有考察科学家或人力资本对于促进创新的作用。Etzkowitz 与 Leydesdorff（2000）分析了其后产生广泛影响力的政府-科研机构-公司三重螺旋的创新结构。Etzkowitz 与 Leydesdorff（2000）认为：不同于早期的产学研合作创新模式中政府和公司分别占据核心地位，在当前的知识经济形态下，科研机构在创新中的重要性日益突出。因此，院士工作站这一重要的产学研深度融合机制极有可能通过政府组织、院士科学家群体的参与在公司层面促进创新。

第二，院士工作站的建立是仅能促进公司增加创新投入还是能有效提高公司创新质量与创新效率？从地方政府视角而言，促进建立院士工作站的目的既有可能是建设公司层面的创新平台，也有可能只是打造表面上提高政绩的形象工程；从院士视角而言，参与院士工作站既有可能是为了服务社会，也有可能只是为了挂名获得补贴甚至是建立社会关系；从公司视角而言，建设院士工作站既有可能是为了利用科学家这一宝贵外部资源和

公司内部专业人才以形成互助合作的创新群体，也有可能只是为了满足地方政府提高政绩的要求或者未来进一步申请政府补助。因此，院士工作站这一重要的产学研深度融合机制既有可能只是表面上提高了公司的创新投入，也有可能真正提升了公司的创新质量和创新效率。因此，我们在实证研究设计中将不仅考察以公司 R&D 支出衡量的创新投入是否受到院士工作站建立的影响，同时还将考察创新质量和创新效率是否受到院士工作站建立的影响。

第三，院士工作站的建立通过什么途径推动公司创新？Gittelman 与 Kogut（2003）的研究表明：只有亲身参与公司创新实践的科学家才能有效地把科学研究和创新实践结合起来，从而真正推动公司创新。Gittelman 与 Kogut（2003）进一步的实证研究发现：正是这些他们所称的“桥梁科学家”而不是其他科学家取得的科研成果与公司创新正相关。因此我们可以预期，院士工作站的建立相当于在科学研究和公司创新之间架起了一座合作创新的桥梁［类似于 Hess 与 Rothaermel（2011）讨论的创新联盟］，这些亲身参与的院士们作为桥梁科学家将促使其自身的科研成果向公司创新加速转化。另外，Murray（2002）发现，和学术界的合作使公司更容易招聘到高质量的科研人才。Fisman 等（2018）的分析表明：两院院士不仅享有崇高的学术地位，并且对科研资金和科研项目拥有较大的分配权。因此，如果两院院士亲身参与公司院士工作站，可以合理推断院士个人的巨大社会影响力以及实际的科研资源分配权将极大地吸引高层次人才加盟拥有院士工作站的公司，从而增加公司的高层次人力资本积累，促进创新。院士工作站的建立将促使科学家与公司一线创新人员之间互助合作，从而产生类似于“1＋1＞2”的效应，特别是两院院士的参与有可能促使公司一线创新人员直接观察并学习到最前沿的科学理论及应用知识，从而提升这些公司已有创新人员的人力资本价值。如果这一推断成立的话，我们预期院士工作站的建立将形成公司创新的长效机制，而不是类似于资金投入政策所形成的短期效应。

第二节　科学家参与产学研合作的公司创新效应的实证设计

一、研究样本与数据来源

本章选择 2006—2016 年深沪 A 股上市公司作为初始样本，在此基础上剔除金融保险行业公司、ST 类公司、股东权益小于零的公司，以及相关变量缺失的公司，最终样本涉及 3 051 家上市公司，23 206 个公司年度观测值。上市公司高管背景资料、政府补助明细数据、专利数据均来自国泰安数据库。上市公司 R&D 支出数据、员工构成数据和其他财务数据均来自 Wind 数据库。其他数据均为手工搜集完成，为消除极端值的影响，对连续变量进行了上下 1%的缩尾处理。

我们通过手工方式搜集了 2016 年年底前建立院士工作站的上市公司名单和建站年份，操作过程如下：首先，我们从 Wind 数据库“新闻—公司公告—全部沪深公告”中全文检索关键词“院士工作站”“专家工作站”“院士站”，搜集了全部 A 股上市公司截至 2016 年 12 月 31 日的 3 071 份公告。此外，考虑到上市公司 2016 年的年度报告是在 2017 年发布，我们又以同样方式补充搜集了 372 份 2016 年年度报告，这样共得到 3 443 份公告。然后，我们对所有公告原文进行了分析，并结合上市公司官网、新闻报道和百度上的信息资讯，剔除无关内容①的公告后，初步确定了建站上市公司名单。考虑到收购对上市公司各项财务指标的影响，在稳健性检验部分，我们剔除了通过收购方式建立院士工作站的样本。

关于建站年份的确定，除了在公告原文中查找外，我们还分别在各省（市）科学技术协会、各省科技厅/市科技局、政府官网、上市公司官网、新闻报道和百度上进行了检索。一般而言，一个院士工作站的正式建立会先后经历“公司和院士专家签订合作协议—政府主管部门批准建站—院士工作站正式揭牌成立”三个阶段，且每个阶段之间间隔往往较短。本章所用到的建站年份主要依据院士工作站的揭牌日期确定，对于无法查找到揭牌日期的，以政府主管部门批准日期或者签约日期替代。通过以上方式仍然无法确定建站日期的，我们根据上市公司公告中首次出现“院士工作站”的公告日期确定建站年份，通过这种方式确定建站年份的只有 34 家上市公司，占建站公司总数的比例不到 10%。在稳健性检验部分，我们剔除了这部分样本重新回归。此外，通过收购方式建立院士工作站的，根据收购日期确定建站年份。

建站上市公司总数的变动趋势见图 5－1，可以看出，2008 年以前，院士工作站还只是发生在局部地区和少数公司的一种探索性的新生事物。从 2008 年年底开始，在地方政府和科学技术协会的大力推动下，院士工作站建站公司数量开始快速增长。截至 2016 年年底，已经建立院士工作站的上市公司数量达到了 367 家，占上市公司总数的近八分之一。从行业分布来看，有 311 家建站公司隶属于制造业，占所有建站公司总数的 84.74%，这

① 例如在审计报告中，会出现院士工作站筹建项目设备补助等财务补贴项目。

表明制造业上市公司更倾向于通过建立院士工作站来提升公司创新能力。

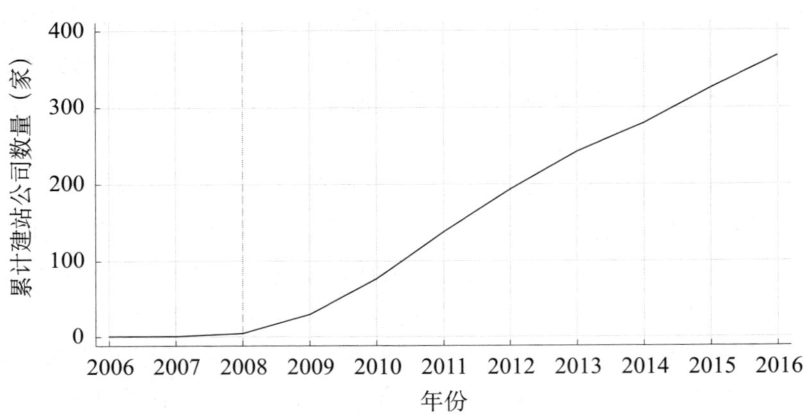

图 5-1　建站上市公司总数的变动趋势

二、模型设定与变量定义

公司院士工作站是 2008 年以来在政策推动下地方政府主导建立的，借鉴 Balsmeier 等（2016）、Chan 等（2012）和 Atanassov（2013）的研究，我们采用双重差分模型进行了实证检验。由于院士工作站是在不同年份分批建立的，这就意味着同一家公司既可以被作为处理组（建立院士工作站后），又可以被作为控制组（还没有建立院士工作站时），这可以在一定程度上缓解样本选择偏误带来的内生性问题（Atanassov，2013）。考虑到处理组和控制组这种动态变化的特点，我们参照 Balsmeier 等（2016）、Atanassov（2013）和 Beck 等（2010），将模型设定为如下形式：

$$R\&D_{i,t}/Patent_{i,t} = \beta_0 + \beta_1 Workstation_{i,t} + \beta_2 Z_{i,t} + \sum Year + \sum Industry + \sum Province + \varepsilon_{i,t} \quad (5-1)$$

根据以往文献（朱沆等，2016；倪骁然与朱玉杰，2016；张杰等，2015），本章从投入的角度用 R&D 支出来衡量公司创新。为避免样本选择偏误，R&D 支出为缺失值时则替换为 0（Hirshleifer et al.，2012；倪骁然与朱玉杰，2016）。我们根据 R&D 支出数据构建了两个指标：R&D 支出与总资产的比值（*RD _ Asset*）以及 R&D 支出与销售收入的比值（*RD _ Sale*）。在稳健性检验部分，我们改变了对 R&D 支出为缺失值的处理方式：一方面，我们构建了一个创新虚拟变量（*RD _ Dummy*），当 R&D 支出大于 0 时，该虚拟变量取值为 1，否则取值为 0（张璇等，2017；李文贵与余明桂，2015）。另一方面，我们将 R&D 支出为缺失值的样本删除后重新进行回归。此外，我们用专利申请总数来衡量公司的创新产出（黎文靖与郑曼妮，2016；

余明桂等，2016；袁建国等，2015)，并分别用发明专利申请总数和非发明申请总数来衡量公司的实质性创新和策略性创新产出（黎文靖与郑曼妮，2016)。

模型（5－1）中的 *Workstation* 是我们最为关心的一个虚拟变量，定义为：公司建立院士工作站之后的年度样本取值为 1，否则取值为 0。β_1 衡量了相对于同时期内没有建立院士工作站的公司，建立院士工作站的公司在建站前后创新的变化。如果 β_1 显著为正，则表明建立院士工作站对公司创新具有促进作用。同时借鉴现有文献（黎文靖与郑曼妮，2016；倪骁然与朱玉杰，2016；潘越等，2015；吴超鹏与唐菂，2016)，我们在模型中加入了如下控制变量：股权属性，当公司控股股东为中央国有企业或者地方国有企业时，该变量取值为 1，否则取值为 0；股权集中度，定义为第一大股东持股比例；公司规模，定义为年末总资产的自然对数；资产负债率，定义为负债总额与资产总额的比值；公司年龄，定义为公司自成立年份起的年数的自然对数；经营性现金流比率，定义为经营活动产生的现金流量净额与总资产的比值；成长能力，定义为总资产增长率；营运资本比率，定义为营运资本与总资产的比值；固定资产比率，定义为固定资产与总资产的比值。此外，本章还控制了年度固定效应和行业固定效应，并考虑到各省份出台的院士工作站相关政策存在一定的差别，我们同时控制了省份固定效应。变量符号及定义见表 5－2。

表 5－2　　主要变量的符号与定义

变量	变量符号	定义
R&D 支出与总资产的比值	*RD _ Asset*	R&D 支出/总资产
R&D 支出与销售收入的比值	*RD _ Sale*	R&D 支出/销售收入
创新虚拟变量	*RD _ Dummy*	当 R&D 支出大于 0 时，取值为 1，否则取值为 0
专利申请总数	*Patent*	专利申请总数加 1 的自然对数
发明专利申请总数	*Patenti*	发明专利申请总数加 1 的自然对数
非发明专利申请总数	*Patentud*	实用新型专利和外观设计专利申请总数加 1 的自然对数
院士工作站建立后虚拟变量	*Workstation*	公司建立院士工作站之后的年度样本取值为 1，否则取值为 0
股权属性	*SOE*	当公司控股股东为中央国有企业或地方国有企业时，取值为 1，否则取值为 0
股权集中度	*Cr1*	第一大股东持股比例

续表

变量	变量符号	定义
公司规模	*Size*	年末总资产的自然对数
资产负债率	*Lev*	负债总额/资产总额
公司年龄	*Age*	公司自成立年份起的年数的自然对数
经营性现金流比率	*Cashflow*	经营活动产生的现金流量净额/总资产
成长能力	*Gasset*	总资产增长率
营运资本比率	*Wkcapital*	营运资本/总资产
固定资产比率	*Tangibility*	固定资产/总资产
年度虚拟变量	*Year _ Dummy*	控制年度
行业虚拟变量	*Industry _ Dummy*	控制行业，按 2012 年证监会行业分类标准行业大类分类
省份虚拟变量	*Province _ Dummy*	控制省份

三、描述性统计分析

主要变量的描述性统计结果见表 5－3。从 R&D 支出与总资产的比值（*RD _ Asset*）的均值（1.321%）可以看出，平均而言，对于总资产为 1 亿元的公司，研发支出约为 132 万元。从 R&D 支出与总资产的比值的最小值、最大值和标准差可以看出，不同公司之间 R&D 支出相差较大。从 R&D 虚拟变量（*RD _ Dummy*）的均值（0.661）和中位数（1）可以看出，大部分公司都在进行研发活动。从专利数据来看，三类专利申请数量的中位数均为 0，说明大部分公司的专利申请数量为 0，且专利申请数量的分布存在右偏的特征，对专利数取自然对数可以改善这种右偏分布状况。

表 5－3　　主要变量的描述性统计

变量	均值	中位数	标准差	最小值	最大值	样本量（个）
RD _ Asset（%）	1.321	0.592	1.808	0	11.37	23 206
RD _ Sale（%）	2.465	0.963	3.534	0	19.57	23 206
RD _ Dummy	0.661	1	0.473	0	1	23 206
Patent	1.254	0	1.499	0	5.159	20 156
Patenti	0.817	0	1.139	0	4.159	20 156

续表

变量	均值	中位数	标准差	最小值	最大值	样本量（个）
Patentud	0.919	0	1.319	0	4.710	20 156
SOE	0.418	0	0.493	0	1	23 206
*Cr*1（%）	36.56	34.51	15.68	9.087	79.20	23 206
Size	12.58	12.44	1.284	8.998	16.28	23 206
Lev（%）	44.16	44.09	21.30	5.177	99.86	23 206
Age	2.723	2.773	0.354	0	4.205	23 206
Cashflow（%）	4.756	4.576	7.908	−19.32	34.33	23 206
Gasset（%）	23.82	11.71	43.49	−33.66	251.2	23 206
Wkcapital（%）	21.01	20.04	27.07	−58.78	80.69	23 206
Tangibility（%）	23.47	20.03	17.23	0.274	73.52	23 206

第三节　院士工作站促进公司创新的基本分析

一、对有/无院士工作站的公司的创新产出随时间的变化趋势的直观分析

有/无院士工作站的公司的创新产出随时间的变化趋势见图 5－2，其中公司创新产出用当年有/无院士工作站组内所有公司 R&D 支出与总资产的比值（*RD_Asset*）的均值来衡量。可以看出，有/无院士工作站的公司的创新产出随时间的变化趋势在 2008 年以前基本上是平行的，且两组公司的创新产出非常接近，从而满足了双重差分法的平行趋势假设。而 2008 年以后，特别是从 2009 年开始，随着有院士工作站的公司数量的快速增加，相对于无院士工作站的公司组的创新产出平稳增长，有院士工作站的公司组的创新产出得到了大幅提高，并在之后的几年里一直显著高于无院士工作站的公司。这直观地说明了院士工作站的建立对公司创新具有很好的促进作用。

二、单变量统计分析

为了比较分析有/无院士工作站的公司在创新产出、股权结构和其他财务特征方面的区别，我们分别统计了两组公司的 R&D 支出、股权结构和其他主要变量的均值，看这些均值在统计上是否存在显著差异。统计结

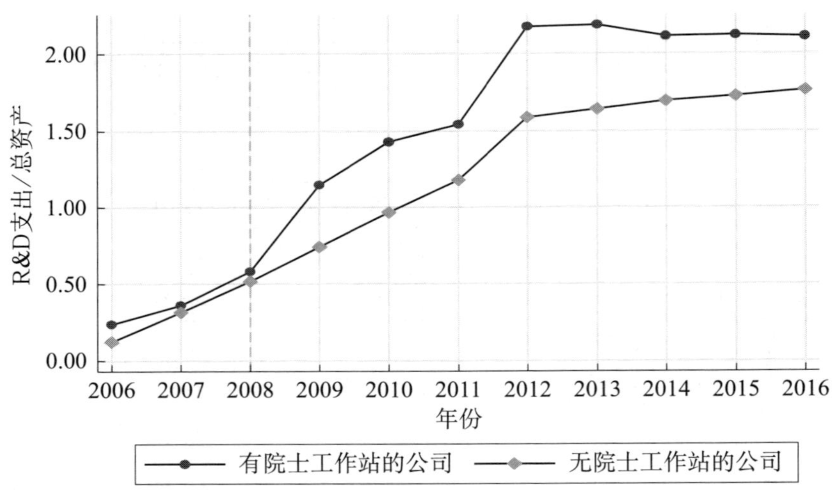

图 5-2　有/无院士工作站的公司的创新产出随时间的变化趋势

果见表 5-4。可以看出，有院士工作站的公司的 R&D 支出比例（*RD _ Asset* 和 *RD _ Sale*）的均值分别为 1.667 和 2.996，均显著高于无院士工作站的公司的 1.272 和 2.390，*t* 值分别为−11.010 和−8.637。这表明有院士工作站的公司的创新产出要显著高于无院士工作站的公司。从股权属性变量（*SOE*）来看，有院士工作站的公司的均值显著低于无院士工作站的公司，表明建立院士工作站的大多为非国有企业。此外，从公司规模（*Size*）、资产负债率（*Lev*）和公司年龄（*Age*）来看，有院士工作站的公司的总体特征是规模更大、杠杆水平更低、成立年限更短。

表 5-4　　单变量分组统计分析

变量	无院士工作站的公司	有院士工作站的公司	*t* 值	*p* 值
RD _ Asset	1.272	1.667	−11.010	0.000
RD _ Sale	2.390	2.996	−8.637	0.000
SOE	0.426	0.363	6.492	0.000
*Cr*1	36.530	36.720	−0.601	0.548
Size	12.560	12.720	−6.022	0.000
Lev	44.360	42.760	3.769	0.000
Age	2.733	2.653	11.450	0.000
Cashflow	4.804	4.418	2.451	0.014
Gasset	23.560	25.660	−2.423	0.015
Wkcapital	20.690	23.300	−4.845	0.000
Tangibility	23.490	23.340	0.426	0.670

三、回归分析

1. 创新投入分析

我们通过估计模型（5－1）来检验院士工作站的建立对公司创新的影响，被解释变量分别为 R&D 支出与总资产和销售收入之比（*RD _ Asset* 和 *RD _ Sale*），回归结果见表 5－5。在第（1）和第（2）列回归结果中，我们控制了省份、行业和年度固定效应，可以看出，*Workstation* 的系数和 t 值均在 1%的水平上显著为正，表明相对于同时期内无院士工作站的公司，有院士工作站的公司在建站之后创新产出显著提高，即院士工作站的建立对公司创新具有显著的促进作用。此外，除了省份、行业层面不随时间变化的因素外，公司自身的异质性因素也有可能会影响其 R&D 支出，并可能引发遗漏变量的问题。因此在第（3）和第（4）列中我们控制了公司-年度固定效应，回归结果表明，*Workstation* 的系数依然在 1%的水平上显著为正，可见在考虑了公司层面遗漏变量的因素后，建立院士工作站仍然可以显著提高公司创新产出。

表 5－5　有/无院士工作站与公司创新产出的回归结果

被解释变量 解释变量	*RD _ Asset* (1)	*RD _ Sale* (2)	*RD _ Asset* (3)	*RD _ Sale* (4)
Workstation	0.352*** (4.66)	0.397*** (3.18)	0.362*** (4.55)	0.484*** (3.58)
SOE	−0.093** (−2.07)	−0.337*** (−4.13)	0.029 (0.43)	0.071 (0.53)
Cr1	0.000 (0.24)	−0.009*** (−3.91)	0.006*** (3.25)	−0.012*** (−3.85)
Size	−0.147*** (−7.28)	−0.139*** (−4.27)	−0.202*** (−7.02)	0.081* (1.69)
Lev	0.004*** (3.04)	−0.022*** (−8.66)	0.002 (1.62)	−0.016*** (−6.53)
Age	−0.392*** (−6.51)	−0.837*** (−6.77)	−0.187 (−1.13)	0.234 (0.76)
Cashflow	0.026*** (13.12)	0.008*** (2.62)	0.010*** (6.96)	−0.005** (−2.36)

续表

被解释变量 解释变量	*RD_Asset* (1)	*RD_Sale* (2)	*RD_Asset* (3)	*RD_Sale* (4)
Gasset	−0.001*** (−5.14)	0.002*** (2.95)	−0.002*** (−8.16)	−0.001*** (−2.68)
Wkcapital	0.010*** (8.39)	0.008*** (3.66)	0.001 (1.07)	−0.005** (−2.38)
Tangibility	0.000 (0.37)	−0.000 (−0.09)	0.000 (0.33)	0.000 (0.02)
省份、行业和年度固定效应	YES	YES	YES	YES
公司-年度固定效应	NO	NO	YES	YES
观测值（个）	23 205	23 205	23 005	23 005
调整的 R^2	0.438	0.493	0.731	0.789

说明：括号中的数为 t 值；*、**、***分别表示在 10%、5%和 1%的统计水平上显著；所有的标准误均在公司层面进行了聚类处理。

2. 创新质量分析

黎文靖与郑曼妮（2016）的研究发现：产业政策只会激励公司进行策略性创新，即公司仅非发明专利申请显著增加，追求数量而忽略质量，而只有引起发明专利申请增加、推动公司技术进步和获取竞争优势的实质性创新才能提高公司的市场价值，促进公司发展。那么建立院士工作站的公司进行的是实质性创新还是策略性创新呢？为了进一步检验建立院士工作站对公司创新质量的影响，我们参考黎文靖与郑曼妮（2016）的做法，分别用专利申请总数（*Patent*）、发明专利申请数量（*Patenti*）和非发明专利申请数量（*Patentud*）来衡量公司的创新总体产出、实质性创新和策略性创新，代入模型（5－1）进行回归，结果见表 5－6。由于篇幅所限，控制变量的回归结果没有列示在文中。在表 5－6 的第（1）～（3）列中，我们同时控制了年度、行业和省份固定效应，由第（1）列的结果可以看出，*Workstation* 的回归系数在 1%的水平上显著为正，这表明院士工作站的建立显著提高了公司专利产出水平。从专利构成上看，第（2）列中的 *Workstation* 的系数（0.533）和 t 值（7.85）均远大于第（3）列中的 0.332 和 4.49，说明增加的专利产出主要是代表实质性创新的发明专利。在第（4）～（6）列中，我们进一步控制了公司个体固定效应，可以看出第（4）和第（5）列的回归结果依然在 1%的水平上显著为正，但第（6）列的回归系数不再显著。以上结果表明，院士工作站的建立主要增加了公司发明专利申请数量，建立院士工作站的公司进行的是实质性创新而非策略性创新。

表 5-6　有/无院士工作站与创新质量的回归结果

解释变量 \ 被解释变量	*Patent* (1)	*Patenti* (2)	*Patentud* (3)	*Patent* (4)	*Patenti* (5)	*Patentud* (6)
Workstation	0.541*** (6.70)	0.533*** (7.85)	0.332*** (4.49)	0.167*** (2.58)	0.224*** (4.04)	0.103 (1.59)
控制变量	YES	YES	YES	YES	YES	YES
省份、行业和年度固定效应	YES	YES	YES	YES	YES	YES
公司-年度固定效应	NO	NO	NO	YES	YES	YES
观测值（个）	20 155	20 155	20 155	19 912	19 912	19 912
调整的 R^2	0.381	0.322	0.355	0.769	0.724	0.743

说明：括号中的数为 t 值；*** 表示在 1%的统计水平上显著；所有的标准误均在公司层面进行了聚类处理。

3. 创新效率分析

由上文可知，院士工作站的建立同时增加了公司的研发投入和专利产出，研究者感兴趣的一点是，建立院士工作站的公司专利产出的增加到底是因为研发投入的增加，还是因为创新效率的提高？为了回答这个问题，一方面，我们参照 Hirshleifer 等（2012）的研究，在控制研发投入的情况下重新检验院士工作站的建立对专利申请总数和发明专利申请总数的影响。其中，研发投入用 R&D 支出与总资产的比值的滞后一期（*L.RD_Asset*）衡量，回归结果见表 5-7 中第（1）和第（2）列。可以看出，第（1）和第（2）列中 *L.RD_Asset* 的回归系数均在 1%的水平上显著为正，表明上一期研发投入的增加确实能显著提高当期专利产出水平。此外，在控制研发投入的情况下，*Workstation* 的系数在表 5-6 的基础上均略有下降，但依然在 1%的水平上显著为正。这表明建立院士工作站的公司专利产出的提高，一是因为公司提高了研发投入，二是因为公司提高了创新效率。另一方面，我们用每单位研发投入的专利申请数作为创新效率的衡量指标，具体测度指标为 *Patent*/(*RD_Asset*+1）和 *Patenti*/(*RD_Asset*+1)。将创新效率指标作为被解释变量的回归结果见表 5-7 中第（3）和第（4）列。可以看出，*Workstation* 的系数分别在 5%和 1%的水平上显著为正。根据以上检验结果，我们可以得出结论：院士工作站的建立显著提高了公司创新效率。

表 5-7　　有/无院士工作站与创新效率的回归结果

解释变量 \ 被解释变量	*Patent* (1)	*Patenti* (2)	*Patent*/(*RD* _ *Asset*+1) (3)	*Patenti*/(*RD* _ *Asset*+1) (4)
Workstation	0.450*** (5.45)	0.461*** (6.71)	0.082** (2.01)	0.119*** (3.70)
L.RD _ *Asset*	0.163*** (11.54)	0.147*** (12.63)		
控制变量	YES	YES	YES	YES
省份、行业和年度固定效应	YES	YES	YES	YES
观测值（个）	17 244	17 244	20 155	20 155
调整的 R^2	0.410	0.358	0.243	0.227

说明：括号中的数为 *t* 值；**、***分别表示在 5%和 1%的统计水平上显著；所有的标准误均在公司层面进行了聚类处理。

第四节　多种方式的稳健性检验

一、能否排除其他替代性解释

建立院士工作站对公司创新的回归系数显著为正说明二者之间也有可能仅仅是一种相关关系，那么是否存在一个遗漏变量同时影响院士工作站的建立和公司创新，从而造成二者之间的伪回归呢？为了排除这种替代性解释，我们分别对公司是否有政治关联和院士高管这两个变量进行了控制。

公司政治关联可以促进公司创新已经得到了很多学者的证实（谢言等，2010；Gao et al.，2008）。同时，考虑到院士工作站是在地方政府的政策推动下主导建立的，拥有政治关联的公司也往往更容易在申请建立院士工作站时获得政府批准。如果以上关系成立并在回归模型中遗漏了政治关联这个变量，那么院士工作站的建立与公司创新之间就有可能是一种伪回归。为此，我们在模型（5-1）中进一步控制了政治关联虚拟变量（*Political* _ *Connection*），当公司董事长或总经理有政府工作背景时，该虚拟变量的值为 1，否则为 0。回归结果见表 5-8 中的第（1）和第（2）列，可以看出，*Political _ Connection* 的回归系数显著为负，表明政治关联对公司创新有着显著的消极影响，与陈爽英等（2010）的研究结论一致。而 *Workstation* 的回归系数在控制了政治关联的影响后依然在1%的水平上显著为正。此外，胡元木与纪端（2017）等学者通过研究发现：具有技术专长和研发经验的公司高管对公司创新有着显著的促进作用，两院院士拥有科学技术和工程科学技术方面的最高荣誉，其参与公司经营管理无疑会对公司创新产生积极影响。同时，院士高管带来的社会资本和创新资源也有助于公司与院士签订合作协议并建立院士工作站。为了控制院士高管的影响，我们在模型（5-1）中进一步控制了院士高管虚拟变量（*Academician*）①，当上市公司有院士高管时，该虚拟变量的值为1，否则为0。回归结果见表5-8。从其中的第（3）和第（4）列可以看出，*Academician* 的回归系数至少在5%的水平上显著为正，与预期一致，表明院士高管可以显著促进公司创新。*Workstation* 的系数在控制了院士高管的影响后仍然在1%的水平上显著为正。综上可知，在排除了政治关联和院士高管这两种替代性解释之后，我们可以得出更为可信的结论，即院士工作站的建立对公司创新有着显著的促进作用。

表5-8　排除其他替代性解释的回归结果

解释变量 \ 被解释变量	*RD _ Asset* (1)	*RD _ Sale* (2)	*RD _ Asset* (3)	*RD _ Sale* (4)
Workstation	0.357*** (4.72)	0.407*** (3.27)	0.335*** (4.42)	0.374*** (3.02)
Political _ Connection	−0.105*** (−2.74)	−0.215*** (−3.07)		
Academician			0.294*** (2.87)	0.395** (2.01)
控制变量	YES	YES	YES	YES
省份、行业和年度固定效应	YES	YES	YES	YES
观测值（个）	23 205	23 205	23 205	23 205
调整的 R^2	0.438	0.493	0.439	0.493

说明：括号中的数为 t 值；**、***分别表示在5%和1%的统计水平上显著；所有的标准误均在公司层面进行了聚类处理。

① 院士高管数据来源于手工搜集。

二、用 PSM 法进行匹配处理

运用双重差分法时除了要求平行趋势以外，还要求实验组和对照组的选择是随机的。实践中，各省份颁布的院士工作站管理办法①对建立院士工作站的公司提出了一些基本要求，主要包括：（1）生产经营状况良好；（2）达到一定的经营规模；（3）具备较强的研发能力，研发支出达到一定的比例；等等。这些条件很有可能导致建立院士工作站的公司的 R&D 支出本来就较高。因此，有/无院士工作站的公司分组存在一定的自选择问题，需进一步进行稳健性检验。本小节采用倾向得分匹配（PSM）法对实验组和对照组进行匹配。PSM 法的关键在于匹配变量的选择，本小节将综合考虑以下三个方面：第一，根据各省份院士工作站管理办法中关于建立院士工作站的公司的基本要求，选择总资产收益率（*ROA*）、公司规模（*Size*）、R&D 支出与总资产的比值（*RD _ Asset*）、R&D 支出与销售收入的比值（*RD _ Sale*）四个变量；第二，借鉴余明桂等（2016）的做法，选择模型（5－1）中采用的所有控制变量；第三，选择其他可能会影响公司是否建立院士工作站的潜在变量，包括公司是否有政治关联和公司是否有院士高管。匹配的具体过程如下：首先，以所有匹配变量对有/无院士工作站的分组变量进行 logit 回归，以预测值作为得分，如果两个公司得分相近，说明这两个公司的创新特征和建站可能性相似。然后，采用最近邻匹配法按照 1∶3 的比例进行控制组的选取和匹配。最终，我们得到基于 PSM 法的匹配样本并代入模型（5－1）进行检验，结果如表 5－9 所示。可以看出，*Workstation* 的系数仍分别在 5%和 10%的统计水平上显著为正，说明在控制了自选择问题后，依然可以得出院士工作站的建立显著促进公司创新的结论。

表 5－9　　用 PSM 法匹配后的双重差分的检验结果

被解释变量 / 解释变量	*RD _ Asset* (1)	*RD _ Sale* (2)
Workstation	0.201** (2.57)	0.235* (1.84)
控制变量	YES	YES
省份、行业和年度固定效应	YES	YES

① 例如，江苏省科技厅 2008 年 12 月颁布的《江苏省公司院士工作站管理办法（试行）》。

续表

被解释变量 解释变量	*RD_Asset* (1)	*RD_Sale* (2)
观测值（个）	9 411	9 411
调整的 R^2	0.430	0.493

说明：括号中的数为 t 值；*、**分别表示在 10%、5%的统计水平上显著；所有的标准误均在公司层面进行了聚类处理。

三、反向因果检验

各级政府大多会向建立院士工作站的公司提供一定的经费补助。为了成功申请院士工作站，从而获取政府的 R&D 补贴，公司有很强的动机在院士工作站建立之前就通过增加 R&D 支出，向政府发送虚假的“创新类型”信号（安同良等，2009）。如果这一推断成立，即在院士工作站建立之前公司的 R&D 支出就已经发生了显著变化，这就意味着存在时序上的反向因果问题，那么就会对建立院士工作站与公司创新之间的因果关系产生干扰。因而，为了控制这种反向因果关系可能引发的内生性问题，我们参照倪骁然与朱玉杰（2016）和 Atanassov（2013）的研究，估计如下模型：

$$R\&D_{i,t} = \beta_0 + \delta_1 Workstation_{i,t}^{-1或-2} + \delta_2 Workstation_{i,t}^{0} + \delta_3 Workstation_{i,t}^{+1} + \delta_4 Workstation_{i,t}^{\geqslant +2} + \delta_1 Z_{i,t} + \sum Year + \sum Industry + \sum Province + \varepsilon_{i,t} \quad (5-2)$$

在模型（5－2）中，我们新构建四个虚拟变量来替换模型（5－1）中的变量 *Workstation*，其中 $Workstation^{-1或-2}$ 定义为：公司建立院士工作站的前 1 年或前 2 年（$t-1$ 或者 $t-2$），值为 1，否则为 0。$Workstation^{0}$ 定义为：公司建立院士工作站的当年，值为 1，否则为 0。$Workstation^{+1}$ 和 $Workstation^{\geqslant +2}$ 分别定义为：公司建立院士工作站的 1 年后（$t+1$）和 2 年后（$t \geqslant +2$），值为 1，否则为 0。值得注意的是，$Workstation^{-1或-2}$ 的系数 δ_1 至关重要，决定了建立院士工作站和公司 R&D 支出是否存在反向因果关系。如果 δ_1 显著为正则说明：公司 R&D 支出的增加发生在建立院士工作站之前。回归结果见表 5－10。从该表中可以看出，$Workstation^{-1或-2}$ 的回归系数很小，且均不显著，也就是说，在建立院士工作站的前 2 年，建站公司的 R&D 支出并没有显著增加，从而排除了这种反向因果关系的存在。此外，$Workstation^{0}$、$Workstation^{+1}$ 和 $Workstation^{\geqslant +2}$ 的系数和显著性水平不断增加，可知建立院士工作站对公司 R&D 支出的促进作用是随着时间不断递增的，从而清晰地揭示了院士工作站的建立与公司创新之间在时序上的因果关系。

表 5-10 院士工作站与公司创新：反向因果检验

解释变量 \ 被解释变量	*RD _ Asset* (1)	*RD _ Sale* (2)
$Workstation^{-1或-2}$	0.097 (1.20)	0.171 (1.27)
$Workstation^{0}$	0.243*** (3.01)	0.369** (2.45)
$Workstation^{+1}$	0.309*** (3.53)	0.393** (2.48)
$Workstation^{\geqslant +2}$	0.409*** (4.57)	0.420*** (2.85)
控制变量	YES	YES
省份、行业和年度固定效应	YES	YES
观测值（个）	23 205	23 205
调整的 R^2	0.438	0.493

说明：括号中的数为 t 值；**、***分别表示在 5%和 1%的统计水平上显著；所有的标准误均在公司层面进行了聚类处理。

四、工具变量的 2SLS 回归

院士工作站的建立既有政府政策推动的原因，也有公司自主选择的原因。为了进一步控制建立院士工作站可能存在的内生性，我们用 2SLS 方法对工具变量进行了稳健性检验。工具变量选择各地级市两院院士人数（*Academician _ Num _ City*）和各省份两院院士人数（*Academician _ Num _ Province*）。[①] 各省市院士人数按两院院士籍贯统计，不受公司创新的影响。结果表明，在引入 2SLS 回归方法以后，建立院士工作站依然会对公司创新产生显著的正向影响。工具变量的 2SLS 回归结果见表 5-11。

① 各地级市和各省份院士人数根据当选院士的籍贯手工整理（截至 2015 年）而得，并在此基础上加 1 取自然对数。

表 5-11　工具变量的 2SLS 回归

被解释变量 / 解释变量	第一阶段	第二阶段	
	Workstation	*RD_Asset*	*RD_Sale*
	(1)	(2)	(3)
Academician_Num_City	−0.002** (−2.27)		
Academician_Num_Province	0.018*** (10.20)		
Workstation		5.386*** (7.73)	1.904* (1.92)
控制变量	YES	YES	YES
年度固定效应	YES	YES	YES
行业固定效应	YES	YES	YES
省份固定效应	NO	NO	NO
观测值（个）	22 995	22 995	22 995
调整的 R^2	0.076		0.474
F 值（*P* 值）	52.228（0.000）		

五、改变对 R&D 支出缺漏值的处理方式

上市公司 R&D 支出数据存在大量的缺漏值，为了防止样本选择偏误，上文中我们是用 0 来替换缺漏值。为了提高结果的可靠性，我们从两个方面改变对 R&D 支出缺漏值的处理方式。一方面，我们参照张璇等（2017）、李文贵与余明桂（2015）的研究，用虚拟变量 *R&D_Dummy* 来衡量公司创新水平，当 R&D 支出大于 0 时，该虚拟变量的值为 1，否则为 0。另一方面，我们将 R&D 支出为缺漏值的样本直接删除。代入模型（5-1）进行回归后 *Workstation* 的系数仍然显著为正。详细回归结果见表 5-12。

表 5-12　改变对 R&D 支出缺漏值的处理方式后的回归结果

被解释变量 / 解释变量	*RD_Dummy* (1)	*RD_Asset* (2)	*RD_Sale* (3)
Workstation	0.063*** (6.73)	0.273*** (3.53)	0.250* (1.92)

续表

解释变量＼被解释变量	*RD_Dummy* (1)	*RD_Asset* (2)	*RD_Sale* (3)
SOE	−0.009 (−0.77)	−0.061 (−0.89)	−0.315** (−2.56)
*Cr*1	0.000 (0.43)	0.001 (0.34)	−0.011*** (−3.60)
Size	0.020*** (4.15)	−0.242*** (−7.95)	−0.239*** (−5.02)
Lev	−0.001 (−1.40)	0.010*** (4.82)	−0.033*** (−8.35)
Age	−0.109*** (−7.00)	−0.232*** (−2.94)	−0.634*** (−3.89)
Cashflow	0.001* (1.91)	0.043*** (14.31)	0.011** (2.26)
Gasset	0.000*** (6.33)	−0.003*** (−8.82)	−0.000 (−0.39)
Wkcapital	0.001*** (2.92)	0.012*** (7.06)	0.004 (1.22)
Tangibility	0.001 (1.32)	−0.004* (−1.75)	−0.008** (−2.10)
年度固定效应	YES	YES	YES
行业固定效应	YES	YES	YES
省份固定效应	YES	YES	YES
观测值（个）	23 205	15 351	15 351
调整的 R^2	0.495	0.371	0.446

说明：括号中的数为 t 值；*、**、***分别表示在10%、5%和1%的统计水平上显著；所有的标准误均在公司层面进行了聚类处理。

六、进一步净化研究样本

为了进一步净化我们的研究样本，我们进行了两方面的处理。一方面，考虑到收购兼并会对上市公司的R&D支出数据和其他财务数据造成较大的影响，我们剔除了这部分通过收购兼并获得院士工作站的样本。另一方面，对于根据首次公告日期来确定建站年份的这部分样本，其实际建站年份可能比估计的要晚。因此，我们同样剔除这部分样本。最后，用净化后的样本代入模型（5-1）进行回归。回归结果表明，*Workstation* 的系数均在 1%的水平上显著为正，结论和前文保持一致。详细结果见表 5-13。

表 5-13　　进一步净化研究样本的回归结果

解释变量 \ 被解释变量	*RD_Asset* (1)	*RD_Sale* (2)
Workstation	0.343*** (4.22)	0.344*** (2.70)
SOE	−0.089** (−1.97)	−0.343*** (−4.15)
*Cr*1	−0.000 (−0.02)	−0.009*** (−3.82)
Size	−0.149*** (−7.23)	−0.141*** (−4.25)
Lev	0.004*** (3.05)	−0.022*** (−8.55)
Age	−0.391*** (−6.42)	−0.822*** (−6.57)
Cashflow	0.026*** (12.93)	0.008** (2.40)
Gasset	−0.001*** (−5.11)	0.002*** (2.86)
Wkcapital	0.010*** (8.29)	0.008*** (3.61)
Tangibility	0.000 (0.15)	−0.001 (−0.25)
年度固定效应	YES	YES
行业固定效应	YES	YES
省份固定效应	YES	YES
观测值（个）	22 701	22 701
调整的 R^2	0.440	0.494

说明：括号中的数为 *t* 值；**、***分别表示在 5%和 1%的统计水平上显著；所有的标准误均在公司层面进行了聚类处理。

第五节　人力资本集聚效应与资金吸引效应的机制辨析

Murray（2002）发现，和学术界的合作使公司更容易招聘到高质量的科技人才。当前我国公司普遍存在科技人才短缺、研发资金不足和技术积累薄弱等制约公司创新的因素。在此背景下，中国科学技术协会发布的《中国科协关于推进院士专家工作站建设的指导意见》和各省市发布的公司院士工作站管理办法明确规定，院士工作站的工作内容包括联合培养公司创新人才、科技成果转化、为公司提供战略咨询和技术指导、针对公司技术难题进行联合攻关等。此外，建立院士工作站是地方政府大力推动的创新支持政策，建立院士工作站的公司有可能因为获得了政府的资金支持而增加创新投入。因此，院士工作站对公司创新的推动作用既有可能通过高层次人力资本建设渠道，也有可能通过资金支持渠道发挥作用。

一、人力资本集聚效应

1. 基本检验

院士工作站建设的一个重要内容就是公司与院士专家团队联合培养公司创新人才，为公司的自主创新提供高层次人力资本积累。为了验证院士工作站的建立是否通过高层次人力资本建设渠道促进公司创新，我们借鉴 Baron 与 Kenny（1986）的 Sobel 中介因子检验方法，设定如下路径检验模型：

$$R\&D_{i,t} = \beta_0 + \beta_1 Workstation_{i,t} + \beta_2 Z_{i,t} + \sum Year + \sum Industry + \sum Province + \varepsilon_{i,t} \quad \text{(Path a)}$$

$$Master\_Proportion_{i,t} = \alpha_0 + \alpha_1 Workstation_{i,t} + \alpha_2 Z_{i,t} + \sum Year + \sum Industry + \sum Province + \varepsilon_{i,t} \quad \text{(Path b)}$$

$$R\&D_{i,t} = \beta_0 + \beta_1 Workstation_{i,t} + \beta_2 Master\_Proportion_{i,t} + \beta_3 Z_{i,t} + \sum Year + \sum Industry + \sum Province + \varepsilon_{i,t} \quad \text{(Path c)}$$

其中，变量 $Master\_Proportion$ 为公司员工中研究生（硕士及以上学历）

人数占比，由于研究生是公司科研创新的主力军，所以该变量可以较好地衡量公司的创新人才储备情况。Sobel 中介因子检验方法的使用分为三步：第一步，检验院士工作站的建立对公司创新的影响，观察路径模型 Path a 的回归系数 β_1；第二步，检验院士工作站的建立对公司员工构成中研究生人数占比的影响，观察路径模型 Path b 的回归系数 α_1；第三步，同时分析院士工作站的建立与公司员工构成中研究生人数占比对公司创新的影响。观察路径模型 Path c 的回归系数 β_1 和 β_2。当以下条件同时满足时，则人才供给具有完全中介效应：（1）Path a 的回归系数 β_1 显著；（2）Path b 的回归系数 α_1 显著；（3）Path c 的回归系数 β_2 显著且 β_1 不再显著；（4）Sobel Z 值显著。当以下条件同时满足时，则人才供给具有部分中介效应：（1）Path a 的回归系数 β_1 显著；（2）Path b 的回归系数 α_1 显著；（3）Path c 的回归系数 β_1 和 β_2 都显著但 Path c 的回归系数 β_1 显著小于 Path a 的回归系数 β_1；（4）Sobel Z 值显著。检验结果见表 5-14。由该表第（1）和第（4）列可知，在 Path a 中 *Workstation* 的回归系数分别为 0.295 和 0.206，且 t 值分别为 6.11 和 2.44。由第（2）和第（5）列可知，Path b 中 *Workstation* 的回归系数在 5%的水平上显著为正，表明院士工作站的建立显著促进了公司高层次人力资本积累。由第（3）和第（6）列可知，*Workstation* 和 *Master _ Proportion* 的系数均显著为正，且 *Workstation* 的回归系数在第（1）和第（4）列的基础上分别降低为 0.276 和 0.156，t 值也分别降低为 5.78 和 1.91。最后的 Sobel Z 值分别为 1.818 和 1.821，且在 10%的水平上显著。以上结果证实，院士工作站的建立对公司高层次人力资本积累存在部分中介效应。

2. 进站院士人数多少对公司创新的影响

我们在建立院士工作站的公司子样本中进一步分析了进站院士人数对公司创新的影响。进站院士越多，越有可能促进公司对于高层次人才的吸引，也越有可能促进院士和公司人才之间的合作研究与技术运用，而且越容易通过多个院士团队之间的互补和有效合作促进公司创新。因此我们预期，院士工作站进站院士人数越多，越有利于公司的高层次人力资本积累和合作研究，因此对公司创新的促进作用越大。

有关进站院士人数对企业创新的影响的检验结果见表 5-15。在该表第（1）和第（2）列中，解释变量 *Academician _ Num* 为进站院士人数，可以看出，*Academician _ Num* 的回归系数均在 1%的水平上显著为正，表明进站院士人数越多，对公司创新的促进作用越好。

表 5-14　高层次人力资本集聚渠道的检验结果

具体路径 / 被解释变量 / 解释变量	Path a	Path b	Path c	Path a	Path b	Path c
	RD_Asset (1)	*Master_Proportion* (2)	*RD_Asset* (3)	*RD_Sale* (4)	*Master_Proportion* (5)	*RD_Sale* (6)
Workstation	0.295*** (6.11)	0.260** (2.05)	0.276*** (5.78)	0.206** (2.44)	0.260** (2.05)	0.156* (1.91)
Master_Proportion			0.072*** (14.85)			0.192*** (19.52)
控制变量	YES	YES	YES	YES	YES	YES
省份、行业和年度固定效应	YES	YES	YES	YES	YES	YES
观测值（个）	10 402	10 402	10 402	10 402	10 402	10 402
调整的 R^2	0.456	0.275	0.480	0.509	0.275	0.550
Sobel Z	1.818*	1.821*				
Sobel Z 对应的 P 值	0.070	0.069				

说明：括号中的数为 t 值；*、**、***分别表示在10%、5%和1%的统计水平上显著；所有的标准误均在公司层面进行了聚类处理。

表 5-15　进站院士人数对公司创新的影响

解释变量 \ 被解释变量	*RD _ Asset* (1)	*RD _ Sale* (2)
Academician _ Num	0.179*** (3.26)	0.274*** (2.80)
控制变量	YES	YES
省份、行业和年度固定效应	YES	YES
观测值（个）	918	918
调整的 R^2	0.369	0.426

说明：括号中的数为 *t* 值；***表示在 1%的统计水平上显著；所有的标准误均在公司层面进行了聚类处理。

3. 高层次人力资本建设促进创新具有长效机制

资金推动的公司创新往往只具有短期效应：当有大量政府补贴或者税收返还资金投入时，公司创新水平水涨船高；然而当政府补贴下降时，公司创新水平也随之下降。而高层次人力资本建设对公司创新的推动作用具有理论上的长效机制。实践中，院士工作站的合作期限一般为 3 年，大多数公司在院士工作站到期后会和院士续签合作协议。那么院士工作站的建立能否对公司未来几年的研发投入和专利产出产生持续的影响？下面我们将分两步进行检验：首先，我们分别用未来 3 年（$t+1$，$t+2$，$t+3$）的 R&D 支出比率（*RD _ Asset*）和发明专利申请数量（*Patenti*）作为被解释变量代入模型（5-1）进行回归，以检验院士工作站对公司创新的中短期影响，结果见表 5-16。从该表中可以看出，在第（1）～（6）列中，*Workstation* 的回归系数均在 1%的水平上显著为正，这表明在建站后的 3 年里，院士工作站的建立能够对公司的研发支出和专利产出产生持续显著的促进作用。其次，我们参照 Balsmeier 等（2016）的研究，通过绘制院士工作站对公司创新的影响的时间趋势图，来分析院士工作站的建立对公司创新的长期影响。具体做法为：首先，我们定义了 7 个虚拟变量*Workstation*（*t*）（$t=0$，1，2，3，4，5，6）。*Workstation*(0) 定义为：在院士工作站建站的当年，取值为 1，否则取值为 0。同理，在院士工作站建站后的第 *t* 年，*Workstation*(*t*) 取值为 1，否则取值为 0。然后，我们将这 7 个虚拟变量代入模型（5-1）中替换 *Workstation* 后，分别对 R&D 支出比率和发明专利申请数量进行回归。最后，我们得到这 7 个变量的回归系数，并绘制成图 5-3。图中，纵坐标的系数衡量了在建立院士工作站后的特定时间里，院士工作站的建立对公司创新的影响的相对大小。从研发投入来看，

表 5-16　院士工作站的长效机制

解释变量 \ 被解释变量	RD_Asset（t+1）(1)	Patenti（t+1）(2)	RD_Asset（t+2）(3)	Patenti（t+2）(4)	RD_Asset（t+3）(5)	Patenti（t+3）(6)
Workstation	0.378*** (4.51)	0.535*** (7.08)	0.397*** (4.37)	0.509*** (5.93)	0.415*** (4.06)	0.482*** (4.79)
控制变量	YES	YES	YES	YES	YES	YES
省份、行业和年度固定效应	YES	YES	YES	YES	YES	YES
观测值（个）	20 085	17 244	17 229	14 629	14 624	12 193
调整的 R^2	0.432	0.328	0.437	0.329	0.439	0.332

说明：括号中的数为 t 值；***表示在 1%的统计水平上显著；所有的标准误均在公司层面进行了聚类处理。

在建立院士工作站的3年内，院士工作站的促进作用持续增强，但从第4年开始，随着院士工作站的到期和续建，院士工作站的作用先有所减弱，然后又进入了下一轮增强。从专利产出来看，院士工作站的作用在建站期间先大幅增大再缓慢递减，但随着院士工作站的续建，专利产出又出现了加速增长趋势。综上可知，院士工作站具有长效机制。

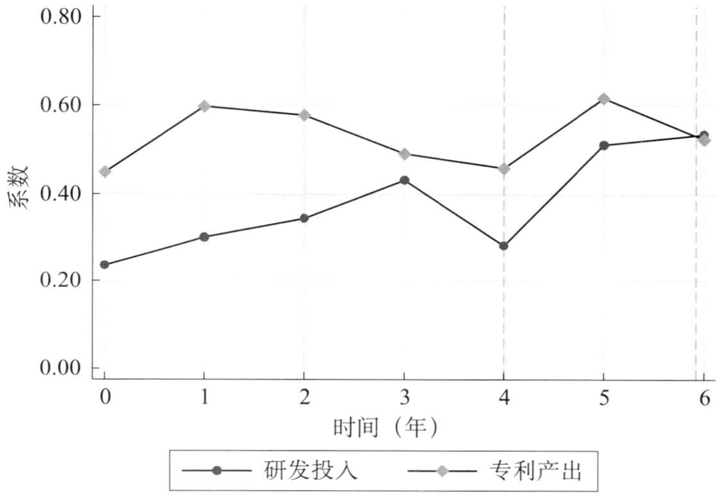

图5-3 院士工作站对公司创新的影响的时间趋势图

二、资金吸引效应

在资金支持方面，各地政府通过院士工作站补助经费向公司提供研发补贴，帮助公司突破自主创新资金瓶颈，如江苏对通过考核的省级院士工作站率先补助100万元。为了验证院士工作站的建立是否通过资金支持渠道来促进公司创新，我们设立如下检验模型：

$$\begin{aligned} R\&D_{i,t} = & \beta_0 + \beta_1 Workstation_{i,t} + \beta_2 Subsidy_{i,t} \\ & + \beta_3 Workstation_{i,t} \times Subsidy_{i,t} \\ & + \beta_4 Z_{i,t} + \sum Year + \sum Industry \\ & + \sum Province + \varepsilon_{i,t} \end{aligned} \quad (5-3)$$

在模型（5-3）中，被解释变量为R&D支出，解释变量 $Subsidy$ 为政府R&D补贴①，交叉项 $Workstation \times Subsidy$ 的系数 β_3 反映了院士工

① 政府R&D补贴数据是根据政府补助明细数据手工搜集整理出与公司科技创新相关的政府补助，然后在此基础上加1取自然对数而得。

作站的建立对公司 R&D 资金缺口的弥补程度。若 β_3 显著为负，则表明当公司获得的政府 R&D 补贴不足时，院士工作站的建立可以有效缓解 R&D 资金缺口对公司创新的制约作用。回归结果见表 5－17。从该表中可以看出，在第（1）和第（3）列中，*Subsidy* 的系数在 1%的水平上显著为正，表明政府 R&D 补贴可以显著促进公司创新。在第（2）列中，系数 β_3 并不显著，在第（4）列中，β_3 在 10%的水平上显著为负，表明院士工作站在较低的显著性水平上能够弥补公司的 R&D 资金缺口。以上结果总体表明：院士工作站虽然可以通过资金支持渠道促进公司创新，但效果微弱。

表 5－17　　资金支持渠道检验结果

解释变量＼被解释变量	*RD_Asset* （1）	*RD_Asset* （2）	*RD_Sale* （3）	*RD_Sale* （4）
Workstation	0.331*** （8.66）	0.373*** （6.36）	0.346*** （5.15）	0.507*** （4.75）
Subsidy	0.015*** （8.75）	0.015*** （8.71）	0.037*** （12.23）	0.038*** （12.24）
Workstation×*Subsidy*		−0.005 （−0.88）		−0.017* （−1.91）
控制变量	YES	YES	YES	YES
省份、行业和年度固定效应	YES	YES	YES	YES
观测值（个）	23 205	23 205	23 205	23 205
调整的 R^2	0.440	0.440	0.496	0.496

说明：括号中的数为 t 值；*、***分别表示在 10%、1%的统计水平上显著；所有的标准误均在公司层面进行了聚类处理。

三、研究结论与政策建议

为了检验和评估产学研深度融合对公司创新的影响，本章利用 2008 年以来在政策推动下地方政府主导建立的公司院士工作站这一重要事件，以沪深 A 股上市公司为研究样本，使用手工搜集的数据和双重差分模型系统地检验了院士工作站的建立对公司创新的影响。研究发现：第一，院士工作站的建立显著提高了公司的创新投入、创新质量和创新效率，具体表现为 R&D 支出显著增加、建站后公司发明专利申请总数显著增加，在控制研发投入的情况下，建立院士工作站仍然显著提高了专利产出，特别是发明专利产出。在经过一系列的稳健性检验后，上述结论依然成立。第二，院士工作站的建立对公司创新的促进作用主要是通过高层次人力资本集聚渠道实现的，资金支持渠道仅仅发挥了微弱的作用，并且高层次人力资本集聚还使得院士工作站的创新效应具有长效机制：院士工作站的建立不仅在开始 3 年对公司创新有着显著的促进作用，而且在中长期内依然能够通过续建或者凭借内化的创新能力，持续增加公司的研发投入和专利产出。

本章提供的科学家参与有可能吸引高层次人力资本以及增强已有人力资本创新能力的证据为科学制定和推广政府创新支持政策提供了参考和借鉴。政府在制定创新支持政策时不仅要弥补公司的研发资金缺口，而且要帮助公司提升自主创新能力和人力资本建设。不同于以往以资金推动为主的创新支持政策对公司创新往往只具有短期效应，高层次人力资本建设对公司创新的推动作用具有长效机制，应该作为今后制定政策时考虑的重点。

第六章　科学家的声誉效应与信息鉴证效应的准自然实验研究

公司创新活动普遍具有较大的不确定性，因而和外部金融市场存在较为严重的信息不对称，使公司创新投资受到融资约束的制约。院士作为代表国家最高学术水平的顶尖科技专家，如果出现在公司高管名单中，则有可能凭借其独特的声誉效应向金融市场以及政府部门提供信息鉴证，从而缓解公司融资约束并促进公司创新。本章利用历届院士增选事件的外生冲击，研究了公司高管当选院士后所发挥的信息鉴证效应对所在公司创新的影响及缓解融资约束的具体机制。以 2000—2017 年 A 股上市公司为研究样本，本章应用双重差分模型所进行的研究发现：（1）公司高管当选院士后，公司的专利申请总数和发明专利申请数量分别提高了 33.32％和 32.26％。并且当选院士的已有科研成果影响越大（*H* 指数越高），发挥的公司创新效应越显著。相对于外部独立董事，公司内部高管当选院士后发挥的公司创新效应更为显著。（2）基于事件研究法的结果表明，在两院官网公布有效候选人、初步候选人和正式当选院士名单的三个阶段，候选人所任职的公司的股价均出现了不同程度的正向市场反应，尤其在公布最终当选院士名单时市场反应最为显著，这帮助我们识别出了公司高管院士对公司的价值促进效应。（3）企业高管当选院士主要通过缓解融资约束，进而显著提高公司未来的研发投入对公司创新发挥作用。背后的作用机制在于：公司高管当选院士后所发挥的信息鉴证效应显著降低了债务融资成本，也显著增加了公司获得的政府补助，从而引起了研发资金等创新资源的集聚。（4）异质性分析结果表明，在国有企业和高科技公司，建立院士关联对公司创新的促进效应更为显著。而公司是否建立政治关联以及制度环境的好坏并不会显著影响院士关联对公司创新的促进作用。

第一节　创新融资与信号机制

创新活动实现了规模经济报酬递增，因而是经济增长的重要源泉（Romer，1986），同时也是公司为创造和保持核心竞争力而采取的重要战略。然而，公司创新有可能面临双重市场失灵，因而表现出两个层面的投资不足：（1）创新活动具有知识溢出的外部性（Arrow，1962），因而公司不愿意投资到合意水平而只愿意选择相对较小规模的投资（Hall and Lerner，2010）；（2）创新项目通常具有较大的不确定性和技术难度，造成公司内部创新活动和外部投资者之间存在较高程度的信息不对称，因此创新活动往往会因难以获得金融市场资金而受制于融资约束（Hall et al.，2015）。

要解决创新活动的外部性所导致的市场失灵，通常离不开政府促进公司创新的财政补贴或者税收减免。然而，已有的多数实证研究都表明，政府采取的这些创新支持政策大都是无效的（张杰等，2015），甚至会产生挤出效应（章元等，2018）。究其原因，政府资金在创新活动上的配置效率同样受制于政府授权投资部门和创新项目之间的信息不对称。因此，降低创新项目和外部资金提供者以及政府授权投资部门之间的信息不对称程度，成为解决上述两类市场失灵以及政府的创新支持政策失效问题的关键。

信号机制是解决信息不对称问题的经典办法，如果创新公司拥有可置信的信号表明公司创新项目的质量，就更有可能获得政府研发补助以及金融市场资金支持。拥有顶尖科学家（例如院士）高管就有可能成为公司向政府创新支持机构和金融市场发出的一个极为重要的信号，表明公司创新项目拥有较高的质量。

本章以2000—2017年A股上市公司为研究样本，应用双重差分模型进行了研究，发现：（1）相对于控制组而言，院士高管缓解了融资约束对公司创新的制约作用，并显著提高了公司未来的研发投入。一方面，院士关联发挥了积极的信号作用，从而显著降低了债务融资成本。另一方面，院士高管也显著增加了公司获得的政府补助，从而引起了研发资金等创新资源的集聚。（2）公司高管当选院士后专利申请总数和发明专利申请数量分别提高了33.32%和32.26%。并且当选院士的科研成果影响力越大（H指数越高），院士高管发挥的公司创新效应就越显著。相对于外部独立董事，公司内部高管当选院士后发挥的促进创新的效应更为显著。(3) 基于事件研究法的研究结果表明，在两院官网公布有效候选人、初步候选人和正式当选院士名单的三个阶段，候选人所任职的公司的股价均出现了不同程度的正向市场反应，尤其在公布最终当选院士名单时市场反应最为显著，这帮助我们识别出了院士身份的信息鉴证效应。(4) 异质性分析结果表明，在高科技公司，院士关联对公司创新的促进效应更为显著。而公司是否建立政治关联以及制度环境的好坏并不会显著影响院士关联对公司创新的促进作用。

本章可能的研究贡献在于：第一，关于信息不对称导致创新公司面临融资约束，因而阻碍了公司创新投入这一观点存在较多实证证据。对于解决信息不对称问题的鉴证机制，以往研究中多采用权威的中介机构或者政府部门，而对市场自发形成的具有信息鉴证效应的机制尚缺乏足够的探索。院士科学家兼具两个特点，即专业技术上的权威性和政府的高度认可，因而其成为合适的能够在中国金融市场中发挥潜在的信息鉴证效应的重要机制。第二，科学家促进公司创新的效果有目共睹，然而对科学家具体促进公司创新的渠道和机制的研究在很大程度上还处于一片空白。通过深入挖掘科学家参与公司创新的微观层面数据考察创新的内部过程，例如团队协作、知识外溢和创新资源投入等，始终是公司创新研究与微观计量领域面临的重要挑战（Liu and Mao et al.，2017；He and Tian，2018）。本章的研究发现：公司高管科学家当选院士后对促进公司创新所发挥的信息鉴证效应，为我们理解科学家参与推动公司创新的具体渠道和机制提供了证据。第三，本章研究发现：如果推动公司创新的资金是被公司院士高管的信息鉴证效应吸引而来的，那么相应的政府资金支持对于推动公司创新的效应更为显著。因此，本章研究为准确评估政府推动创新的资金支持政策所发挥的作用提供了新的视角和相关证据，即如果政府的资金支持政策能够依据公司拥有顶尖科学家这一信息鉴证效应作为引导，则更有可能发挥有效促进公司创新的作用。第四，长期以来身份效应始终是社会科学研究的热点（Merton，1968），近年来管理学和经济学也日益重视身份效应在组织管理和资源分配中的作用，本章对获得院士身份所产生的公司创新效应所做的研究，可以视为从信息鉴证效应的视角进一步对 Merton (1968) 提出的身份效应的内涵进行的具体解析，并且提供了来自经济学领域的实证证据。

本章所做的研究对于如何充分发挥金融支持实体经济和金融体系的资金脱虚向实的相关讨论也具有一定的指导意义。当前政策制定部门特别关注巨额资金在金融体系内部空转，而实体经济的创业和创新又缺乏足够的资金支持这一矛盾。造成该矛盾的一个重要原因可能是：创业和创新公司与外部金融市场之间存在较高程度的信息不对称，而又缺乏可行的缓解融资约束的机制。因此，本章研究的院士高管作为降低与外部金融市场之间的信息不对称程度的有效机制，有可能为创业和创新公司提供借鉴。虽然院士科学家是极为稀缺的资源，但是不同级别的科学家都有可能在不同层次的金融市场作为联结技术和金融的桥梁，发挥相应的信息传递作用。

第二节　科学家的声誉效应的信号机制

一、信息不对称、融资约束与公司创新

根据融资约束理论，信息不对称引发的市场不完备会推高公司外源融资的成本，使得净现值为正的投资项目得不到充分的资金支持（Fazzari and Athey，1987），尤其是与研发创新相关的投资项目因面临更为严重的信息不对称，融资约束问题也更为突出（Aboody and Lev，2000）。

创新项目的管理者与政府创新资助以及金融市场等外部资金提供者之间存在较高程度的信息不对称，这一方面缘于创新项目本身的复杂程度高导致信息难以有效沟通，另一方面则缘于管理者倾向于对创新想法保密，防止创新想法外泄导致竞争对手模仿，尤其在知识产权保护相对较弱的法治环境下。外部资金提供者虽然可以观察公司以往投资项目或者行业内产品开发的经验，但是这些观察对于评估真正具有创新意义的项目的价值并无帮助（Guiso，1998）。

依据资源基础理论（Resource-Based View，RBV），公司内部稀缺、不可模仿和不可替代的资源是公司取得竞争优势的源泉（Wernerfelt，1984），也是公司进行技术创新活动的基石。其中，公司的研发资金是影响公司创新的关键资源（Barasa et al.，2017），因此，较严重的融资约束会阻碍公司创新。Acharya 与 Xu（2016）发现：相对于面临融资约束的非上市公司，依靠资本市场进行外部融资的上市公司的研发投入和专利产出显著更多。

二、科学家高管的信息鉴证效应与公司创新

于蔚等（2012）的研究表明，政治关联可以通过向外部发送“声誉信

号”来降低信息不对称程度，进而缓解公司的融资约束。院士高管同样是一种有效的信号，可以发挥信息鉴证效应。

创新项目区别于其他公司投资项目的最大特征之一是：其成功概率难以事先评估，因而创新者和外部金融市场之间存在较高程度的信息不对称（Hall and Lerner，2010）。中国相对滞后的知识产权保护体系则进一步造成了创新者为避免创新想法外泄而减少对外界的信息披露的情况（Li et al.，2019；张杰等，2015）。院士高管之所以能够成为良好的信号机制，是因为其对于创新项目的信息鉴证效应，该效应表现在如下三个方面：首先，院士高管具有足够的专业权威。作为我国最优秀的科学精英和学术权威群体，两院院士在科学研究上取得的突破性成就是社会大众有目共睹的。从两院院士的历届增选情况来看，从成为有效候选人到通过两轮评审最终当选院士，中间要经历严苛的遴选程序。例如，从2019年中国工程院院士的增选情况来看，从学术团体和院士提名的531名有效候选人，到最终仅选出75名院士，可以说是“优中选优”。其次，院士科学家从事的科学探索工作本身就要求科学家具有求真务实的专业品质。最后，除了崇高的学术荣誉外，两院院士还在政治上享受副部级待遇。高级别的行政待遇加上较高的新闻曝光度使院士高管获得了其专业技术圈子之外的社会大众关注，因此其信息鉴证效应即使对于普通投资者也同样适用。因此，我们可以合理假设，院士高管为公司的创新项目提供了信息鉴证效应，表明该公司的创新项目有较高的成功率，这就有效降低了创新项目和外部投资者以及政府创新补贴资金审批的信息不对称程度，从而有利于公司获得外部资金以及政府资助，缓解融资约束并促进公司创新。

从降低公司创新项目与外部投资者的信息不对称程度来看，更依赖于公共债务融资和股权融资的公司比更依赖于银行债务融资等其他融资方式的公司有着显著更高的创新绩效（Atanassov，2016）。从降低政府的研发补助和创新补贴资金审批的信息不对称程度来看，政府的研发补助和创新补贴对于缓解融资约束、促进公司创新有着显著的作用（Bronzini and Piselli，2016；Howell，2017）。

基于以上分析，本章提出以下假说：

*H*1：在其他条件不变的情况下，拥有院士高管的公司的创新绩效更高。

第三节　科学家的声誉效应与信息鉴证效应的实证设计

一、实证研究面临的困难

公司聘用院士高管可以发挥院士科学家对于创新项目的信息鉴证效应，进而获得政府资金支持以及金融市场资金，摆脱融资约束，推动公司创新。尽管这一逻辑似乎显而易见，然而如何在实证研究中准确识别其中的因果关系却面临巨大困难。如果仅仅通过比较有/无院士高管两组公司的融资成本与创新水平差异，或者以院士高管作为核心解释变量进行多元回归分析，将面临以下问题：一是院士高管和公司融资约束以及公司创新之间存在自选择效应（Prabhala and Li，2007），即拥有院士高管并不是随机的，有可能是融资约束更小或者创新能力及意愿更强的公司才有动机吸引并聘用院士高管；二是容易受到共同因素（或遗漏变量）的影响，例如，有可能吸引并聘用院士高管和公司创新都是缘于已经确定的公司战略；三是无法区分院士高管影响融资约束以及公司创新的作用渠道究竟是来自信息鉴证效应，还是来自院士自身的人力资本效应①（例如通过战略咨询或技术攻关促进公司创新）。而历届院士增选则为我们准确识别院士高管和公司创新之间的因果关系和资源效应渠道提供了较好的准自然实验。具体识别策略为：研究在 2001—2015 年的历届院士增选中（每两年一届，共 8 届），公司高管当选院士的外部冲击对融资约束以及公司创新的影响。具体而言，以有高管在院士增选中成功当选的 A 股上市公司作为处理组，以有高管在院士增选中成为有效候选人但未能最终当选的 A 股上市公司作为控制组，采用双重差分模型来检验院士高管对融资约束以及公司创新的影响。一方面，公司高管被确认为院士候选人后是否能够顺利通过院士遴选是事前难以预测的，因而一定程度上可以被视为外生冲击；另一方面，考虑到公司高管当选之后仅仅是多了院士的身份，而其自身能力在短期内难以发生较大变化，因此可以排除院士人力资本的干扰，从而有助于准确识别出院士高管影响融资约束以及公司创新的信息鉴证效应。

---

① 虽然本文采取的实证识别策略主要针对院士当选的资源效应，并且发现院士自身人力资本（用 H 指数度量）有助于资源效应的发挥，但是如何比较院士自身人力资本效应与资源效应的相对重要性已经超出本章探讨范围，期待未来研究解决。

二、数据来源与处理过程

考虑到2000年以前的院士增选数据缺失较多，本章的研究起点设为2000年，以A股上市公司2000—2017年数据为初始样本（其中衡量公司创新的专利数据为2001—2017年，其他数据为2000—2016年），在此基础上剔除了金融行业公司、ST公司、PT公司样本以及相关变量缺失的样本。上市公司专利数据、公司治理数据、公司财务数据来自国泰安数据库，上市公司历届高管名单和员工构成数据来自锐思金融数据库，政府补助数据来自万得数据库。院士候选人在上市公司的任职数据、历届院士增选数据以及处理组、控制组样本的构建是我们通过手工搜集和匹配处理得到，具体过程分为以下三步。

第一步，统计2001—2015年历届院士增选候选人信息和增选结果，得到用于后续匹配的候选人姓名-个人信息-选举结果数据表。历届院士增选候选人信息和增选结果数据来自中国科学院和中国工程院官网，以及中国科学院的官方出版物《中国科学院院刊》。具体而言，首先，我们统计了历届增选中有效候选人的姓名、年龄、专业及任职单位等个人信息和增选年份、结果。历届院士增选情况统计结果见表6-1。从表中可以看出，2001—2015年的8次增选中，共有有效候选人6 793位（2015年增选中，中国科学院没有公布有效候选人名单，只公布了初步候选人名单），共有当选院士837位，其中每届当选院士占候选人的比例在12%左右。其次，在这6 793位候选人中，我们发现有很多同名候选人。我们根据候选人的姓名、出生年份、专业及任职单位等信息比对后发现，很多同名候选人为同一人在不同年份多次被提名参选。据统计，有1 663位候选人仅参选1次，915位候选人参选了2次，768位候选人参选了3次及以上。值得注意的是，还有一些同名候选人并不是同一人，即存在重名现象。为了方便后面进行候选人姓名与上市公司高管姓名的精确匹配，我们根据姓名、出生年份、所在省份和城市等信息统计出了重名的名单。最后，我们以2001—2015年参选的6 793位候选人为基础，统计出了后面用于匹配的候选人姓名-个人信息-选举结果数据表，记录了每一个姓名对应的候选人的基本信息（出生年份、专业、任职单位等）、历届选举年份及结果，以及该姓名是否存在重名现象等，共统计得出4 865个不同姓名。

表 6-1　　　　历届院士增选情况统计表

年度	候选人总数（位）	工程院候选人（位）	中科院候选人（位）	当选院士人数（位）	未当选院士人数（位）	当选院士占比（%）
2001	1 092	755	337	137	955	12.55
2003	937	628	309	116	821	12.38
2005	821	526	295	101	720	12.30
2007	771	484	287	61	710	7.91
2009	745	449	296	82	663	11.01
2011	798	484	314	105	693	13.16
2013	951	560	391	104	847	10.94
2015	678	521	157	131	547	19.32
合计	6 793	4 407	2 386	837	5 956	12.32

资料来源：根据中国工程院/科学院官网数据手工搜集。

第二步，将候选人姓名-个人信息-选举结果数据表与上市公司高管名单按照姓名进行匹配。2000—2016 年上市公司历届高管名单来自锐思金融数据库，记录了高管姓名、职位、性别、出生年份、任期起止日期等信息，共 148 386 个公司-高管名单。匹配过程具体如下：首先，根据候选人姓名-个人信息-选举结果数据表和公司高管名单中的姓名进行初步匹配，得到 3 520 个匹配成功的公司-高管名单，其中 16 个名单有重名现象。其次，结合万得数据库中的上市公司高管简历，逐个比对上市公司高管和院士候选人的出生年份、任职单位、专业、学历、籍贯等信息，并考虑有重名现象的候选人姓名，进一步进行精确匹配，最终得到 894 个匹配成功的公司-高管名单。最后，结合高管简历和上市公司历年年报，我们进一步补全上市公司高管职位及任期等信息，并剔除仅被提名为候选人，未实际上任的高管（6 个），剔除任职起止日期不详的高管（42 个），最终得到 846 个公司-高管名单。

第三步，确定有高管在任期内参与院士增选的上市公司名单，进而得到处理组和控制组样本。由于我们要研究的是在历届院士增选中公司高管当选院士进而建立院士关联的外部冲击对公司创新的影响，因此我们的处理组为上市公司中有高管在院士增选中成功当选院士的公司，控制组为有高管在院士增选中成为有效候选人但未能当选院士的公司。值得注意的是，为了避免高管换届等其他因素的干扰，处理组和控制组样本仅保留了院士候选人任期内的样本。例如在处理组样本中，一汽解放（证券代码为

000800）的李骏在 2008—2017 年担任董事期间，于 2013 年成功当选中国工程院院士，则我们在该处理组公司中仅保留 2008—2017 年的样本。处理组和控制组样本的具体构建过程如下：首先，根据高管任期的起止日期和参选日期确定任期内参选的公司高管名单。我们根据高管参选日期是否发生在任期内共确定了 258 个在任期内参与院士增选的公司高管名单，分布在 230 家上市公司。其次，确定任期内成功当选的公司高管名单并构建处理组样本。根据参选公司高管的选举结果，我们发现，有 50 位公司高管在任期内成功当选院士，分布在 45 家上市公司，其中有 5 家上市公司先后有两位高管在任期内当选，我们仅保留首位当选院士的高管对应任期内的年度样本，由此构成了我们的处理组样本。再次，确定任期内参与选举但落选的公司高管名单并构建控制组样本。我们发现：有 208 位公司高管在任期内成为有效候选人但最终落选，分布在 185 家上市公司，我们仅保留落选高管对应任期内的年度样本，由此构成了我们的控制组样本。最后，我们进一步剔除了金融行业公司、相关变量缺失的公司、ST 公司、PT 公司的样本后，得到最终研究样本 942 个，其中处理组样本 234 个，控制组样本 708 个。在处理组样本中，当选之后的年度样本为 139 个，当选之前的为 95 个。具体处理过程和样本的年度分布情况详见表 6－2 和表 6－3。

表 6－2　　数据来源与处理过程

处理步骤	处理方法	处理结果
统计候选人姓名-个人信息-选举结果数据表	以姓名为对象，统计每个姓名对应的候选人基本信息（出生年份、专业、任职单位等）、历届选举年份及结果，以及该姓名是否存在重名现象	统计得出包含4 865个候选人姓名的数据表
统计公司高管名单数据表	公司高管名单来自锐思金融数据库，记录了高管姓名、职位、性别、出生年份、任期起止日期等信息	统计得出包含148 386个公司-高管名单的数据表
初步匹配	根据候选人姓名-个人信息-选举结果数据表和公司高管名单数据表按姓名进行初步匹配	得到 3 520 个初步匹配成功的公司-高管名单
精确匹配	根据候选人和公司高管的出生年份、任职单位、专业、学历、籍贯等信息，考虑重名现象后，进一步精确匹配	得到 894 个精确匹配的公司-高管名单
补全公司高管职位及任期信息，剔除部分样本	结合高管简历和年报，进一步补全高管职位及任期等信息，剔除仅被提名为候选人，但未实际上任的高管，以及任期起止日期不祥的高管	得到 846 个公司-高管名单及任职信息

续表

处理步骤	处理方法	处理结果
确定任上参选院士的高管候选人名单	根据公司高管的参选日期是否发生在任期内得到任上参选院士的高管候选人名单	258 位高管在任上参选院士，分布在 230 家上市公司
确定任上当选院士的高管并构建处理组	根据选举结果确定任上当选院士的高管，只保留首个当选院士的高管对应任期内的年度样本，构成处理组样本	50 位高管在任上当选院士，分布在 45 家上市公司
确定任上落选院士的高管并构建控制组	根据选举结果确定任上落选院士的高管，只保留落选院士的高管对应任期内的年度样本，构成控制组样本	208 位高管在任上落选院士，分布在 185 家上市公司
样本净化	剔除金融行业公司、相关变量缺失的公司、ST 公司、PT 公司的样本	得到最终样本 942 个

表 6-3　　处理组和控制组样本的年度分布情况　　单位：个

年度	样本总数	处理组样本	控制组样本	年度	样本总数	处理组样本	控制组样本
2000	4	1	3	2009	69	19	50
2001	12	4	8	2010	78	19	59
2002	25	6	19	2011	93	22	71
2003	32	7	25	2012	94	21	73
2004	34	11	23	2013	94	22	72
2005	37	11	26	2014	83	21	62
2006	43	13	30	2015	75	15	60
2007	45	10	35	2016	59	12	47
2008	65	20	45	合计	942	234	708

三、模型设定与变量定义

借鉴现有文献（Beck et al.，2010；Balsmeier et al.，2017；Atanassov，2013），本章采用如下双重差分模型检验院士高管的信息鉴证效应对公司创新的影响：

$$PAT1_{i,t+1} \mid PAT2_{i,t+1} = \beta_0 + \beta_1 LIST_{i,t} \times POST_{i,t} + \gamma Controls_{i,t} + \beta_t + \alpha_i + \varepsilon_{i,t} \quad (6-1)$$

关于公司创新绩效，现有文献主要从创新投入和产出的角度用 R&D

支出和专利数量衡量。由于2006年修订的《公司会计准则——基本准则》对R&D支出的会计处理做了较大修改，2007年前后的R&D支出数据不具可比性。因此，借鉴前人的研究（付明卫等，2015；黎文靖与郑曼妮，2016；余明桂等，2016），我们用专利申请数量来衡量公司创新绩效，具体构建了两个指标：（1）专利申请总数（*PAT*1），定义为专利申请总数加1的自然对数；（2）发明专利申请总数（*PAT*2），定义为发明专利申请总数加1的自然对数。考虑到从研发投入到申请专利有较长的时间间隔，因此我们取专利申请数量的未来一期（T+1期）值。

在解释变量中，交叉项 *LIST*×*POST* 为院士高管变量，其中 *LIST* 定义为：当公司有高管在任期内当选院士时，取值为1，否则取值为0。*POST* 定义为：公司高管当选院士之后的年度样本取值为1，否则取值为0。交叉项的系数 β_1 衡量了院士高管对公司创新的影响，如果 β_1 显著为正，则表明院士高管对公司创新有显著的正向影响。由于在模型中控制了年度固定效应（θ_t）和公司个体固定效应（α_i），因此不再单独列示变量 *LIST* 和 *POST* 的回归结果。此外，参考现有文献（黎文靖与郑曼妮，2016；倪骁然与朱玉杰，2016；潘越等，2015；吴超鹏与唐药，2016），我们在模型中加入了如下控制变量：是否为国有企业（*SOE*），当控股股东为中央或地方国有企业时，该变量取值为1，否则取值为0；股权集中度（*Cr*1），即第一大股东持股数量占总股本的比例；公司规模（*Size*），即年末总资产的自然对数；资产负债率（*DebtRatio*），即负债总额与资产总额之比；销售收入增长率（*SalesGrowth*），即本年销售收入相对上年销售收入的增长率；独立董事比例（*IndDirRatio*），即独立董事人数占董事会总人数的比例；固定资产比率（*Tangibility*），即固定资产与总资产之比；经营性现金流比率（*Cashflow*），即经营活动产生的现金流量净额与总资产之比。为消除极端值的影响，我们对所有连续变量进行了上下1%的缩尾处理。主要变量的定义和描述性统计分析见表6-4。

表6-4　主要变量的定义和描述性统计分析

变量名称	变量符号	变量定义	均值	最小值	最大值	样本量（个）
专利申请总数	*PAT*1	*T*+1期专利申请总数加1的自然对数	3.543	0.693	8.158	942

续表

变量名称	变量符号	变量定义	均值	最小值	最大值	样本量（个）
发明专利申请总数	*PAT2*	*T*+1 期发明专利申请总数加 1 的自然对数	2.823	0	7.825	942
院士高管变量	*LIST*×*POST*	*LIST* 定义为当公司有高管在任期内当选院士时取值为 1，否则取值为 0；*POST* 定义为公司高管当选院士之后的年度样本取值为 1，否则取值为 0	0.148	0	1.000	942
是否为国有企业	*SOE*	当控股股东为中央或地方国有企业时取值为 1，否则为 0	0.676	0	1.000	942
股权集中度	*Cr*1	第一大股东持股数量占总股本的比例	40.870	8.770	85.000	942
公司规模	*Size*	年末总资产的自然对数	22.440	20.030	27.110	942
资产负债率	*DebtRatio*	负债总额/资产总额	0.449	0.046	0.815	942
销售收入增长率	*SalesGrowth*	(本年销售收入－上年销售收入)/上年销售收入	0.204	−0.412	1.408	942
独立董事比例	*IndDirRatio*	独立董事人数占董事会总人数的比例	0.359	0	0.556	942
固定资产比率	*Tangibility*	固定资产/总资产	0.239	0.034	0.621	942
经营性现金流比率	*Cashflow*	经营活动产生的现金流量净额/总资产	0.057	−0.117	0.260	942

第四节 准自然实验的研究结果分析

一、基本回归结果与细分特征分析

模型（6－1）的回归结果见表 6－5。在第（1）和第（2）列中，我们控制了年度-行业固定效应，可以看出交叉项 *LIST*×*POST* 的回归系数分别为 0.562 7 和 0.524 3，*t* 值分别为 4.58 和 4.03。在第（3）和第（4）

列，我们进一步控制了公司个体固定效应，发现在控制了公司层面不随时间变化的个体异质性后，交叉项的系数分别下降为 0.287 6 和 0.279 6，t 值也分别下降为 2.73 和 2.61，但均仍在 1%的水平上显著为正。这表明相对于有高管在任职期间参选院士但落选的公司，有高管当选院士的公司在高管当选院士之后，公司未来一期的专利产出显著提高了。

从经济意义上来看，在其他条件不变的情况下，公司拥有院士高管后专利申请数量增加了 33.32%（exp[0.287 6]−1=0.333 2），发明专利申请数量增加了 32.26%（exp[0.279 6]−1=0.322 6）。因此，院士高管对公司创新的效应不仅在统计意义上显著，在经济意义上也非常显著。假说 *H*1 得到了支持。

表 6-5　　基本回归结果

	*PAT*1 (1)	*PAT*2 (2)	*PAT*1 (3)	*PAT*2 (4)
LIST×*POST*	0.562 7*** (4.58)	0.524 3*** (4.03)	0.287 6*** (2.73)	0.279 6*** (2.61)
SOE	−0.310 5*** (−3.36)	−0.384 8*** (−3.49)	−0.492 4* (−1.73)	0.274 6 (1.46)
*Cr*1	0.000 7 (0.25)	0.007 1** (2.39)	0.012 3* (1.79)	0.003 3 (0.49)
Size	0.654 2*** (13.33)	0.641 4*** (12.27)	0.279 4*** (2.85)	0.148 3 (1.43)
DebtRatio	−0.238 0 (−0.93)	0.050 7 (0.18)	0.478 6 (1.50)	0.398 7 (1.19)
SaleGrowth	0.228 4* (1.77)	0.239 3* (1.66)	0.068 4 (0.79)	0.137 5 (1.52)
IndDirRatio	−1.631 2*** (−2.69)	−1.071 1 (−1.54)	0.537 6 (0.83)	1.937 6*** (2.92)
Tangibility	−0.758 0* (−1.91)	−0.474 7 (−1.12)	−0.038 4 (−0.07)	−0.321 2 (−0.62)
Cashflow	0.022 3 (0.03)	−0.396 9 (−0.56)	0.830 9 (1.57)	0.568 8 (1.06)
_cons	−12.429 1*** (−12.03)	−12.974 1*** (−11.29)	−5.340 4** (−2.48)	−4.144 9* (−1.93)
年度固定效应	YES	YES	YES	YES

续表

	*PAT*1 (1)	*PAT*2 (2)	*PAT*1 (3)	*PAT*2 (4)
行业固定效应	YES	YES	YES	YES
公司个体固定效应	NO	NO	YES	YES
样本量（个）	942	942	942	942
调整的 R^2	0.530	0.474	0.833	0.844

说明：括号中为 Huber-White sandwich t 统计量的值。*、**、*** 分别表示在 10%、5%和 1%的水平上显著。本章后面的表与此相同，不再一一说明。

下面我们进一步分析公司高管当选院士这一细分特征对发挥院士高管的信息鉴证效应的影响，具体包括公司高管当选院士时的科研能力和在上市公司的职位类型。就科研能力来看，我们预期当选院士的公司高管的科研能力越强，发挥的信息鉴证效应就越显著。原因在于：科研能力越强，科研成果数量和被引用量就越多，在学术界和社会上的知名度和可见度就越高（Cole and Cole，1968），因而越容易发挥信息鉴证效应。从职位类型来看，我们预期相对于外部独立董事，公司内部高管（例如董事长、总经理和总工程师等）当选院士后发挥的信息鉴证效应更为显著。不同于独立董事职位往往由外部人兼任，且院士候选人这种顶级科学家担任独立董事时往往还在多家上市公司兼任此类职位，公司内部高管大多在公司全职工作，在公司投入的精力和对公司产生的影响也显著更大。

对公司高管当选院士这一细分特征的分析结果见表 6－6。借鉴 Fisman 等（2018）的研究，我们用公司高管在当选年份的 *H* 指数（*H Index*）作为科研能力的衡量指标，*H* 指数越高，表明院士候选人的科研能力越强。*H* 指数的数据来源于 Web of Science，作为一种综合量化指标，它可以同时衡量研究人员的科研成果数量和质量。我们根据当选院士的高管的 *H* 指数大（小）于中值将样本分为 *H* 指数高（低）两组分别回归，结果见表 6－6 中第（1）至第（4）列。从表 6－6 可以看出，在 *H* 指数高的样本组中，*LIST*×*POST* 的回归系数分别为 0.503 0 和 0.619 0，t 值分别为 2.62 和 2.82，均在 1%的水平上显著。而在 *H* 指数低的样本组中，*LIST*×*POST* 的回归系数分别降低为 0.332 5 和 0.172 4，t 值也相应地降低为 1.99 和 1.19，第（3）列在 5%的水平上显著，而第（4）列不再显著。结果支持了我们的预期，表明当选院士的公司高管的科研能力越强，发挥的信息鉴证效应就越显著。此外，从职位类型分组回归结果来看，当公司内部高管当选院士时，*LIST*×*POST* 的回归系数分别为 0.428 8 和 0.409 4，t 值分别为 3.29 和 3.09，均在

表 6-6　对公司高管当选院士这一细分特征的分析结果

	H 指数高		*H* 指数低		内部高管		外部独立董事	
	PAT1 (1)	*PAT2* (2)	*PAT1* (3)	*PAT2* (4)	*PAT1* (5)	*PAT2* (6)	*PAT1* (7)	*PAT2* (8)
LIST×POST	0.503 0*** (2.62)	0.619 0*** (2.82)	0.332 5** (1.99)	0.172 4 (1.19)	0.428 8*** (3.29)	0.409 4*** (3.09)	0.135 5 (0.83)	0.153 2 (0.92)
SOE	−0.393 3 (−1.04)	0.232 0 (0.90)	−0.444 4* (−1.75)	0.315 8* (1.74)	−0.338 6 (−1.01)	0.278 1 (1.14)	−0.478 5* (−1.74)	0.295 3* (1.65)
Cr1	0.021 0*** (2.70)	0.010 8 (1.37)	0.014 9* (1.70)	0.003 1 (0.33)	0.017 6** (2.05)	0.005 6 (0.63)	0.014 9* (1.96)	0.004 5 (0.59)
Size	0.306 9*** (2.80)	0.163 3 (1.43)	0.430 2*** (3.97)	0.317 2*** (2.93)	0.297 2*** (2.90)	0.149 9 (1.38)	0.417 1*** (3.69)	0.307 5*** (2.77)
DebtRatio	0.524 8 (1.55)	0.430 2 (1.19)	0.401 2 (1.14)	0.195 2 (0.54)	0.519 9 (1.54)	0.362 5 (1.02)	0.316 8 (0.92)	0.178 1 (0.50)
SaleGrowth	0.005 4 (0.06)	0.093 4 (0.97)	−0.036 9 (−0.40)	0.016 2 (0.18)	0.064 6 (0.73)	0.135 4 (1.45)	−0.052 7 (−0.57)	0.013 9 (0.15)
IndDirRatio	0.338 2 (0.47)	1.955 5*** (2.61)	0.686 8 (1.04)	2.071 8*** (3.16)	0.869 9 (1.32)	2.303 2*** (3.48)	0.148 1 (0.21)	1.714 8** (2.31)
Tangibility	0.385 2 (0.65)	0.184 2 (0.32)	0.013 4 (0.02)	−0.106 8 (−0.19)	0.038 7 (0.07)	−0.214 0 (−0.40)	0.161 3 (0.27)	0.116 4 (0.20)

续表

	H 指数高		*H* 指数低		内部高管		外部独立董事	
	*PAT*1 (1)	*PAT*2 (2)	*PAT*1 (3)	*PAT*2 (4)	*PAT*1 (5)	*PAT*2 (6)	*PAT*1 (7)	*PAT*2 (8)
Cashflow	0.958 6* (1.69)	0.747 1 (1.30)	0.814 3 (1.37)	0.739 8 (1.26)	0.694 2 (1.24)	0.437 6 (0.76)	0.978 4* (1.66)	0.914 0 (1.57)
_*cons*	−6.316 4*** (−2.59)	−4.897 3** (−2.04)	−8.229 5*** (−3.52)	−7.302 0*** (−3.25)	−5.970 6*** (−2.67)	−4.280 0* (−1.91)	−7.983 5*** (−3.24)	−7.306 3*** (−3.13)
年度固定效应	YES	YES	YES	YES	YES	YES	YES	YES
公司个体固定效应	YES	YES	YES	YES	YES	YES	YES	YES
样本量（个）	807	807	800	800	844	844	806	806
调整的 R^2	0.806	0.817	0.829	0.847	0.831	0.845	0.804	0.822

说明：我们只针对处理组中当选院士的高管的细分特征进行分组，而控制组样本均参与回归，因此分组回归的样本量相加会大于总样本。

1%的水平上显著。而当外部独立董事当选院士时，回归系数大幅下降，在统计上也变得不再显著。结果表明：相对于外部独立董事，公司内部高管当选院士后发挥的信息鉴证效应更为显著。

二、院士身份的价值效应：基于事件研究法的检验

叶青等（2016）在研究独立董事的“政商旋转门”现象时，通过官员独董辞职的负面市场反应识别出了政治关联可能带来的税收优惠、财政补贴等资源效应。然而在我们的研究中，院士高管辞职或任职的市场反应却并不能帮助我们准确区分这一价值效应到底是来自院士身份带来的信息鉴证效应，还是来自院士自身的人力资本效应。而历届院士增选则为我们准确识别院士身份带来的信息鉴证效应提供了极好的准自然实验。两院院士的历届增选共分为三个阶段，分别是提名有效候选人、第一轮评审并选出初步候选人、第二轮评审并最终选出院士。在每个阶段，两院官网会及时发布公告宣布选举结果并列示有效候选人、初步候选人和最终当选院士的名单。例如，在 2019 年的院士增选中，中国工程院分别于 2019 年 4 月 30 日、6 月 6 日和 11 月 22 日在官网公布了有效候选人名单、进入第二轮评审的初步候选人名单和最终当选的院士名单。在两院官网发布每一阶段的选举结果公告后，各大主流新闻媒体也会纷纷转载报道，使之成为社会热议的焦点。这为我们开展事件研究提供了极好的实验场景。我们的识别策略为：如果院士身份具有信息鉴证效应，那么在每一阶段两院官网发布公告宣布评选结果的时间窗口内，公布名单中的有效候选人、初步候选人和当选院士任职公司的股票应该具有正面市场反应，即公司股票的累积超额收益应该显著为正。

具体而言，事件研究的步骤如下：借鉴黄继承与盛明泉（2013）的研究，我们用市场模型来计算事件日前后的超额收益，事件日定义为每一阶段两院官网发布评选结果公告的具体日期，市场模型参数的估计期为事件日前 130 个交易日至前 11 个交易日（[－130，－11]）。我们分别计算了有效候选人、初步候选人和当选院士名单公布时，院士候选人所任职的上市公司在窗口期为 [－1，1]、[－1，0] 和 [0，1] 的平均累积超额收益（见表 6－7 中的 Panel A、Panel B 和 Panel C），并计算了最终院士增选名单公布后，当选院士所在公司股票前后 2 天的平均日超额收益（见表 6－7 中的 Panel D）。我们在样本中剔除了：（1）估计窗口不足 30 天的样本；（2）事件日发生在 2015 年股灾期间的样本（6 月 12 日至 8 月 26 日）；（3）具体事件日不能根据两院官网公告准确确定的样本。由表 6－7 的

Panel A 可知，在公布有效候选人名单的第一阶段，有效事件样本为 294 个。窗口期为［−1，1］和［−1，0］的 *CAR* 值表明，当有效候选人名单在两院官网公布时，候选人所任职的公司的股票的平均累积超额收益分别为 0.012 1 和 0.010 1，且分别在 5%和 10%的水平上显著，说明当公司高管被提名为有效院士候选人时，公司股票会有正向市场反应。在 Panel B 中，在公布通过第一轮评审的初步候选人名单的第二阶段，有效事件样本量为 81 个。*CAR*（0，1）的值表明当初步候选人名单在两院官网公布时，其所任职的公司的股票的平均累积超额收益为 0.010 4，且在 5%的水平上显著。而 *CAR*（−1，1）和 *CAR*（−1，0）的值并不显著。这总体表明：当公司高管通过第一轮院士评选时，公司股票同样会有正面的市场反应。在 Panel C 中，在公布当选院士名单的第三阶段，有效事件样本量进一步减少为 40 个。*CAR*（−1，1）、*CAR*（−1，0）和 *CAR*（0，1）的值表明：当最终当选的院士名单在两院官网公布时，当选院士所任职的公司的股票的平均累积超额收益分别为 0.012 6、0.007 1 和 0.011 2，且均在统计上显著，表明当公司高管成功当选院士时，公司股票的市场反应显著为正。在 Panel D 中，我们进一步考察了在宣布当选院士名单公告日的前后 2 天，他们所任职的公司的股票的平均日超额收益的变化情况。可以看出，在［−2，2］的窗口期内，平均日超额收益经历了先递增后递减的过程，并在公告日当天达到最大值0.005 7，且该值在 10%的水平上显著为正。以上结果表明，在公布有效候选人、初步候选人和正式当选院士名单的三个阶段，候选人所任职的公司的股价均出现了不同程度的正向市场反应，尤其在当选院士的第三阶段市场反应最为显著，这就帮助我们识别出了院士身份的价值效应。

表 6－7　　基于事件研究法的检验结果

事件窗口/交易日	*AR*/*CAR*	*T* 值	样本量（个）
Panel A　第一阶段：公布有效候选人名单			
CAR（−1，1）	0.012 1	2.02**	294
CAR（−1，0）	0.010 1	1.85*	294
CAR（0，1）	0.008 2	1.54	294
Panel B　第二阶段：公布初步候选人名单			
CAR（−1，1）	0.005 1	1.09	81
CAR（−1，0）	−0.000 9	−0.29	81
CAR（0，1）	0.010 4	2.46**	81

续表

事件窗口/交易日	*AR*/*CAR*	*T* 值	样本量（个）
Panel C　第三阶段：公布当选院士名单			
CAR（−1，1）	0.012 6	2.08**	40
CAR（−1，0）	0.007 1	1.77*	40
CAR（0，1）	0.011 2	2.00*	40
Panel D　第三阶段：公布当选院士名单			
AR（−2）	−0.000 3	−0.142	40
AR（−1）	0.001 4	0.611	40
AR（0）	0.005 7	1.707*	40
AR（+1）	0.005 5	1.582	40
AR（+2）	−0.000 7	−0.218	40

三、影响机制分析

R&D 资金是公司创新的重要基础，而较严格的融资约束则会阻碍公司创新（Acharya and Xu，2016）。于蔚等（2012）的研究表明，政治关联可以通过信息鉴证效应来缓解民营公司的外部融资约束，那么院士高管是否同样可以缓解公司融资约束进而促进公司创新呢？如果可以，院士高管发挥信息鉴证效应的具体渠道又是什么？

为了回答第一个问题，我们首先根据公司融资约束程度对样本进行分组回归，以观察院士高管的信息鉴证效应在面临不同融资约束程度的公司中是否存在显著差异。借鉴魏志华等（2014）的做法，我们根据经营性现金流、现金股利、现金持有、资产负债率和托宾 *Q* 这 5 个指标构建了 *KZ* 指数，来衡量公司的融资约束程度。*KZ* 指数越大，表明面临的融资约束程度越高。我们根据 *KZ* 指数是否大于样本中值将样本分为融资约束组和非融资约束组，分组回归结果见表 6－8 前四列。由第（1）和第（2）列可知，在非融资约束组中，*LIST*×*POST* 的回归系数仅分别为 0.034 0 和−0.039 5，且均不显著。而在融资约束组中，回归系数分别为 0.314 8 和 0.273 5，是非融资约束组的近 10 倍，且均在 10%的水平上显著，从而表明院士高管可以缓解融资约束对公司创新的制约作用。

此外，如果院士高管确实能够缓解公司的融资约束，那么有理由相信，拥有院士高管后带来的增量资金必然会提高公司未来的 R&D 支出，进而促进公司创新。为检验这一推论，我们设定模型（6－2），以公司未来一年的 R&D 支出为被解释变量，具体构建了两个指标：研发强度（*RD_Asset*），定义为 R&D 支出与总资产的比值；研发金额（*RD*），定义为 R&D 支出加 1 取自然对数。模型右边与模型（6－1）完全一致，同样采用双重差分模型，回归结果见表 6－8 中的第（5）和第（6）列。可以看出，*LIST*×*POST* 的回归系数分别为 0.009 4 和 0.241 0，且至少在 5%的水平上显著，表明院士高管确实提高了公司未来一年的 R&D 支出，进一步支持了院士高管存在信息鉴证效应这一观点。

$$RD\_Asset_{i,t+1} \mid RD_{i,t+1} = \beta_0 + \beta_1 LIST_{i,t} \times POST_{i,t} + \gamma Controls_{i,t} + \beta_t + \alpha_i + \varepsilon_{i,t} \quad (6-2)$$

表 6－8　院士高管发挥信息鉴证效应的渠道的检验结果

	非融资约束组		融资约束组		R&D 支出	
	PAT1 (1)	*PAT2* (2)	*PAT1* (3)	*PAT2* (4)	*RD_Asset* (5)	*RD* (6)
LIST×*POST*	0.034 0 (0.21)	−0.039 5 (−0.22)	0.314 8* (1.77)	0.273 5* (1.70)	0.009 4*** (3.64)	0.241 0** (2.12)
SOE	−1.545 7 (−1.07)	0.129 0 (0.09)	−0.511 9 (−1.57)	0.285 1 (1.25)	0.009 1** (2.14)	−0.160 3 (−0.64)
Cr1	0.005 1 (0.51)	−0.001 9 (−0.21)	0.007 6 (0.70)	0.001 2 (0.09)	0.000 3 (1.27)	−0.001 4 (−0.10)
Size	0.172 5 (0.96)	0.049 2 (0.27)	0.360 3*** (2.59)	0.131 2 (0.96)	−0.001 4 (−0.66)	0.642 2*** (4.81)
DebtRatio	1.048 0* (1.80)	0.775 1 (1.24)	−1.027 5* (−1.88)	−0.461 6 (−0.86)	0.009 1 (0.97)	0.088 8 (0.25)
SaleGrowth	−0.036 5 (−0.25)	−0.070 9 (−0.49)	0.039 9 (0.28)	0.142 2 (0.95)	0.002 1 (1.44)	0.103 7 (1.12)
IndDirRatio	−0.080 8 (−0.07)	1.132 6 (0.88)	−0.589 5 (−0.58)	1.561 1 (1.64)	−0.006 4 (−0.40)	−0.247 8 (−0.25)
Tangibility	0.569 9 (0.57)	−0.051 2 (−0.05)	−0.734 0 (−0.97)	−0.388 0 (−0.57)	0.012 7 (1.18)	0.401 0 (0.87)
Cashflow	1.930 7* (1.85)	2.135 9** (2.15)	1.172 6 (1.34)	−0.086 0 (−0.10)	0.002 6 (0.30)	0.005 6 (0.01)
_cons	−2.540 7 (−0.64)	−0.202 0 (−0.05)	−6.826 5** (−2.32)	−3.509 1 (−1.22)	0.022 2 (0.51)	3.991 5 (1.35)

续表

	非融资约束组		融资约束组		R&D 支出	
	*PAT*1 (1)	*PAT*2 (2)	*PAT*1 (3)	*PAT*2 (4)	*RD_Asset* (5)	*RD* (6)
年度固定效应	YES	YES	YES	YES	YES	YES
公司个体固定效应	YES	YES	YES	YES	YES	YES
样本量（个）	466	466	467	467	468	468
调整的 R^2	0.835	0.836	0.848	0.870	0.833	0.916

说明：R&D 支出数据来自 CSMAR 数据库，从 2007 年开始，但存在较多缺漏值，因此对应的研究样本大幅减少。

下面我们将试图回答第二个问题，即分析院士高管发挥信息鉴证效应的具体渠道。于蔚等（2012）的研究表明，政治关联通过发送关于公司未来业绩的积极信号，减少了资金供求双方的信息不对称，进而缓解了公司融资约束。院士高管同样是一种有效的信号：作为我国最优秀的科学家和学术权威群体，两院院士这一宝贵身份的背书，可以向外部投资者发送积极的声誉信号并产生信息鉴证效应，从而有利于降低公司的信息不对称程度和外部融资成本，缓解融资约束。为了检验院士高管是否通过信息鉴证效应降低了外部融资成本，我们设定如下模型：

$$\begin{aligned} DebtCost_{i,t+1} = \beta_0 &+ \beta_1 LIST_{i,t} \times POST_{i,t} + \beta_2 SOE_{i,t} \\ &+ \beta_3 Size_{i,t} + \beta_4 Cr1_{i,t} + \beta_5 Tangibility_{i,t} \\ &+ \beta_6 MarketIndex_{i,t} + \beta_7 IndDirRatio_{i,t} \\ &+ \beta_8 ROA_{i,t} + \beta_t + \alpha_i + \varepsilon_{i,t} \end{aligned} \qquad (6-3)$$

模型（6－3）的被解释变量为未来一年的债务融资成本（*DebtCost*），定义为利息支出除以长短期债务总额的平均值（周楷唐等，2017）。在模型右边我们加入了交叉项 $LIST \times POST$ 以及其他可能影响债务融资成本的变量，包括是否为国有企业（*SOE*）、公司规模（*Size*）、股权集中度（*Cr*1）、固定资产比率（*Tangibility*）、市场化程度（*MarketIndex*）①、独立董事比例（*IndDirRatio*）、总资产收益率（*ROA*），同时控制了年度固定效应和公司个体固定效应，回归结果见表 6－9 前两列。在第（1）列中，我们未加入任何控制变量，可见 $LIST \times POST$ 的系数在 5%的水平上显著为负。在第（2）列中，在加入了一系列控制变量后，$LIST \times POST$ 的系数依然在 5%的水平上显著为负，表明院士高管显著降低了债

① 数据来自王小鲁等（2017）的市场化指数。

务融资成本，支持了信息鉴证效应的存在。

除了能够降低外部融资成本外，院士高管的信息鉴证是否还通过降低创新项目和政府创新补贴资金审批的信息不对称程度，增加了公司获得的政府补助呢？已有研究发现：政府补助是缓解公司融资约束、促进公司创新的重要手段（Bronzini and Piselli，2016；Howell，2017），在我国上市公司财务报表附注的政府补助项目明细中，多见诸如"科技三项经费""科研拨款""自主创新专项基金""研发投入补贴拨款项目"等科研补助项目。如果院士高管确实为公司带来了更多的科研项目和科研资金，那么我们可以预期至少一部分是以政府补助的形式流入公司的。

表 6-9　　院士高管发挥信息鉴证效应的具体渠道

	DebtCost (1)	*DebtCost* (2)	*Sub_Asset* (3)	*Sub* (4)	*Sub_Asset* (5)	*Sub* (6)
LIST×POST	−0.026 2** (−2.23)	−0.023 6** (−2.00)	0.003 2** (2.45)	0.472 5*** (3.07)	0.003 3*** (2.59)	0.488 2*** (3.07)
SOE		0.019 6 (1.14)			0.000 4 (0.29)	−0.653 1*** (−2.86)
Size		0.031 8** (2.51)			−0.000 7 (−0.73)	0.705 4*** (5.24)
ROA		0.326 1** (2.21)			0.005 6 (0.67)	2.042 1* (1.84)
MarketIndex		−0.004 4 (−0.24)			−0.000 3 (−0.35)	−0.042 6 (−0.34)
Cr1		−0.001 1 (−1.32)				
Tangibility		−0.021 7 (−0.34)				
IndDirRatio		0.073 7 (0.68)				
DebtRatio					−0.001 2 (−0.43)	0.452 9 (0.97)
SaleGrowth					−0.000 5 (−0.64)	−0.177 4 (−1.25)
ManageCost					0.021 7* (1.90)	0.580 3 (0.33)

续表

	DebtCost (1)	*DebtCost* (2)	*Sub _ Asset* (3)	*Sub* (4)	*Sub _ Asset* (5)	*Sub* (6)
_ *cons*	0.020 9 (0.81)	−0.668 7** (−2.43)	0.002 5*** (5.51)	17.065 7*** (253.92)	0.015 4 (0.68)	1.660 7 (0.50)
年度固定效应	YES	YES	YES	YES	YES	YES
公司个体固定效应	YES	YES	YES	YES	YES	YES
样本量（个）	758	758	731	731	731	731
调整的 R^2	0.428	0.444	0.522	0.773	0.525	0.786

说明：政府补助数据来自万得数据库，从 2007 年开始。

为检验以上推论，我们设定了模型（6－4），以公司未来一年获得的政府补助为被解释变量，具体构建了两个指标：政府补助强度（*Sub _ Asset*），定义为政府补助与总资产的比值；政府补助金额（*Sub*），定义为政府补助加 1 取自然对数。在解释变量中，除了交叉项 *LIST*×*POST* 外，我们还控制了以下可能影响政府补助的变量（步丹璐和狄灵瑜，2017）：是否为国有企业（*SOE*），国有企业往往可以获得更多的政府补助；市场化程度（*MarketIndex*），所在地区的市场化程度越高，公司获得的政府补助越少；管理费用（*ManageCost*），公司的管理费用越高，寻租费用以及通过寻租获得的政府补助就越多。模型还控制了其他主要财务特征变量和年度固定效应、公司个体固定效应，回归结果见表 6－9 后四列。其中第（3）和第（4）列为未加入控制变量的回归结果，可见 *LIST*×*POST* 的系数均显著为正。第（5）和第（6）列进一步加入了一系列控制变量，*LIST*×*POST* 的系数均在 1%的水平上显著为正。以上结果表明：院士高管显著增加了公司未来一年获得的政府补助，从而缓解了公司的融资约束并促进了公司创新。

$$
\begin{aligned}
Sub\_Asset_{i,t+1}|Sub_{i,t+1} = {} & \beta_0 + \beta_1 LIST_{i,t} \times POST_{i,t} \\
& + \beta_2 SOE_{i,t} + \beta_3 Size_{i,t} \\
& + \beta_4 DebtRatio_{i,t} \\
& + \beta_5 SaleGrowth_{i,t} \\
& + \beta_6 MarketIndex_{i,t} \\
& + \beta_7 ManageCost_{i,t} + \beta_8 ROA_{i,t} \\
& + \beta_t + \alpha_i + \varepsilon_{i,t}
\end{aligned} \qquad (6-4)
$$

四、异质性分析

下面我们进一步考察公司的异质性特征对院士高管的信息鉴证效应的影响，具体包括政治关联、股权属性、行业性质和制度环境四个方面。

第一，政治关联，即是政治关联公司还是非政治关联公司。同院士高管一样，政治关联同样可以发挥信息鉴证效应。因此我们预期：相对于非政治关联公司，在政治关联公司中，院士高管对公司创新的边际影响将会减弱。我们用董事长或总经理是否具有政府背景来衡量公司的政治关联（*PC*），定义为：如果有任何一人有政府背景，则取值为 1，否则取值为 0。我们在模型（6－1）中进一步引入政治关联变量及其和 *LIST*×*POST* 的交叉项（*PC*×*LIST*×*POST*），回归结果见表 6－10 前两列。可以看出，*PC*×*LIST*×*POST* 的系数为负，但并不显著，表明是否具有政治关联并不会显著影响院士高管对公司创新的作用。

第二，股权属性，即是国有企业还是非国有企业。国有企业既有可能因为面临更弱的融资约束而弱化了院士高管带来的边际利益，也有可能因为能够为院士高管更为方便地提供政府扶持而强化了院士高管带来的利益，因此，对于股权属性对院士高管的信息鉴证效应的影响我们不做预测。在模型（6－1）中进一步加入股权属性变量与 *LIST*×*POST* 的交叉项（*SOE*×*LIST*×*POST*），回归结果见第（3）和第（4）列。可以看出，*SOE*×*LIST*×*POST* 的系数分别在 5%和 1%的水平上显著为正，表明在国有企业中，院士高管对公司创新的促进效应更为显著，从而支持了有关政府“扶持之手”的推论。

第三，行业性质，即是高科技公司还是一般公司。技术创新是高科技公司的核心竞争力，因此高科技公司对研发资金的需求更为强烈，因而院士高管对高科技公司的信息鉴证效应也更为显著。我们根据国家统计局发布的《高技术产业（制造业）分类（2017）》定义高科技公司虚拟变量（*HighTech*），对于处于医药制造、航空、航天器及设备制造等行业的公司样本取值为 1，否则取值为 0。在模型（6－1）中进一步加入高科技公司虚拟变量及其和 *LIST*×*POST* 的交叉项（*HighTech*×*LIST*×*POST*），回归结果见第（5）和第（6）列。可以看出，*HighTech*×*LIST*×*POST* 的系数均在 1%的水平上显著为正，表明院士高管对高科技公司创新的促进效应更为显著。

第四，制度环境。研发资金等创新资源对公司创新的影响还会受到制度环境的影响（Barasa et al.，2017）。一方面，好的制度环境可以通过知识产权保护等机制为公司创新提供制度保障（吴超鹏与唐菂，2016），因此，在制度环境好的地区院士高管可能会更好地促进公司创新；另一方面，在制度环境不好的地区，例如，在知识产权保护相对较弱的法治环境下，管理者更倾向于对创新想法进行保密，防止因创新想法外泄导致竞争对手的模仿，因而面临更为严重的信息不对称。此时院士高管通过信息鉴证效应缓解公司信息不对称和融资约束的边际作用就更大，能有效弥补正式制度（如法律和知识产权制度等）的不足。我们根据王小鲁等（2017）的市场化指数构建了制度环境虚拟变量（*MarketIndex*），对于市场化指数大于中值的样本取值为1，否则取值为0。在模型（6－1）中加入制度环境虚拟变量及其和 $LIST \times POST$ 的交叉项（$MarketIndex \times LIST \times POST$），回归结果见第（7）和第（8）列。可以看出，$MarketIndex \times LIST \times POST$ 的系数为正，但并不显著，表明制度环境的好坏并不会显著影响院士高管对公司创新的促进作用。

五、其他稳健性检验

1. 平行趋势检验

双重差分模型估计无偏的一个前提条件是满足平行趋势假设，即处理组和控制组公司的专利申请数量应在院士增选冲击之前保持相同的变化趋势，否则可能会高估或低估院士高管对公司创新的影响。为验证平行趋势假设，我们将考察院士高管对公司创新影响的动态效应和时间趋势，具体设定如下模型：

$$
\begin{aligned}
PAT1_{i,t+1} \mid PAT2_{i,t+1} = {} & \beta_0 + \beta_1 LIST_{i,t} \times POST_{i,t}^{-2} \\
& + \beta_2 LIST_{i,t} \times POST_{i,t}^{-1} \\
& + \beta_3 LIST_{i,t} \times POST_{i,t}^{0} \\
& + \beta_4 LIST_{i,t} \times POST_{i,t}^{+1} \\
& + \beta_5 LIST_{i,t} \times POST_{i,t}^{\geqslant +2} \\
& + \gamma Controls_{i,t} + \beta_t + \alpha_i + \beta_{i,t} \qquad (6-5)
\end{aligned}
$$

模型（6－5）中，被解释变量是专利申请数量的未来一期值。在模型右边，我们新构建了5个虚拟变量，其中 $POST^{-2}$ 和 $POST^{-1}$ 分别定义为公司高管当选院士前的第2年和第1年取值为1，否则取值为0。$POST^{0}$ 和 $POST^{+1}$ 分别定义为公司高管当选院士后的第0年和第1年取值为1，否则取值为0。$POST^{\geqslant +2}$ 定义为公司高管当选院士后的第2年及后续年度取值为1，否则取值为0。$LIST \times POST^{j}$ 的回归系数反映了与公司高管当选当年相比，在公司高管当选院士的第 j 年，处理组和控制组公司专利申请数量的变化趋势是否存在显著差异。回归结果见表6－11。可以看出，

表 6-10　异质性分析结果

	*PAT*1 (1)	*PAT*2 (2)	*PAT*1 (3)	*PAT*2 (4)	*PAT*1 (5)	*PAT*2 (6)	*PAT*1 (7)	*PAT*2 (8)
PC×*LIST*×*POST*	−0.043 0 (−0.23)	−0.203 6 (−1.00)						
SOE×*LIST*×*POST*			0.564 6** (2.47)	0.650 1*** (2.67)				
HighTech×*LIST*×*POST*					0.765 7*** (3.74)	0.864 6*** (3.62)		
MarketIndex×*LIST*×*POST*							0.110 6 (0.65)	0.225 3 (1.30)
PC	0.063 0 (0.48)	0.269 4 (1.61)						
HighTech					2.339 5*** (2.69)	−0.010 9 (−0.01)		
MarketIndex							0.097 2 (0.82)	0.120 2 (0.99)
LIST×*POST*	0.295 8*** (2.76)	0.319 2*** (2.99)	−0.184 1 (−0.87)	−0.263 5 (−1.13)	0.077 1 (0.68)	0.041 9 (0.39)	0.228 9 (1.49)	0.161 3 (1.09)
SOE	−0.487 4* (−1.70)	0.292 3 (1.50)	−0.607 4* (−1.93)	0.142 3 (0.66)	−0.500 7* (−1.76)	0.265 3 (1.40)	−0.489 3* (−1.70)	0.278 0 (1.45)
*Cr*1	0.012 3* (1.77)	0.003 1 (0.45)	0.012 9* (1.85)	0.003 9 (0.57)	0.013 7** (2.00)	0.004 9 (0.72)	0.012 7* (1.84)	0.003 8 (0.55)

续表

	*PAT*1 (1)	*PAT*2 (2)	*PAT*1 (3)	*PAT*2 (4)	*PAT*1 (5)	*PAT*2 (6)	*PAT*1 (7)	*PAT*2 (8)
Size	0.278 8*** (2.84)	0.145 4 (1.40)	0.284 7*** (2.91)	0.154 3 (1.50)	0.314 8*** (3.20)	0.188 2* (1.85)	0.282 7*** (2.87)	0.156 0 (1.51)
DebtRatio	0.478 9 (1.50)	0.404 3 (1.22)	0.428 6 (1.35)	0.341 1 (1.02)	0.321 0 (1.01)	0.220 7 (0.67)	0.465 0 (1.45)	0.384 5 (1.15)
SaleGrowth	0.067 8 (0.79)	0.135 2 (1.52)	0.066 6 (0.78)	0.135 5 (1.51)	0.043 2 (0.52)	0.109 1 (1.27)	0.066 9 (0.78)	0.134 3 (1.51)
IndDirRatio	0.539 9 (0.83)	1.946 8*** (2.93)	0.546 9 (0.85)	1.948 2*** (2.95)	0.442 1 (0.68)	1.829 7*** (2.76)	0.594 5 (0.91)	2.018 0*** (3.01)
Tangibility	−0.035 9 (−0.07)	−0.309 0 (−0.60)	−0.031 2 (−0.06)	−0.313 0 (−0.61)	0.180 7 (0.35)	−0.073 8 (−0.15)	0.044 2 (0.08)	−0.195 3 (−0.38)
Cashflow	0.830 5 (1.57)	0.565 4 (1.06)	0.851 9 (1.61)	0.593 0 (1.10)	0.814 3 (1.55)	0.550 1 (1.04)	0.869 5 (1.64)	0.625 1 (1.17)
_*cons*	−5.322 0** (−2.47)	−4.061 3* (−1.89)	−5.402 5** (−2.50)	−4.216 4** (−1.96)	−8.414 1*** (−2.98)	−4.963 0* (−1.78)	−5.510 0** (−2.57)	−4.430 3** (−2.07)
年度固定效应	YES	YES	YES	YES	YES	YES	YES	YES
公司个体固定效应	YES	YES	YES	YES	YES	YES	YES	YES
样本量（个）	942	942	942	942	942	942	942	942
调整的 R^2	0.832	0.845	0.833	0.845	0.835	0.847	0.833	0.845

$LIST \times POST^{-2}$和$LIST \times POST^{-1}$的回归系数均不显著，表明在高管当选院士之前，处理组和控制组公司专利申请数量的变化趋势并不存在显著差异，从而通过了平行趋势检验。

表 6-11　　平行趋势检验结果

	*PAT*1 (1)	*PAT*2 (2)
$LIST \times POST^{-2}$	−0.029 8 (−0.16)	0.034 0 (0.22)
$LIST \times POST^{-1}$	0.222 1 (1.40)	0.183 2 (1.08)
$LIST \times POST^{0}$	0.331 9** (2.57)	0.330 7** (2.40)
$LIST \times POST^{+1}$	0.360 5*** (2.68)	0.364 0** (2.51)
$LIST \times POST^{\geqslant +2}$	0.359 8** (2.16)	0.341 5* (1.89)
SOE	−0.485 8* (−1.70)	0.278 5 (1.48)
*Cr*1	0.013 1* (1.89)	0.004 1 (0.58)
Size	0.283 4*** (2.89)	0.153 5 (1.49)
DebtRatio	0.489 3 (1.53)	0.411 6 (1.23)
SaleGrowth	0.056 3 (0.66)	0.128 3 (1.42)
IndDirRatio	0.538 0 (0.83)	1.926 3*** (2.89)
Tangibility	−0.009 1 (−0.02)	−0.291 7 (−0.56)
Cashflow	0.821 1 (1.54)	0.562 4 (1.04)
_*cons*	−5.413 8** (−2.52)	−4.244 2** (−1.98)

续表

	*PAT*1 (1)	*PAT*2 (2)
年度固定效应	YES	YES
公司个体固定效应	YES	YES
样本量（个）	942	942
调整的 R^2	0.832	0.844

此外，从高管当选院士的当年开始，$LIST \times POST^j$（$j \geqslant 0$）的回归系数均显著为正，表明高管当选院士的外生冲击确实从高管当选的当年开始对公司创新产生了显著的促进作用，从而清晰地揭示了院士高管与公司创新之间在时序上的因果关系。

2. 进一步控制参选高管的科研成果

在前文中，我们用任上参选但落选的公司高管任期内的年度样本作为控制组进行回归，虽然这样可以一定程度上保证处理组样本和控制组样本尽可能"相似"，但仍然有可能出现当选高管的科研能力和创新成果显著优于落选高管的情况。为此，我们统计了当选高管和落选高管的 *H* 指数，发现当选高管的 *H* 指数均值为 10.890（共 36 个观测样本），略高于落选高管的 8.531（共 228 个观测样本），但均值差异在统计上并不显著。

为了使研究结论更为可靠，下面我们将进一步控制参选高管的科研成果（*H-Index*）的影响。一方面，我们将控制组样本替换为当年已有高管当选院士的公司年度样本①，共得到 1 030 个控制组样本，并代入模型（6－1）中进行回归，结果见表 6－12 的第（1）和第（2）列。可以看出，*LIST*×*POST* 的系数和 *t* 值均有所下降，但依然显著为正。另一方面，我们在模型（6－1）中进一步控制了参选高管的科研成果，该变量定义为参选高管在选举当年的 *H* 指数加 1 再取自然对数。回归结果见第（3）和第（4）列，由于 *H* 指数存在较多的缺漏值，样本量减少为 836 个。可以看出，在控制了参选高管的 *H* 指数后，*LIST*×*POST* 的系数依然分别在 1%和 5%的水平上显著为正。以上结果表明，即使在考虑和控制了参选高管的科研成果后，本小节的结论依然稳健。

① 若公司当年的董事、监事和高级管理人员中至少有一人已当选（或截至 2016 年年底已当选）两院院士，则定义为控制组样本。

表 6-12　　进一步控制参选高管的科研成果的检验结果

	重新构建控制组样本		控制参选高管的科研成果	
	PAT1 (1)	*PAT2* (2)	*PAT1* (3)	*PAT2* (4)
LIST×POST	0.253 5** (2.38)	0.191 3* (1.76)	0.334 0*** (2.68)	0.296 1** (2.31)
H-Index			0.270 8** (2.24)	0.115 6 (0.85)
SOE	0.129 0 (0.30)	1.074 3*** (3.21)	−0.671 3** (−2.27)	0.217 3 (1.03)
Cr1	−0.001 1 (−0.15)	−0.003 2 (−0.47)	0.016 3** (2.23)	0.005 6 (0.77)
Size	0.333 4*** (2.91)	0.217 5* (1.96)	0.316 8*** (3.11)	0.176 2 (1.62)
DebtRatio	0.116 8 (0.34)	0.195 2 (0.57)	0.463 6 (1.39)	0.416 1 (1.17)
SaleGrowth	0.107 8 (1.24)	0.229 8** (2.35)	0.046 0 (0.49)	0.139 0 (1.41)
IndDirRatio	−0.948 7 (−1.44)	0.412 9 (0.59)	0.465 7 (0.69)	1.922 1*** (2.82)
Tangibility	−0.209 7 (−0.45)	−0.809 1* (−1.68)	0.105 5 (0.19)	−0.255 2 (−0.46)
Cashflow	0.588 2 (1.13)	0.178 3 (0.34)	1.062 5* (1.92)	0.780 5 (1.39)
_cons	−4.958 3** (−2.20)	−4.355 0** (−2.00)	−6.204 1*** (−2.69)	−4.137 9* (−1.77)
年度固定效应	YES	YES	YES	YES
公司个体固定效应	YES	YES	YES	YES
样本量（个）	1 030	1 030	836	836
调整的 R^2	0.822	0.830	0.837	0.847

第五节　研究结论与政策启示

科学家通常拥有较高的声望和知名度，导致资金、人才等创新资源向科学家及所在组织集聚（Merton，1968；Azoulay et al.，2014）。然而，尽管已有文献分别考察了政治关联、校友关联和同乡关联的经济影响，但是对于和科学家建立关联是否会对公司创新产生重要的资源效应以及发挥影响的具体渠道是什么这两个问题，目前仍然缺乏相关的实证证据。本章利用历届院士增选事件的准自然实验，应用双重差分模型研究了公司高管当选院士后形成的院士关联对所在公司创新的影响，实证检验支持院士关联带来的资源效应，即公司建立院士关联后专利申请总数和发明专利申请数量分别有较大幅度增加，并且当选院士的科研成果的影响力越大（H 指数越高），院士关联的资源效应就越显著。相对于外部独立董事，公司内部高管当选院士后发挥的资源效应更为显著。研究同时发现，资源效应主要通过资金渠道促进了公司创新，具体表现为院士关联缓解了融资约束对公司创新的制约作用，并显著增加了公司未来的研发投入。背后的作用机制为：一方面，院士关联可以发挥积极的信号作用，从而显著降低公司的债务融资成本；另一方面，院士关联显著增加了公司获得的政府补助，从而引起了研发资金等创新资源的集聚。

本章研究的政策含义在于：第一，针对公司科学家促进公司创新的已有研究发现，公司兼职科学家更多通过发表高水平论文并带动公司合作者申请更多专利促进公司创新（Furukawa and Goto，2006），并且从事基础科研的科学家和实用技术人才的合作成为公司创新的关键（Ali and Gittelman，2016）。本章研究则揭示了公司兼职科学家因为获得国家授予的院士身份而发挥资源效应并推动公司创新的机制。这一研究在一定程度上实证检验了 Fisman 等（2018）提出的院士资源效应，并提供了其发挥积极作用的实证证据。依据作者有限的知识，尽管桥梁科学家（Meyer，2006）和明星科学家（Hess and Rothaermel，2011）促进创新的作用在已有文献中得到了较为充分的研究，但是因为院士身份在中国具有独特的社会政治地位，所以其有可能为公司创新提供资金便利甚至财政支持这一“院士关联”的价值，在实证研究中还是首次得到充分探讨。第二，在多数已有研究发现政府针对公司创新的资金支持政策效应并不显著的背景下，本章研究发现，资金推动公司创新的资源效应如果是来自公司高管当选院士，那么公司拥有新晋院士高管从而获得政府资金支持对于推动公司创新的效应显著。因此，本章研究为准确评估政府针对企业创新的资金支持政策发挥作用提供了新的启示，即，如果政府的资金支持政策能够与公司拥有的顶尖科学家资源相结合，则有可能发挥有效促进公司创新的作用。因此本章研究支持了以下观点：政府针对企业创新的资金支持政策应该设定一定的条件，即必须以公司拥有一定数量和质量的科研人员为申请相关创新支持资金资助的前提条件。第三，长期以来，身份效应始终是社会科学研究的热点（Merton，1968），近年来管理学和经济学也日益重视身份效应在组织管理和资源分配中的作用，Bol 等（2018）和 Azoulay 等（2014）都讨论了科学家入选杰出学会会员后获得的资源效应，即科学家身份地位的提高会大幅增加之前所发表的文章的引用量以及科研资助。不同于上述研究更多是讨论身份效应对科学家个体自身的影响，本章的研究更多是关注高管当选院士对公司创新发挥的资源效应，即院士身份对其关联公司的影响，因此可以视作进一步提供了对默顿（1968）提出的身份效应的来自经济学和管理学领域的实证证据。

最后，我们对如何进一步拓展本章的研究主题给出部分展望，期待在科学家如何影响公司创新这一研究方向上能够涌现出更多高质量研究成果。我们在本章的研究中聚焦的主题是院士身份是否有可能为公司创新带来资源效应，希望最大限度地利用历届院士增选的准自然实验，较为“干净”地识别出院士身份产生的资源效应和对公司创新的影响。尽管这一资源效应显著，但它仍然属于科学家影响公司产出的间接效应，如果能够有效度量科学家自身科研活动对公司创新的直接影响，也许具有更为重要的研究意义。但是解决这一问题的关键仍然在于寻找合适的实证研究环境以识别内在的因果关系：究竟是创新实力更强的公司和院士建立关联，还是院士促进了公司增强创新能力，抑或其他因素导致公司既有能力开展更成功的创新活动同时也更容易和院士建立关联？Zucker 与 Darby（1996）采取的识别策略是检索所有科学家发表的论文并对科学家与合作公司的研究人员共同发表的论文进行识别，其实证结果表明：科学家与合作公司的研究人员共同发表的论文每增加 5 篇，平均而言将增加 5 项在研产品和 3.5 项推向市场的产品以及 860 名雇员。如果未来在此研究方向上寻找突破的话，需要投入更多的精力和时间对院士科学家发表的论文进行更为细致的分类，这有可能进一步打开科学家参与公司创新的“黑箱”，并得出有意义的研究成果。

第七章　科学家独立董事的公司创新效应

在国内，知名创新型公司聘请相关领域的科学家担任独立董事（简称独董）已是普遍事实，例如京东方的液晶物理理论专家、中国科学院院士欧阳钟灿，青岛海尔的自动控制专家、中国工程院院士吴澄，以及上汽集团的机械工程专家、中国工程院院士林忠钦等。

学术界也在越来越多地关注独董的异质性特征如女性、行业专家、有政治关联等对独董职能发挥的影响（Bennouri et al.，2018；Adams et al.，2018；Fedaseyeu et al.，2018；Drobetz et al.，2018）。本章试图从公司创新的视角切入，通过研究院士及其候选人这类科学家群体担任独立董事发挥的职能，来具体考察科学家在中国情境下发挥的作用。具体而言，本章利用 2001—2016 年 A 股上市公司的数据进行了研究，发现：（1）科学家独立董事与公司创新显著正相关，在控制了公司个体固定效应、PSM 法和 Heckman 两阶段法等一系列稳健性检验后，该结论依然成立；（2）科学家独董的任期越长、兼职公司数量越多，对公司创新的促进作用越大，女性科学家独董可以更好地促进公司创新，但具有海外经历的科学家并没有更有效地发挥作用；（3）进一步的机制分析表明，科学家独董通过战略咨询、创新资源集聚和产学研合作三条渠道促进了公司创新。

本章的潜在贡献包括以下几个方面：首先，本章深入考察了科学家担任独立董事发挥的作用和对公司创新的影响。其次，本章进一步丰富了独立董事背景特征与职能发挥方面的研究。鉴于对独立董事能否有效发挥职能的巨大争议（叶康涛等，2011；唐雪松等，2010；黄海杰等，2016；罗进辉，2014），学术界开始从独立董事的行政背景（谢志明与易玄，2014）、异地社会网络背景（刘春等，2015）、银行背景（刘浩等，2012）和技术背景（胡元木与纪端，2017；胡元木，2012）等个体背景特征出发，研究独立董事的资源支持效应和职能发挥效果。本章进一步拓展了该领域的研究边界，发现科学家独立董事可以通过战略咨询、创新资源集聚两条渠道促进公司创新。

本章结构如下：第一节在文献综述和理论推演的基础上提出研究假设；第二节进行实证分析；第三节对科学家独立董事的公司创新效应进行机制分析；最后总结全文。

第一节 科学家独立董事的公司创新效应的理论推演与研究假设

一、文献综述

1. 国外文献中关于科学家研究的梳理

正如本书第二章的理论梳理部分所述，科学家在公司创新活动中可能发挥的作用体现在以下几个方面：

（1）专家效应。科学家往往是一个领域的权威和专家，大部分科研产出和创新成果经常来自极少数科学家。Kehoe 等（2016）发现，有些不易编码的知识由于其隐秘性和复杂性传播成本非常大，从而紧紧依附在发明者本人的人力资本上。Song 与 Almeida（2003）和 Palomeras 与 Melero（2011）发现：科学家的加入不仅能让企业迅速提升人力资本水平，而且能让企业获得他们的创新想法和知识储备，并进一步开发和应用。例如，Singh 与 Agrawal（2011）发现：公司确实增加了对新加入科学家先前的创新思想和发明成果的开发和和应用，增幅高达 219%，其中近一半的开发应用来自发明人本身。公司合作网络越好，发明人的知识扩散效果越好，并且这种作用具有长期持续性（Singh and Agrawal，2011）。

（2）资源集聚效应。Agrawal 等（2014，2017）发现：科学家的加入既会提高组织中已有科技人员的生产率，还会借助其在社会上较高的可见度和知名度吸引后续其他高水平科学家的加入，由此提升了组织团队的整体水平和生产效率，且后者的影响机制占主导地位。此外，科学家的身份地位不仅能吸引高层次人才的集聚，还能吸引其他科研项目、资金等创新资源的集聚。

（3）桥梁效应。科学家的创新产出越高，距离社会网络中心的距离就越近，从而拥有的合作者、获取的信息都越多，且对网络中的知识流动控制得越好。Hess 与 Rothaermel（2011）和 Furukawa 与 Goto（2006）发现，公司中的科学家凭借与外界社会网络和学术圈的广泛交流，为公司内的合作者引入了大量外部知识，从而对合作者的专利申请数量有着显著的促进作用。这表明科学家实际上发挥着桥梁和中央管道的作用，他们将外部知识引入公司内部，促进了公司创新。

2. 独立董事职能发挥的相关研究

关于独立董事能否有效发挥监督职能，学者之间存在很大的争议。支持者认为，独立董事可以在声誉机制的作用下有效发挥监督职能，降低代理成本。例如，黄海杰等（2016）和叶康涛等（2011）发现：声誉机制能激励独立董事维持其独立性，提高公司的会计信息披露质量，从而保护中小股东利益。叶康涛、祝继高、陆正飞与张然（2011）发现：当公司面临危机时，独立董事能够有效发挥监督作用，缓解代理问题，提高公司价值，其中声誉机制发挥了重要作用。然而反对者则认为，在中国独立董事人力资本市场尚未真正建立起来的背景下，独立董事并不具备强烈的职业声誉激励。声誉机制不但没有激励独立董事发挥积极的监督职能，反而在一定程度上加剧了公司的治理问题，降低了高管薪酬契约的有效性。罗进辉（2014）和唐雪松、申慧与杜军（2010）发现：独立董事并不存在通过独立意见传递监督声誉的动机，出于避免席位丢失或规避财富损失的动机，独立董事说“不”的可能性很小，独立董事的行为不利于履行监督职责、发挥投资者保护作用。

鉴于对独立董事监督职能的巨大争议，学术界开始研究独立董事的个体背景特征和资源支持效应对职能发挥的影响。例如，魏刚等（2007）发现：独立董事的教育背景对公司业绩并没有正面影响，同时，有政府背景和银行背景的独立董事所占比例越高，公司经营业绩越好。谢志明与易玄（2014）发现：国有企业和民营企业通过选聘有行政背景的独立董事与现任政府或政府官员建立政治关联，以获得政府资源配置优势，这种独立董事选聘的动机集中于资源支持职能，弱化了对监督职能的需求，导致独立董事监督失效。叶青等（2016）同样发现：官员独立董事的价值至少部分来源于给公司带来的税收优惠、财政补贴等公共资源。刘春、李善民与孙亮（2015）发现：当主并公司拥有处于目标公司所在地的异地独董时，异地并购的效率显著更高，异地独董对于异地并购效率的提升作用主要源自其所拥有的本地关系网络，从而揭示了异地独董在运用其社会资本帮助主并公司突破异地并购障碍方面存在中国式的咨询功能。刘浩、唐松与楼俊（2012）发现：有银行背景的独立董事的咨询功能的发挥较为明显，公司的信贷融资得到改善，但监督功能没有明确体现出来，甚至较其他独立董事更弱，说明那些具有关系型资源的独立董事更可能扮演咨询者的角色。胡元木（2012）发现：有技术背景的独立董事加入董事会可以为上市公司提供更多的专业技能、知识和经验等稀缺资源，从而能够提升公司的创新效率。

3. 公司创新的影响因素

公司创新的影响因素研究是近年来经济与金融领域的研究热点，Hong 等（2012）从公司规模、财务能力和公司治理等公司层面特征，公司投资行为、产学研合作和战略管理等公司行为和战略层面特征以及市场结构、制度环境等公司外部环境层面特征对影响公司创新的主要因素进行了系统的归纳。下面我们从内到外、从微观到宏观对影响公司创新的因素进行梳理。

在微观层面，大量学者研究了公司治理、高管激励和高管特性对公司创新的影响。例如，Balsmeier 等（2017）的研究发现，董事会独立性提高的公司治理效应会促使公司高管努力提高创新数量。同时，压力效应会使得高管更加厌恶风险，从而降低了专利质量和新颖性。余明桂等（2016）的研究发现：央企的创新水平在《中央公司负责人经营业绩考核暂行办法》实施后显著提高，表明国有企业通过改变高管的激励机制可以有效提高公司创新效率。Hirshleifer 等（2012）发现：拥有过度自信的 CEO 的公司有着更高的收益波动性，在创新上投入更多，获得的专利数量更多。在中观层面，学者发现：公司所处区域、部门和行业的特征会显著影响公司创新。例如，吴超鹏与唐菂（2016）发现：政府加强知识产权保护执法力度可以显著增加公司专利产出和研发投入，从而提升公司创新能力。张峰等（2016）的研究发现：非正规部门的存在及其灰色竞争行为抑制了正规公司的独立创新，促使其更多地转向模仿。潘越等（2015）的研究发现：公司诉讼风险这一外部不确定性因素对被诉公司创新活动具有显著的影响。在宏观层面，大量研究表明：国家出台的产业政策和法律法规对公司创新有着重要影响。例如，黎文靖与郑曼妮（2016）发现：中国的产业政策对公司创新有着显著的影响，受产业政策激励的公司更倾向于进行策略性创新，追求专利的“数量”而忽略“质量”。倪骁然与朱玉杰（2016）发现：《劳动合同法》的实施对劳动密集型公司的创新投入和创新产出有着显著的促进作用。

二、科学家独董促进公司创新的理论推演与研究假设

根据科学家在公司创新活动中可能发挥的专家效应、资源集聚效应和桥梁效应，我们分别从战略咨询、创新资源集聚和产学研合作三个方面对科学家独董促进公司创新的影响机制进行推演：（1）战略咨询。科学家独

董可以以专业眼光，对公司的发展战略、技术路线等重大问题提供战略服务，发挥战略咨询作用。Francis 等（2015）发现：公司的研发创新活动往往具有风险高、周期长等特点。由于创新失败可能导致辞退、赔偿和声誉受损，因此公司管理层大多表现出风险规避倾向和保守的战略风格，导致研发创新活动减少。如果聘请了相关领域的科学家独董参与董事会决策、提供战略咨询，那么将直接带来两方面的积极影响：一方面，通过顶级科学家对公司研发项目的事前可行性论证和事后跟踪咨询，研发创新活动的不确定性和风险将大大降低，公司创新的成功率将得以提高；另一方面，创新风险的降低将有利于缓解管理层短视现象，使他们敢于加大研发投入，促进公司创新。（2）创新资源集聚。声名显赫的科学家通常拥有更高的声望和可见度，从而导致了创新资源的集聚（Azoulay et al.，2014）。科学家是所在组织吸引其他高层次人才的关键（Waldinger，2016）。科学家会通过其在社会上较高的可见度和知名度吸引后续其他高水平科学家的加入，从而提升了组织团队的整体水平和生产效率（Agrawal et al.，2017）。此外，科学家的身份地位还会导致科研项目、资金等创新资源的集聚。在我国，两院院士等科学家不仅享有崇高的学术地位，而且对科研资金和科研项目有较大的分配权，导致了创新资源向他们倾斜和集聚（Fisman et al.，2018），而这些创新资源正是公司进行技术创新的基石（Barney et al.，2001）。（3）产学研合作。科学家具有较高的可见度，拥有较多的科研成果和社会资本，往往处在社会网络的核心位置，从而在公司、大学和学术圈等社会网络中起着重要的桥梁作用，对于促进公司与外部的交流和产学研合作发挥了尤为重要的作用（Hess and Rothaermel，2011；Furukawa and Goto，2006），从而促进了公司创新。科学家独董促进公司创新的影响机制见图 7－1。

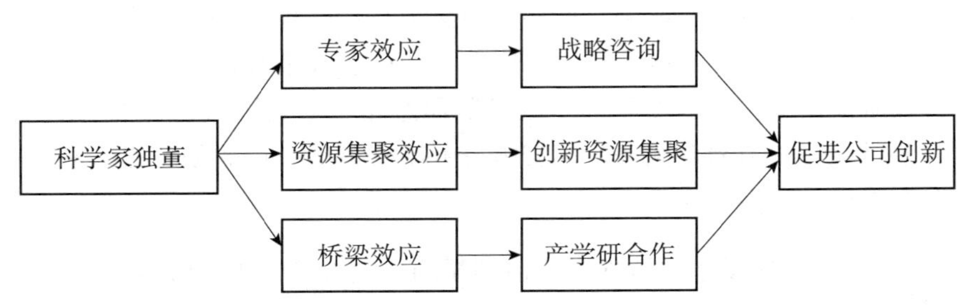

图 7－1 科学家独董促进公司创新的影响机制

基于以上分析，本章提出以下待检验的假设：

$H1$：在其他条件不变的情况下，聘请科学家独立董事的公司的创新水平更高。

此外，从科学家独董的异质性来看，职位任期、兼职公司数量、性别和海外经历等细分特征均有可能影响监督职能的发挥和对公司创新的促进作用。第一，陈冬华和相加凤（2017）的研究表明，独立董事的有效性会通过学习效应随着任期的延长不断提高，因此我们预期上市公司科学家独董的平均任期越长，对公司创新的促进作用越大。第二，关于兼职公司数量对独董监督职能发挥的影响有两种完全对立的观点。一种观点认为，科学家独董兼职公司数量多有可能更好地发挥治理职能，原因包括：一是同时担任多家公司独董表明科学家对于参与公司治理工作有着较大的兴趣及较强的动机；二是同时担任多家公司独董也给科学家发挥相应的治理职能提供了更多的学习机会和决策经验；三是陈运森和谢德仁（2011）发现，同时担任多家公司独董的科学家会通过董事网络提供的社会资本和信息渠道更好地发挥治理作用。但另一种观点则认为，兼任公司数量过多也有可能抑制科学家发挥相应的治理职能，原因是同时担任多家公司独董可能会导致过于忙碌、精力分散。例如，Fich 与 Shivdasani（2010）的研究表明：因兼职多家公司而更加忙碌的董事对公司业绩具有负面效应。因此，科学家独董兼职的公司数量对公司创新的影响是个待检验的实证问题。第三，对于女性独董对公司治理的积极作用，学术界已经取得了广泛共识，例如 Srinidhi 等（2011）发现，女性董事的参与可以提高公司治理水平，提高公司信息透明度和盈余管理质量。因此我们预期：当至少有一个女性科学家独董时，对创新的促进作用会更大。第四，关于海外经历的作用，Giannetti 等（2015）发现，具有海外经历的董事会将海外先进的管理经验和公司治理经验带入公司，从而提高公司创新绩效。因此我们预期：具有海外经历的科学家独董对公司创新的促进作用更大。基于以上分析，本节提出以下待检验的假设：

$H2$：在其他条件不变的情况下，科学家独董的平均任期越长，对公司创新的促进作用越大；

$H3a$：在其他条件不变的情况下，科学家独董兼职的公司数量越多，对公司创新的促进作用越大；

$H3b$：在其他条件不变的情况下，科学家独董兼职的公司数量越少，对公司创新的促进作用越大；

$H4$：在其他条件不变的情况下，科学家独董中至少有一人为女性时，对公司创新的促进作用更大；

$H5$：在其他条件不变的情况下，科学家独董具有海外经历时，对公司创新的促进作用更大。

第二节　科学家独立董事的公司创新效应的实证分析

一、科学家的界定与数据来源

本章将我国的两院院士及其候选人界定为科学家。因为独立董事制度是在 2001 年正式引入的，故本小节选取了 2001—2016 年所有 A 股上市公司作为初始样本，在此基础上剔除了金融行业公司样本、ST 公司样本、PT 公司样本以及相关变量缺失的样本。上市公司专利数据、公司治理数据和政府补助数据来自国泰安数据库，上市公司独立董事名单、员工构成数据来自锐思金融数据库，其他财务数据来自万得数据库。具有院士（候选人）背景的独立董事数据是我们手工搜集整理得到的，具体过程如下：

第一步，统计所有截至 2016 年年底当选的两院院士和 2001—2015 年历届院士增选候选人信息，得到用于后续匹配的院士（候选人）姓名-个人信息表。根据两院官网的信息披露，我们统计了所有院士及其候选人的姓名、年龄、专业及任职单位等个人信息，并且根据这些个人信息进一步识别出了同名不同人（即存在重名现象）的名单。最终得到的院士（候选人）姓名-个人信息表记录了每一个姓名对应的院士（候选人）的基本信息（出生年份、专业、任职单位等），以及该姓名是否存在重名现象等，共 4 865 个不同姓名。

第二步，将院士（候选人）姓名-个人信息表与上市公司独立董事名单按照姓名进行匹配。2001—2016 年上市公司独立董事名单来自锐思金融数据库，记录了上市公司历届独立董事的姓名、性别、出生年份、任期起止日期等信息。匹配过程如下：首先，将院士（候选人）姓名-个人信息表和上市公司独立董事名单按照姓名进行初步匹配。其次，结合万得数据库中的上市公司高管简历，对比上市公司独立董事和院士（候选人）的出生年份、任职单位、专业、学历、籍贯等信息，并在考虑重名现象后，进一步进行精确匹配。最后，结合锐思金融数据库、万得数据库中的高管简历和上市公司年报，我们进一步补全了精确匹配后的院士（候选人）独立董事任期等信息。我们最终得到 589 个公司-院士（候选人）独立董事名单，涉及 358 个不同院士（候选人），分布在 462 家上市公司。

二、主要变量定义

（1）公司创新。关于公司创新的衡量指标，现有文献主要从创新投入和产出的角度用 R&D 支出和专利数量来衡量。考虑到 2006 年颁布的《公司会计准则》对支出的会计处理做了较大修改，导致 2007 年前后的 R&D 支出数据不具有可比性，我们借鉴前人的研究（孔东民等，2017；陈思等，2017），用专利申请数量来衡量公司创新绩效，在构建指标时取专利申请数量加 1 的自然对数。在稳健性检验部分，我们分别用发明专利申请数量加 1 的自然对数（余明桂等，2016）以及从创新投入的角度用 R&D 支出占销售收入的比例（倪骁然与朱玉杰，2016）来重新测度公司创新绩效。

（2）科学家独董。我们用一个虚拟变量来测度科学家独董，定义为：如果上市公司当年至少有一个具有院士或者院士候选人背景的独立董事，则该变量取值为 1，否则取值为 0。在稳健性检验中，我们用当年具有院士或者院士候选人背景的独立董事人数占比来重新测度科学家独董变量。考虑到科学家被评为院士（或候选人）之前往往已经具有较高的学术声望和较多的科研成果，因此如果一个科学家在 2015 年成为院士（或候选人），但是他在 2014 年已经是一个公司的独立董事，那么本小节将认定该公司 2014 年也存在科学家。

（3）控制变量。借鉴现有文献（孔东民等，2017；倪骁然与朱玉杰，2016），我们选择了如下控制变量：股权属性，当公司控股股东为中央或者地方国有企业时，该变量取值为 1，否则取值为 0；公司规模，即年末总资产的自然对数；资产负债率，即负债总额与资产总额的比值；公司年龄，即公司自成立起的年数，取自然对数；经营性现金流比率，即经营活动产生的现金流量净额与总资产的比值；成长能力，即总资产增长率；营运资本比率，即营运资本与总资产的比值；固定资产比率，即固定资产与总资产的比值；总资产收益率，即净利润与总资产的比值。为消除极端值的影响，对连续变量进行了上下 1%的缩尾处理。主要变量的定义和描述性统计结果见表 7-1。

表 7-1　主要变量的符号与定义

变量	变量符号	定义
专利申请总数	*Patent*	专利申请总数加 1 取自然对数
科学家独董	*Star*	当年至少有一个具有院士（候选人）背景的独董，则取值为 1，否则取值为 0

续表

变量	变量符号	定义
股权属性	*SOE*	控股股东为中央或地方国有企业时，取值为 1，否则取值为 0
公司规模	*Size*	年末总资产的自然对数
资产负债率	*Lev*	负债总额/资产总额
公司年龄	*Age*	公司自成立起的年数，取自然对数
经营性现金流比率	*Cashflow*	经营活动产生的现金流量净额/总资产
成长能力	*Gasset*	总资产增长率
营运资本比率	*Wkcapital*	营运资本/总资产
固定资产比率	*Tangibility*	固定资产/总资产
总资产收益率	*ROA*	净利润/总资产

三、描述性统计分析

下面我们分别从科学家独董的个体特征、有/无科学家独董的公司的比较分析和有科学家独董的公司的行业分布以及年度分布四个方面进行描述性统计分析。首先，科学家独董的个体特征见表 7－2 中的 Panel A，可以看出，55.4%的科学家独董为院士，超过了半数。从两院分布情况来看，超过 80%的科学家独董为中国工程院院士或其候选人。从入职年龄看，科学家入职上市公司的年龄均值和中位数均超过了 60 岁，整体年龄偏大。最小值和最大值分别为 35 岁和 88 岁，差距较大。在累计任期上，科学家独董的平均任期约为 4 年，最长为 11 年。虽然《上市公司独立董事履职指引》规定独立董事的连任时间不能超过 6 年，但可以通过多次间断性任职延长总任期。从性别上来看，超过 95%的科学家独董为男性，占绝对多数。从海外经历来看，约有 30%的科学家独董具有海外经历。从兼职情况来看，科学家独董最多同时在 5 家上市公司兼职。从政治背景和学术背景来看，约 6.3%的科学家独董同时担任过厅局级及以上政府官员（例如副市长），有 37.6%的独董同时在科研院所担任重要领导职务（如大学院长或校长等）。其次，有/无科学家独董的公司的比较分析见表 7－2 的 Panel B。由该表可知，有科学家独董的公司的专利申请数量的均值和中位数（分别为 2.502 和 2.565）均在 1%的水平上显著大于无科学家独董的公司（分别为 2.075 和 2.079），说明有科学家独董的公司的专利申请数量显著更多。从股权属性、公司规模和资产负债率来看，有科学家独董的公司的均值均在1%的水平上显著更高，表明有科学家独董的公司大多为国有企业、公司规模较大且杠杆水平较高。再次，有科学家独董的公司的行业分布见表7-2的Panel C，可以看出，共有456家上市公司先后聘任科学家担任独立董事，其中制造业包含331家，占比72.59%；采矿业以及信息传输、软件和信息技术服务业分别为26家和21家，占比分别为5.7%和4.61%，分别排名第二和第三。最后，有科学家独董的公司的年度分布见表7-2的Panel D，可以看出，2003年有科学家独董的公司占比最高，为12.89%，其余年度占比均在5%以上，合计占比为8.22%。

表7-2　描述性统计分析

Panel A：科学家独董的个体特征						
特征变量	均值	中位数	标准差	最小值	最大值	观测值（个）
是否为院士	0.554	1	0.498	0	1	589
是否为工程院院士（候选人）	0.805	1	0.397	0	1	558
入职年龄（岁）	61.600	63	10.060	35	88	546
累计任期（年）	3.983	3	2.025	1	11	589
是否为男性	0.968	1	0.177	0	1	558
是否有海外经历	0.294	0	0.456	0	1	558
兼职的公司数量	0.650	0	1.055	0	5	568
是否为厅局级及以上政府官员	0.063	0	0.243	0	1	558
是否为科研院所领导	0.376	0	0.485	0	1	558

Panel B：有/无科学家独董的公司的比较分析							
变量	无科学家独董的公司			有科学家独董的公司			
	观测值（个）	均值	中位数	观测值（个）	均值	中位数	均值之差
专利申请总数	16 892	2.075	2.079	4 137	2.502	2.565	0.427***
股权属性	16 892	0.419	0.000	4 137	0.531	1.000	0.113***
公司规模	16 892	12.540	12.370	4 137	12.790	12.570	0.257***
资产负债率	16 892	43.260	42.940	4 137	44.340	44.910	1.078***
公司年龄	16 892	2.661	2.708	4 137	2.629	2.708	−0.032***
经营性现金流比率	16 892	8.031	7.285	4 137	7.795	7.150	−0.236
成长能力	16 892	23.960	11.640	4 137	21.210	11.020	−2.748***

续表

Panel B：有/无科学家独董的公司的比较分析							
变量	无科学家独董的公司			有科学家独董的公司			
	观测值（个）	均值	中位数	观测值（个）	均值	中位数	均值差
营运资本比率	16 892	21.620	20.060	4 137	20.360	19.810	−1.261***
固定资产比率	16 892	23.930	20.700	4 137	24.690	22.140	0.758***
总资产收益率	16 892	6.166	5.718	4 137	6.351	5.702	0.185

Panel C：有科学家独董的公司的行业分布					
所属行业	公司数量（家）	占比（%）	所属行业	公司数量（家）	占比（%）
制造业	331	72.59	建筑业	8	1.75
采矿业	26	5.7	交通运输、仓储和邮政业	5	1.1
信息传输、软件和信息技术服务业	21	4.61	科学研究和技术服务业	4	0.88
批发和零售业	15	3.29	金融业	4	0.88
电力、热力、燃气及水生产和供应业	13	2.85	住宿和餐饮业	2	0.44
房地产业	11	2.41	其他	6	1.32
农、林、牧、渔业	10	2.19	合计	456	100

Panel D：有科学家独董的公司的年度分布							
年度	总样本量（个）	有科学家独董的公司样本量（个）	有科学家独董的公司样本占比（%）	年度	总样本量（个）	有科学家独董的公司样本量（个）	有科学家独董的公司占比（%）
2001	418	24	5.74	2010	1 444	136	9.42
2002	515	61	11.84	2011	1 753	153	8.73
2003	582	75	12.89	2012	1 944	148	7.61
2004	688	82	11.92	2013	1 993	144	7.23
2005	745	83	11.14	2014	2 130	151	7.09
2006	811	79	9.74	2015	2 369	148	6.25
2007	907	93	10.25	2016	2 587	141	5.45
2008	1 017	103	10.13	合计	21 029	1 728	8.22
2009	1126	107	9.50				

资料来源：科学家独董的个体特征数据是手工搜集得到的，其余数据来自万得数据库和国泰安数据库。

四、基本实证分析

1. 基本回归分析

为检验上文提出的研究假设，借鉴周楷唐等（2017）的研究，构建如下多元回归模型：

$$Patent_{i,t+1}/\,Patent_{i,t+2}=\beta_0+\beta_1 Star_{i,t}+\beta_2 Controls_{i,t}+Fixed\ effects+\varepsilon_{i,t} \quad (7-1)$$

模型（7－1）中被解释变量为上市公司专利申请数量。考虑到公司创新的周期往往较长，我们分别用未来一期和未来两期的专利申请数量来衡量公司创新绩效。在解释变量中，虚拟变量 *Star* 衡量了上市公司当年是否有科学家独董，定义为：如果上市公司当年至少有一个院士或者院士候选人背景的独立董事，则该变量取值为 1，否则取值为 0。如果 β_1 显著为正，则表明科学家独董可以显著提高公司未来的专利申请数量，促进公司创新。*Controls* 为一系列控制变量。本小节还控制了年度与行业固定效应，行业按 2012 年证监会行业分类标准大类分类。

回归结果见表 7－3，在前两列中，我们仅控制了年度和行业固定效应，*Star* 的回归系数分别为 0.491 和 0.503，*t* 值分别为 12.73 和 12.20。在第（3）和第（4）列中，我们加入了控制变量，*Star* 的回归系数分别为 0.350 和 0.371，在 1%的水平上显著为正，表明聘请科学家担任独董可以显著提高公司未来一期和未来两期的专利申请数量，科学家独董显著提高了公司创新绩效，假设 *H*1 得到了支持。在最后两列，为了缓解公司自身的异质性因素可能带来的遗漏变量问题，我们进一步控制了公司个体固定效应，*Star* 的回归系数依然在 1%的水平上显著为正。并且我们发现，相对于未来一期，变量 *Star* 对未来两期专利申请数量的回归系数在经济意义和统计意义上均更加显著，表明科学家独董对公司创新的促进作用有较长的时滞。考虑到创新活动往往具有较长的周期性，而专利申请数量衡量了公司的创新绩效，因此这一较长的时滞也符合我们的理论预期和经济学常识。

表 7－3　　科学家独董与公司创新的基本回归结果

	$Patent_{t+1}$ (1)	$Patent_{t+2}$ (2)	$Patent_{t+1}$ (3)	$Patent_{t+2}$ (4)	$Patent_{t+1}$ (5)	$Patent_{t+2}$ (6)
Star	0.491***	0.503***	0.350***	0.371***	0.182***	0.217***
	(12.73)	(12.20)	(10.08)	(10.01)	(3.25)	(3.82)

续表

	$Patent_{t+1}$ (1)	$Patent_{t+2}$ (2)	$Patent_{t+1}$ (3)	$Patent_{t+2}$ (4)	$Patent_{t+1}$ (5)	$Patent_{t+2}$ (6)
SOE			−0.121*** (−5.30)	−0.124*** (−5.00)	−0.054 (−0.58)	−0.122 (−1.22)
Size			0.571*** (49.06)	0.567*** (44.79)	0.403*** (9.49)	0.315*** (7.21)
Lev			−0.003*** (−3.15)	−0.002** (−2.14)	−0.001 (−0.46)	0.001 (0.44)
Age			−0.123*** (−3.81)	−0.114*** (−3.29)	0.353* (1.81)	0.424** (2.06)
Cashflow			−0.002** (−2.35)	−0.000 (−0.21)	−0.000 (−0.16)	0.002** (2.43)
Gasset			−0.001*** (−4.33)	−0.001** (−2.23)	−0.001*** (−2.66)	−0.000 (−1.20)
Wkcapital			0.001 (1.36)	0.001 (1.28)	0.000 (0.14)	0.001 (0.49)
Tangibility			−0.002* (−1.90)	−0.003** (−2.38)	0.004** (2.46)	0.005*** (2.62)
ROA			0.021*** (11.47)	0.022*** (10.49)	0.005** (2.26)	0.005** (2.16)
_cons	−0.290*** (−2.59)	−0.146 (−1.23)	−6.529*** (−35.14)	−6.467*** (−32.31)	−4.256*** (−7.50)	−3.278*** (−5.63)
年度和行业固定效应	YES	YES	YES	YES	YES	YES
公司个体固定效应	NO	NO	NO	NO	YES	YES
样本量（个）	17 965	15 411	17 965	15 411	17 965	15 411
调整的 R^2	0.284	0.288	0.404	0.405	0.240	0.217

说明：括号中为 Huber-White sandwich t 统计量的值；*、**、*** 分别表示在 10%、5%和 1%的水平上显著，本章下同。

此外，假设 $H2$ 至 $H5$ 的检验结果见表 7-4。在第（1）和第（2）列，我们将 *Star* 替换为科学家独董的平均任期（*Tenure*），*Tenure* 的回归系数在 1%的水平上显著为正，符合陈冬华与相加凤（2017）的理论预期，表明科学家独董的任期越长，越有利于通过学习效应促进公司创新。在第（3）和第（4）列，我们将 *Star* 拆分为两个虚拟变量，即 *MultipleDirector* 和 *NotMultiple*。*MultipleDirector* 定义为：如果上市公司至少有一个科学家独董在 3 家以上的上市公司担任兼职董事，则该变量的取值为 1，否则取值为 0；*NotMultiple* 的定义正好相反。可以看出，*MultipleDirector* 的回归系数在两列结果中均为 *NotMultiple* 的近两倍，表明科学家独董在社会网络中的位置和拥有的社会资本对于促进公司创新有着更为重要的意义，支持了陈运森与谢德仁（2011）的研究结论，也间接印证了上文提出的研究假设和作用机制。在第（5）和第（6）列，我们将 *Star* 拆分为 *Female* 和 *Male* 两个变量，*Female* 定义为：如果上市公司至少有一个女性科学家独董，则该变量取值为 1，否则取值为 0；*Male* 的定义正好相反。可以看出，*Female* 的回归系数均远大于 *Male* 的回归系数，表明女性独董的参与可以显著提高独董有效性和促进公司创新，符合我们的预期。在第（7）和第（8）列，我们将 *Star* 拆分为 *Abroad* 和 *Homegrown* 两个变量。*Abroad* 定义为：如果上市公司至少有一个科学家独董有海外经历，则该变量取值为 1，否则取值为 0；*Homegrown* 的定义正好相反。可以看出，*Abroad* 的回归系数均略低于 *Homegrown* 的回归系数，表明有海外经历的科学家独董并没有更有效地促进公司创新。可能的原因是，本土科学家往往有着更多的本地社会资本，从而抵消了海外经历带来的好处。

2. 内生性控制与稳健性检验

虽然我们在基本回归中通过加入公司个体固定效应控制了不随时间变化的个体异质性，从而在一定程度上缓解了内生性问题，但本小节依然可能存在样本选择问题，即创新绩效较高的公司更倾向于聘请科学家独董，从而导致样本选择偏误。为此，我们用 PSM 法和 Heckman 两阶段法进一步控制样本选择带来的内生性问题。

借鉴周楷唐等（2017）的研究，PSM 法的具体运用过程如下：首先，用虚拟变量 *Star* 对模型（7-1）中用到的所有控制变量、年度和行业虚拟变量进行 logit 回归，得到的预测值即为各个观测值的得分，如果两家公司得分相近，说明这两家公司聘请科学家独董的倾向相似。然后，采用最近邻匹配法按照 1∶1 的比例进行控制组的选取和匹配。最终，得到基于 PSM 法的匹配样本。匹配后平行假设的检验结果见表 7-5 左半部分，

表 7-4 假设 H_2 至 H_5 的检验结果

	$Patent_{t+1}$ (1)	$Patent_{t+2}$ (2)	$Patent_{t+1}$ (3)	$Patent_{t+2}$ (4)	$Patent_{t+1}$ (5)	$Patent_{t+2}$ (6)	$Patent_{t+1}$ (7)	$Patent_{t+2}$ (8)
Tenure	0.060*** (9.20)	0.064*** (9.28)						
MultipleDirector			0.569** (2.29)	0.669*** (2.72)				
NotMultiple			0.345*** (9.87)	0.367*** (9.79)				
Female					0.592*** (4.35)	0.808*** (5.33)		
Male					0.336*** (9.42)	0.346*** (9.13)		
Abroad							0.316*** (4.81)	0.323*** (4.64)
Homegrown							0.363*** (9.21)	0.390*** (9.25)
SOE	−0.121*** (−5.31)	−0.124*** (−5.00)	−0.121*** (−5.28)	−0.124*** (−4.99)	−0.121*** (−5.28)	−0.124*** (−4.99)	−0.121*** (−5.30)	−0.124*** (−5.00)
Size	0.571*** (49.04)	0.567*** (44.73)	0.571*** (49.05)	0.567*** (44.79)	0.571*** (49.05)	0.567*** (44.80)	0.571*** (49.05)	0.567*** (44.79)
Lev	−0.003*** (−3.15)	−0.002** (−2.14)	−0.003*** (−3.16)	−0.002** (−2.14)	−0.003*** (−3.16)	−0.002** (−2.17)	−0.003*** (−3.15)	−0.002** (−2.14)

续表

	$Patent_{t+1}$ (1)	$Patent_{t+2}$ (2)	$Patent_{t+1}$ (3)	$Patent_{t+2}$ (4)	$Patent_{t+1}$ (5)	$Patent_{t+2}$ (6)	$Patent_{t+1}$ (7)	$Patent_{t+2}$ (8)
Age	−0.122***	−0.114***	−0.124***	−0.115***	−0.123***	−0.115***	−0.123***	−0.115***
	(−3.79)	(−3.28)	(−3.83)	(−3.31)	(−3.81)	(−3.31)	(−3.82)	(−3.31)
Cashflow	−0.002**	−0.000	−0.002**	−0.000	−0.002**	−0.000	−0.002**	−0.000
	(−2.36)	(−0.22)	(−2.36)	(−0.22)	(−2.34)	(−0.20)	(−2.36)	(−0.21)
Gasset	−0.001***	−0.001**	−0.001***	−0.001**	−0.001***	−0.001**	−0.001***	−0.001**
	(−4.21)	(−2.10)	(−4.33)	(−2.24)	(−4.34)	(−2.26)	(−4.33)	(−2.22)
Wkcapital	0.001	0.001	0.001	0.001	0.001	0.001	0.001	0.001
	(1.40)	(1.32)	(1.36)	(1.28)	(1.33)	(1.22)	(1.35)	(1.26)
Tangibility	−0.002*	−0.003**	−0.002*	−0.003**	−0.002*	−0.003**	−0.002*	−0.003**
	(−1.90)	(−2.37)	(−1.91)	(−2.39)	(−1.93)	(−2.44)	(−1.91)	(−2.40)
ROA	0.021***	0.022***	0.021***	0.022***	0.021***	0.022***	0.021***	0.022***
	(11.45)	(10.49)	(11.47)	(10.49)	(11.45)	(10.45)	(11.47)	(10.49)
_*cons*	−6.518***	−6.448***	−6.529***	−6.468***	−6.538***	−6.485***	−6.526***	−6.462***
	(−35.08)	(−32.14)	(−35.14)	(−32.31)	(−35.11)	(−32.40)	(−35.13)	(−32.28)
年度和行业固定效应	YES	YES	YES	YES	YES	YES	YES	YES
样本量（个）	17 965	15 411	17 965	15 411	17 965	15 411	17 965	15 411
调整的 R^2	0.404	0.404	0.404	0.405	0.404	0.405	0.404	0.404

可以看出，匹配后所有变量的标准化偏差均大幅缩小，且均小于5%，而且 t 检验结果也表明，所有变量匹配后也都不能拒绝处理组与控制组无系统差异的原假设，从而通过了平行假设检验。将匹配好的样本代入模型（7-1）进行回归，结果见表7-5右半部分。可以看出，在（1）和（2）两列回归结果中，*Star* 的回归系数分别在5%和1%的水平上显著为正，表明在使用匹配样本进一步控制样本选择偏差的情况下，科学家独董仍然可以显著提高未来一期和未来两期上市公司的创新绩效。

表7-5　PSM法的检验结果

解释变量/匹配变量	PSM法匹配的平行假设检验结果						回归结果	
	U/M（匹配前/后）	均值		标准化偏差（%）	t 检验		$Patent_{t+1}$	$Patent_{t+2}$
		处理组	控制组		t 值	p 值	(1)	(2)
Star							0.241**	0.363***
							(2.52)	(3.48)
SOE	U	0.511	0.446	13.10	5.200	0.000	−0.356***	−0.340***
	M	0.511	0.503	1.600	0.480	0.634	(−4.39)	(−3.43)
Size	U	12.73	12.59	10.90	4.520	0.000	0.576***	0.611***
	M	12.73	12.68	4.100	1.200	0.229	(15.31)	(13.20)
Lev	U	42.00	43.92	−9.400	−3.680	0.000	−0.002	−0.002
	M	42.00	41.81	0.900	0.280	0.781	(−0.43)	(−0.40)
Age	U	2.564	2.659	−23.90	−9.670	0.000	0.140	0.127
	M	2.564	2.569	−1.300	−0.370	0.708	(1.18)	(0.93)
Cashflow	U	8.282	7.773	3.300	1.210	0.226	−0.011***	−0.013***
	M	8.282	7.807	3.100	0.970	0.334	(−3.66)	(−3.52)
Gasset	U	26.17	22.81	7.700	3.180	0.001	−0.001	−0.001
	M	26.17	26.76	−1.400	−0.370	0.709	(−0.83)	(−1.05)
Wkcapital	U	23.43	20.88	9.900	3.910	0.000	−0.000	0.003
	M	23.43	23.57	−0.500	−0.160	0.877	(−0.11)	(0.69)
Tangibility	U	23.91	24.37	−3.000	−1.140	0.256	−0.006	0.001
	M	23.91	23.69	1.500	0.450	0.654	(−1.59)	(0.22)
ROA	U	7.017	6.077	14.10	5.680	0.000	0.032***	0.038***
	M	7.017	6.794	3.400	0.970	0.333	(5.47)	(5.61)

续表

解释变量/匹配变量	PSM 法匹配的平行假设检验结果						回归结果	
	U /M（匹配前/后）	均值		标准化偏差（%）	t 检验		$Patent_{t+1}$ (1)	$Patent_{t+2}$ (2)
		处理组	控制组		t 值	p 值		
_ *cons*							−7.218*** (−10.23)	−7.532*** (−8.21)
年度和行业固定效应							YES	YES
样本量（个）							1 550	1 194
调整的 R^2							0.437	0.405

Heckman 两阶段法的检验结果见表 7－6。在第一阶段，借鉴已有文献（许年行与李哲，2016；周楷唐等，2017），我们将上一年度同行业其他公司拥有科学家独董的比例（*L _ Ratio*）作为 Heckman 两阶段估计中的工具变量，同行业上一年度其他公司拥有科学家独董的比例越高，行业内上市公司就越有可能聘请科学家独董，但它和公司的创新绩效没有直接关系。

表 7－6　Heckman 两阶段法的检验结果

	第一阶段回归	第二阶段回归	
	Star (1)	$Patent_{t+1}$ (2)	$Patent_{t+2}$ (3)
Star		0.279 (1.44)	0.492** (2.41)
L _ Ratio	3.661*** (13.27)		
SOE	0.119*** (3.53)	−0.137*** (−5.42)	−0.137*** (−4.99)
Size	0.133*** (8.32)	0.587*** (43.80)	0.568*** (38.99)
Lev	−0.002 (−1.59)	−0.003*** (−2.72)	−0.002 (−1.58)
Age	−0.147*** (−3.11)	−0.101*** (−2.65)	−0.116*** (−2.86)

续表

	第一阶段回归	第二阶段回归	
	Star (1)	$Patent_{t+1}$ (2)	$Patent_{t+2}$ (3)
Cashflow	0.000 (0.02)	−0.001 (−1.63)	−0.001 (−0.75)
Gasset	−0.000 (−0.77)	−0.000 (−1.01)	0.000 (0.77)
Wkcapital	0.003*** (2.68)	0.001 (1.33)	0.002 (1.60)
Tangibility	−0.002 (−1.08)	−0.003*** (−2.90)	−0.003** (−2.26)
ROA	−0.001 (−0.21)	0.022*** (10.33)	0.023*** (9.55)
IMR		0.050 (0.49)	−0.055 (−0.51)
_ *cons*	−2.935*** (−8.96)	−6.702*** (−32.94)	−6.589*** (−29.39)
年度和行业固定效应	YES	YES	YES
样本量（个）	16 626	14 141	12 094
调整的 R^2/伪 R^2	0.103	0.415	0.413

此外，我们还控制了模型（7－1）中的全部控制变量及行业、年度虚拟变量，对 *Star* 进行了 Probit 回归并计算逆米尔斯比（IMR）。Heckman 第一阶段的回归结果见表 7－6 第（1）列，可以看出，变量 *L _ Ratio* 在 1%的水平上显著为正，表明上一年度同行业其他公司拥有科学家独董的比例越高，聘请科学家独董的可能性越大，说明工具变量的选择是合理的。此外，*SOE* 和 *Size* 均显著为正，表明规模越大的国有企业聘请科学家独董的可能性越大。*Age* 的系数显著为负，表明年轻公司更倾向于聘请科学家独董。在第二阶段，我们将第一阶段回归得到的 *IMR* 代入模型（7－1）中进行回归，回归结果见表 7－6 中第（2）和第（3）列。可以看出，在修正了内生性之后，*Star* 对未来一期专利申请数量的回归系数不再显著，但对未来两期的回归系数依然在 5%的水平上显著为正，表明科学家充分

发挥作用，特别是对公司创新绩效的促进作用有较长的时滞，这符合我们的理论预期。

我们通过改变对核心变量的测度方式来进一步做稳健性检验。一方面，分别用发明专利申请数量加 1 的自然对数（余明桂、钟慧洁与范蕊，2016；余明桂等，2016）以及从创新投入的角度用 R&D 支出与销售收入的比率（倪骁然与朱玉杰，2016）来重新测度公司创新绩效，结果见表 7-7 前四列。可以看出，*Star* 的回归系数均在 1%的水平上显著为正。另一方面，我们用当年具有院士（候选人）背景的独立董事人数占比来重新测度科学家独董变量，结果见表 7-7 的第（5）和第（6）列。可以看出，*Star* 的回归系数均在 1%的水平上显著为正。以上结果进一步证明了本节结论的稳健性。

表 7-7　　改变对核心变量的测度方式后的回归结果

	改变对公司创新绩效的测度方式				改变对科学家独董的测度方式	
	$Patent\_Inv_{t+1}$ (1)	$Patent\_Inv_{t+2}$ (2)	RD_Sale_{t+1} (3)	RD_Sale_{t+2} (4)	$Patent_{t+1}$ (5)	$Patent_{t+2}$ (6)
Star	0.370***	0.406***	0.886***	1.003***		
	(11.44)	(11.74)	(6.44)	(7.03)		
Star_Ratio					0.829***	0.866***
					(9.00)	(8.45)
SOE	−0.053***	−0.056**	−0.145*	−0.114	−0.116***	−0.119***
	(−2.60)	(−2.49)	(−1.75)	(−1.34)	(−5.01)	(−4.75)
Size	0.505***	0.505***	−0.124***	−0.127***	0.573***	0.569***
	(47.62)	(43.29)	(−3.31)	(−3.38)	(48.81)	(44.51)
Lev	−0.002***	−0.002*	−0.043***	−0.033***	−0.003***	−0.002**
	(−2.69)	(−1.87)	(−12.07)	(−8.94)	(−3.12)	(−2.24)
Age	−0.134***	−0.150***	−0.491***	−0.445***	−0.124***	−0.121***
	(−4.73)	(−4.82)	(−4.24)	(−3.81)	(−3.75)	(−3.41)
Cashflow	0.000	0.001**	0.028***	0.035***	−0.002**	−0.000
	(0.71)	(2.10)	(7.83)	(9.48)	(−2.26)	(−0.33)
Gasset	−0.001***	−0.001***	0.000	0.002*	−0.001***	−0.001**
	(−3.64)	(−3.28)	(0.31)	(1.67)	(−4.19)	(−2.12)

续表

	改变对公司创新绩效的测度方式				改变对科学家独董的测度方式	
	$Patent\_Inv_{t+1}$ (1)	$Patent\_Inv_{t+2}$ (2)	RD_Sale_{t+1} (3)	RD_Sale_{t+2} (4)	$Patent_{t+1}$ (5)	$Patent_{t+2}$ (6)
Wkcapital	0.001 (1.34)	0.001 (0.84)	0.002 (0.77)	0.008** (2.22)	0.001 (1.18)	0.001 (1.11)
Tangibility	−0.003*** (−3.02)	−0.003*** (−3.51)	−0.026*** (−7.16)	−0.024*** (−6.35)	−0.002* (−1.91)	−0.003** (−2.38)
ROA	0.017*** (10.50)	0.019*** (10.45)	−0.052*** (−7.19)	−0.042*** (−5.09)	0.021*** (11.47)	0.022*** (10.58)
_cons	−6.123*** (−37.97)	−6.051*** (−34.00)	9.340*** (5.99)	8.202*** (5.15)	−6.396*** (−29.96)	−6.383*** (−28.19)
年度和行业固定效应	YES	YES	YES	YES	YES	YES
样本量（个）	17 965	15 411	9 717	8 505	17 600	15 068
调整的 R^2	0.374	0.373	0.393	0.401	0.401	0.402

第三节　科学家独立董事的公司创新效应的机制分析

基于上文中关于科学家独董促进公司创新的理论推演，我们将从战略咨询和创新资源集聚两个方面对科学家独董促进公司创新的渠道进行分析。①

一、战略咨询渠道

技术创新是一个充满未知风险的长期过程，公司战略在其中发挥了尤为重要的作用。管理层在战略决策上对风险的偏好程度越高，战略风格越激进，则公司的创新绩效越突出（Manso，2011），而管理层短视则显然不利于公司创新（虞义华等，2018）。科学家担任独立董事后可以凭借自身的专业眼光，对公司的发展战略、技术路线等重大问题发挥战略咨询作

① 受篇幅所限，本小节未对产学研合作渠道单独进行分析。

用（Francis et al.，2015），降低研发创新活动的不确定性和风险，提高公司创新的成功率，从而有利于缓解管理层短视现象，促进公司加大研发投入，提高创新绩效。为了检验战略咨询渠道，我们设定了如下模型：

$$\frac{Patent_{i,t+1}}{Patent_{i,t+2}} = \beta_0 + \beta_1 Star_{i,t} + \beta_2 Strategy_{i,t} + \beta_3 Star_{i,t} \times Strategy_{i,t} + \beta_4 Controls_{i,t} + Fixed\ effects + \varepsilon_{i,t} \tag{7-2}$$

$$\frac{Patent_{i,t+1}}{Patent_{i,t+2}} = \beta_0 + \beta_1 Star_{i,t} + \beta_2 Myopia_{i,t} + \beta_3 Star_{i,t} \times Myopia_{i,t} + \beta_4 Controls_{i,t} + Fixed\ effects + \varepsilon_{i,t} \tag{7-3}$$

在模型（7-2）中，变量 *Strategy* 为衡量公司战略风格的虚拟变量，当公司战略风格激进时取值为 1，保守时取值为 0。交叉项的系数 β_3 反映了在不同战略风格的公司中，科学家独董对公司创新的影响的差异。若 β_3 显著为负，则表明相对于战略风格激进的公司而言，战略风格保守的公司聘请科学家独董对公司创新的促进作用更大，科学家独董可以有效缓解保守战略对公司创新的制约作用。虚拟变量 *Strategy* 的构建过程如下：首先，借鉴 Bentley 等（2013）的方法，计算出公司的综合战略得分（6～30 分）；然后，将战略得分落在 6～18 分这一区间的公司的战略风格定义为保守战略风格，将战略得分落在 19～30 分这一区间的公司的战略风格定义为激进战略风格。综合战略得分的计算过程分为三步：第一步，对衡量公司战略的六个财务指标进行初步处理，这六个财务指标包括：（1）R&D 支出与销售收入的比率。（2）员工人数与销售收入的比率。（3）销售收入的历史增长率。（4）销售费用和管理费用与销售收入的比率。（5）员工人数的波动性。（6）固定资产与总资产的比率。处理方法是：除 R&D 支出与销售收入的比率取当年值以外，其余五个指标均取过去五年的移动平均值。第二步，对前五个指标在每一个“年度-行业”划分五分位数，第一分位数赋值为 1，依此类推，第五分位数赋值为 5。第六个指标是公司战略激进程度的反向指标，第一分位数赋值为 5，第五分位数赋值为 1。第三步，对所有六个指标的得分进行加总，最终得到一个范围为 6～30 分的综合战略得分，得分越高表明公司战略越激进。模型（7-2）的回归结果见表 7-8 前四列，在第（1）和第（2）列，*Strategy* 的回归系数均在 1% 的水平上显著为正，表明战略风格激进的公司其创新绩效更高。在第（3）和第（4）列，交叉项的回归系数分别在 5% 和 1% 的水平上显著为负，表明战略风格保守的公司聘请科学家独董对公司创新的促进作用更大，科学

表 7-8　战略咨询渠道的检验结果

	$Patent_{t+1}$ (1)	$Patent_{t+2}$ (2)	$Patent_{t+1}$ (3)	$Patent_{t+2}$ (4)	$Patent_{t+1}$ (5)	$Patent_{t+2}$ (6)	$Patent_{t+1}$ (7)	$Patent_{t+2}$ (8)
Strategy	1.049***	0.976***	1.095***	1.055***				
	(10.34)	(8.47)	(10.75)	(9.10)				
Strategy×*Star*			−0.575**	−0.865***				
			(−2.21)	(−3.05)				
Myopia					−0.049***	−0.045***	−0.051***	−0.048***
					(−10.80)	(−8.85)	(−10.59)	(−8.84)
Myopia×*Star*							0.018*	0.023**
							(1.83)	(2.22)
Star	0.404***	0.569***	0.792***	1.148***	0.154***	0.149***	0.247***	0.272***
	(3.16)	(4.02)	(3.80)	(4.89)	(3.36)	(2.87)	(3.62)	(3.59)
SOE	0.180*	0.150	0.161*	0.121	0.022	0.010	0.020	0.008
	(1.87)	(1.41)	(1.66)	(1.13)	(0.63)	(0.26)	(0.58)	(0.19)
Size	0.613***	0.531***	0.605***	0.521***	0.601***	0.588***	0.600***	0.587***
	(12.14)	(9.42)	(12.10)	(9.29)	(36.01)	(30.09)	(35.93)	(30.01)
Lev	0.000	0.002	−0.000	0.001	0.001	−0.001	0.001	−0.001
	(0.02)	(0.44)	(−0.07)	(0.30)	(0.49)	(−0.46)	(0.52)	(−0.43)

续表

	$Patent_{t+1}$ (1)	$Patent_{t+2}$ (2)	$Patent_{t+1}$ (3)	$Patent_{t+2}$ (4)	$Patent_{t+1}$ (5)	$Patent_{t+2}$ (6)	$Patent_{t+1}$ (7)	$Patent_{t+2}$ (8)
Age	0.265* (1.73)	0.481*** (2.82)	0.267* (1.75)	0.482*** (2.83)	−0.024 (−0.48)	−0.021 (−0.38)	−0.023 (−0.46)	−0.019 (−0.35)
Cashflow	−0.003 (−0.97)	−0.003 (−1.09)	−0.002 (−0.90)	−0.003 (−1.00)	−0.003*** (−2.70)	−0.003** (−2.37)	−0.003*** (−2.69)	−0.003** (−2.38)
Gasset	−0.002** (−2.08)	−0.002 (−1.59)	−0.002** (−2.14)	−0.002* (−1.68)	−0.001*** (−3.78)	−0.001*** (−2.80)	−0.001*** (−3.79)	−0.001*** (−2.80)
Wkcapital	0.011*** (3.47)	0.010** (2.55)	0.011*** (3.38)	0.009** (2.41)	0.001 (0.50)	−0.001 (−0.91)	0.001 (0.48)	−0.001 (−0.93)
Tangibility	0.001 (0.32)	−0.000 (−0.02)	0.001 (0.28)	−0.000 (−0.10)	−0.001 (−0.69)	−0.003 (−1.40)	−0.001 (−0.66)	−0.003 (−1.36)
ROA	0.010 (1.31)	0.029*** (3.69)	0.011 (1.41)	0.030*** (3.85)	0.033*** (12.06)	0.037*** (10.88)	0.033*** (12.05)	0.036*** (10.87)
_*cons*	−7.425*** (−9.74)	−6.847*** (−8.36)	−7.342*** (−9.71)	−6.765*** (−8.35)	−7.378*** (−20.05)	−6.443*** (−17.11)	−7.375*** (−20.16)	−6.440*** (−17.18)
年度和行业固定效应	YES	YES	YES	YES	YES	YES	YES	YES
样本量（个）	1 162	939	1 162	939	8 677	6 601	8 677	6 601
调整的 R^2	0.477	0.485	0.479	0.490	0.345	0.341	0.345	0.341

家独董可以有效缓解保守战略对公司创新的制约作用。

模型（7－3）中，变量 *Myopia* 衡量了管理层短视程度，借鉴曹国华等（2017）的研究，本小节采用 R&D 支出作为管理层短视的反向代理变量，*Myopia* 的定义为对 R&D 支出与销售收入的比率取相反数，值越大，则 R&D 支出越少，管理层短视程度越严重。交叉项的系数 β_3 反映了在管理层短视程度不同的公司中，科学家独董对公司创新的影响的差异。若 β_3 显著为正，则表明管理层短视程度越严重的公司聘请科学家独董对公司创新的促进作用越大，科学家独董可以有效缓解管理层短视对公司创新的制约作用。模型（7－3）的回归结果见表 7－8 后四列，在第（5）和第（6）列，*Myopia* 的回归系数均在 1%的水平上显著为负，表明管理层短视对公司创新有着显著的抑制作用。在第（7）和第（8）列，交叉项的回归系数分别在 10%和 5%的水平上显著为正，表明管理层短视程度越严重的公司聘请科学家独董对公司创新的促进作用越大，科学家独董可以有效缓解管理层短视对公司创新的制约作用。

以上结果表明：战略咨询是科学家独董促进公司创新的一条重要渠道。

二、创新资源集聚渠道

公司内部的创新人才和研发资金等创新资源是公司进行技术创新活动的关键和基石（Barasa et al.，2017；Barney et al.，2001）。科学家通常拥有良好的声誉和较高的可见度，导致创新人才和研发资金等创新资源的集聚（Azoulay et al.，2014）。为了检验创新资源集聚渠道，我们设定如下模型：

$$\frac{Talent_{i,t+1}}{Fund_{i,t+1}} = \beta_0 + \beta_1 Star_{i,t} + \beta_2 Controls_{i,t} + Fixed\ effects + \varepsilon_{i,t} \tag{7-4}$$

在模型（7－4）的被解释变量中，我们用未来一期的创新人才和研发资金来衡量创新资源。关于指标的构建，一方面，我们分别用本科学历员工占比（*Bachelor _ Ratio*）、硕士学历员工占比（*Master _ Ratio*）、博士学历员工占比（*Doctor _ Ratio*）和技术人员占比（*Technician _ Ratio*）来测度公司员工的受教育程度和技术熟练程度，以此来衡量公司的创新人才资源和人力资本水平。另一方面，我们分别用公司获得的政府补助总额以及与创新相关的政府补助金额来衡量公司获得的外部研发资金。其中，与创新相关的政府补助金额是我们根据年报披露的政府补助明细手工整理得出，具体方法为：先将补助明细项目中含有“创新”“科技”“专利”“开发”“研发”“技术”等关键字的与科技创新相关的补助项目定义为创新补助项目，再按年度求和。根据政府补助总额以及与创新相关的政府补助金额，我们构建了两个指标：（1）*Total _ Subsidy*，为政府补助总额与总资产的比率；（2）*Inno _ Subsidy*，为与创新相关的政府补助金额与总资产的比率。科学家独董通过创新人才集聚渠道促进公司创新的检验结果见表 7 - 9 前四列。可以看出，*Star* 的回归系数均在 1%的水平上显著为正，表明聘请科学家担任独董显著提高了上市公司未来一年的高学历员工占比和技术人员占比，提高了公司的人力资本水平，通过创新人才集聚渠道促进了公司创新。研发资金集聚渠道的回归结果见表 7 - 9 的后四列。可以看出，*Star* 的回归系数分别在 5%和 1%的水平上显著为正，表明科学家担任独董后显著增加了上市公司未来一年的政府补助总额和与创新相关的政府补助金额，通过资金集聚渠道促进了公司创新。以上结果总体表明，科学家独董导致了高层次人才和研发资金的集聚，通过创新资源集聚渠道促进了公司创新。

表 7 - 9　　创新资源集聚渠道的检验结果

变量	创新人才集聚				研发资金集聚	
	$Bachelor\_Ratio_{t+1}$ (1)	$Master\_Ratio_{t+1}$ (2)	$Doctor\_Ratio_{t+1}$ (3)	$Technician\_Ratio_{t+1}$ (4)	$Total\_Subsidy_{t+1}$ (5)	$Inno\_Subsidy_{t+1}$ (6)
Star	0.019***	0.009***	0.002***	0.022***	5.277**	4.181***
	(5.66)	(5.75)	(4.26)	(6.19)	(2.16)	(4.06)
SOE	0.020***	0.010***	0.001**	0.008***	11.135***	3.360***
	(7.81)	(8.62)	(2.24)	(3.53)	(5.33)	(4.26)
Size	0.008***	0.002***	−0.001***	−0.002*	−11.465***	−3.657***
	(6.83)	(3.19)	(−4.00)	(−1.66)	(−11.48)	(−13.44)
Lev	0.001***	0.000	−0.000***	0.001***	0.521***	−0.022
	(5.59)	(1.21)	(−3.93)	(6.05)	(6.10)	(−0.91)
Age	−0.013***	−0.002	−0.001**	−0.019***	−4.083*	−0.492
	(−3.73)	(−1.50)	(−1.96)	(−5.60)	(−1.76)	(−0.61)
Cashflow	0.000***	0.000***	0.000**	0.001***	0.174***	0.052***
	(5.36)	(3.93)	(2.23)	(7.24)	(3.26)	(2.59)

续表

变量	创新人才集聚				研发资金集聚	
	$Bachelor\_Ratio_{t+1}$ (1)	$Master\_Ratio_{t+1}$ (2)	$Doctor\_Ratio_{t+1}$ (3)	$Technician\_Ratio_{t+1}$ (4)	$Total\_Subsidy_{t+1}$ (5)	$Inno\_Subsidy_{t+1}$ (6)
Gasset	−0.000***	−0.000*	−0.000	0.000	0.004	0.009
	(−3.07)	(−1.75)	(−0.38)	(1.05)	(0.23)	(1.14)
Wkcapital	0.001***	0.000***	−0.000	0.001***	0.192**	0.060***
	(10.83)	(6.79)	(−0.63)	(11.25)	(2.31)	(2.85)
Tangibility	−0.002***	−0.001***	−0.000***	−0.001***	0.340***	0.051*
	(−16.98)	(−15.69)	(−5.09)	(−6.80)	(3.49)	(1.79)
ROA	0.001***	0.000	−0.000***	0.000	0.478**	−0.122
	(3.75)	(1.43)	(−2.83)	(1.45)	(2.37)	(−1.59)
_ *cons*	0.064***	0.021**	0.023***	0.120***	136.181***	50.922***
	(2.77)	(2.36)	(8.26)	(6.51)	(9.42)	(11.87)
年度和行业固定效应	YES	YES	YES	YES	YES	YES
样本量（个）	14 585	11 224	2 959	15 898	14 683	10 838
调整的 R^2	0.435	0.224	0.135	0.380	0.074	0.080

三、与其他公司治理变量的交叉影响

在研究中我们还发现，股权属性（*SOE*）、股权集中度（*Cr*1）、机构投资者持股比例（*InstShare*）以及高管是否持股（*ManShare*）等公司治理变量对公司创新有着显著影响，下面我们进一步考察这些公司治理变量与科学家独董（*Star*）对公司创新的交叉影响。我们在模型（7－1）的基础上进一步加入变量 *Star* 与公司治理变量的交叉项，回归结果见表7－10。首先，由前两列可知，交叉项 *Star*×*SOE* 的系数分别在10%和5%的水平上显著为负，表明相对于国有企业，在非国有企业中科学家独董促进公司创新的效应更为显著。相对于国有企业，非国有企业（例如民营企业）掌握的创新资源较少，面临创新人才短缺和研发资金不足的严重制约。因此在非国有企业中，院士及其候选人的加入将会通过战略咨询及创新资源集聚等渠道，大大增加公司的技术、人才等创新资源储备，提高

表 7-10　与其他公司治理变量的交叉影响检验

	$Patent_{t+1}$ (1)	$Patent_{t+2}$ (2)	$Patent_{t+1}$ (3)	$Patent_{t+2}$ (4)	$Patent_{t+1}$ (5)	$Patent_{t+2}$ (6)	$Patent_{t+1}$ (7)	$Patent_{t+2}$ (8)
$Star \times SOE$	−0.120* (−1.75)	−0.147** (−2.00)						
$Star \times Cr1$			0.003 (1.29)	0.005** (2.00)				
$Star \times InstShare$					0.003** (2.28)	0.001 (0.99)		
$Star \times ManShare$							−0.156** (−2.05)	−0.217*** (−2.68)
$ManShare$							0.186*** (8.12)	0.213*** (8.64)
$InstShare$					0.003*** (5.87)	0.004*** (7.50)		
$Cr1$			−0.002*** (−2.89)	−0.002*** (−2.82)				
$Star$	0.411*** (8.67)	0.448*** (8.70)	0.235*** (2.63)	0.178* (1.85)	0.233*** (4.08)	0.300*** (4.87)	0.456*** (7.10)	0.514*** (7.57)

续表

	$Patent_{t+1}$ (1)	$Patent_{t+2}$ (2)	$Patent_{t+1}$ (3)	$Patent_{t+2}$ (4)	$Patent_{t+1}$ (5)	$Patent_{t+2}$ (6)	$Patent_{t+1}$ (7)	$Patent_{t+2}$ (8)
SOE	−0.111***	−0.111***	−0.101***	−0.098***	−0.147***	−0.161***	−0.107***	−0.106***
	(−4.66)	(−4.29)	(−4.24)	(−3.83)	(−6.20)	(−6.29)	(−4.50)	(−4.15)
Size	0.571***	0.567***	0.578***	0.573***	0.557***	0.548***	0.570***	0.567***
	(49.06)	(44.79)	(48.56)	(44.14)	(45.88)	(41.52)	(47.87)	(43.83)
Lev	−0.003***	−0.002**	−0.003***	−0.002**	−0.003***	−0.002**	−0.003***	−0.002**
	(−3.15)	(−2.14)	(−3.21)	(−2.25)	(−3.14)	(−2.23)	(−2.96)	(−2.04)
Age	−0.124***	−0.116***	−0.153***	−0.152***	−0.137***	−0.127***	−0.132***	−0.131***
	(−3.84)	(−3.32)	(−4.39)	(−4.06)	(−4.10)	(−3.53)	(−3.99)	(−3.67)
Cashflow	−0.002**	−0.000	−0.002**	−0.000	−0.002**	−0.000	−0.002***	−0.000
	(−2.37)	(−0.24)	(−2.37)	(−0.35)	(−2.26)	(−0.23)	(−2.62)	(−0.25)
Gasset	−0.001***	−0.001**	−0.001***	−0.001***	−0.001***	−0.000	−0.001***	−0.001**
	(−4.35)	(−2.26)	(−4.82)	(−2.84)	(−3.52)	(−1.61)	(−4.65)	(−2.46)
Wkcapital	0.001	0.001	0.001	0.001	0.001	0.001	0.001	0.001
	(1.37)	(1.29)	(1.25)	(1.22)	(1.34)	(1.33)	(1.35)	(1.02)
Tangibility	−0.002*	−0.003**	−0.002**	−0.003**	−0.002**	−0.003**	−0.002	−0.003**
	(−1.89)	(−2.36)	(−1.98)	(−2.32)	(−2.14)	(−2.56)	(−1.58)	(−2.27)

续表

	$Patent_{t+1}$ (1)	$Patent_{t+2}$ (2)	$Patent_{t+1}$ (3)	$Patent_{t+2}$ (4)	$Patent_{t+1}$ (5)	$Patent_{t+2}$ (6)	$Patent_{t+1}$ (7)	$Patent_{t+2}$ (8)
ROA	0.021***	0.022***	0.022***	0.023***	0.018***	0.018***	0.021***	0.022***
	(11.46)	(10.47)	(11.56)	(10.77)	(9.76)	(8.41)	(11.05)	(10.13)
_*cons*	−6.534***	−6.474***	−6.479***	−6.377***	−6.330***	−6.170***	−6.586***	−6.519***
	(−35.14)	(−32.33)	(−33.74)	(−30.89)	(−30.95)	(−27.95)	(−34.20)	(−31.74)
年度和行业固定效应	YES	YES	YES	YES	YES	YES	YES	YES
样本量（个）	17 965	15 411	17 090	14 575	17 340	14 830	17 187	14 723
调整的 R^2	0.404	0.405	0.401	0.403	0.403	0.404	0.406	0.408

公司的自主创新能力。其次，交叉项 $Star \times Cr1$ 的系数在第（3）列中为正，但并不显著，在第（4）列中则显著为正。这表明：总体而言，在更为集中的股权结构安排下，科学家独董更能促进公司创新，大股东治理与科学家独董治理存在互补效应。再次，交叉项 $Star \times InstShare$ 的系数在第（5）列中显著为正，在第（6）列中为正但并不显著。这表明：在机构投资者持股比例高的公司中，科学家独董更能增加公司未来一年的专利申请数量，机构投资者的外部治理与科学家独董治理同样存在互补效应。最后，由第（7）和第（8）列的结果可知，交叉项 $Star \times ManShare$ 的系数分别在5%和10%的水平上显著为负，表明相对于高管持股的公司，在高管不持股的公司，院士及其候选人更能发挥独立董事的监督职能。管理层持股是促使公司高管按照股东利益最大化行事的重要激励方式。我们的结果表明，当股权激励不足时，科学家独董可以更好地发挥监督职能，从而对股权激励起着重要的替代作用。

四、研究结论

本章考察了科学家独董在公司创新活动中发挥的作用及具体渠道，发现科学家独董通过战略咨询、创新资源集聚和产学研合作三条渠道促进了公司创新。本章的研究结论表明，充分发挥科学家的作用，推动公司的产学研合作，对于当前国家创新体系的构建具有重要意义，一定程度上积极响应了十九大报告中提出的“深化科技体制改革，建立以公司为主体、市场为导向、产学研深度融合的技术创新体系”的重要号召。

第八章　科学家独立董事与董事会监督职能

本章继续利用第七章搜集的在我国上市公司担任独董的科学家（两院院士及其候选人）的独特数据，研究了科学家独董是否因为具备行业技术专长而能更好地发挥监督职能，具体得出了以下发现：第一，科学家独董与公司未来一年的过度投资程度显著负相关，并在控制公司个体固定效应、Heckman 两阶段法、PSM 法等一系列稳健性检验后依然成立；第二，高技术行业公司、研究专长与公司主营业务一致以及具有更高的科研绩效（H 指数更高）的科学家独董对公司过度投资的抑制作用更强；第三，在战略委员会或投资委员会任职会显著增强科学家独董的监督职能，而具有政府官员背景或在多家上市公司兼职则会削弱其监督职能；第四，对科学家担任独董和其他公司高管的样本所进行的分组研究发现，抑制公司过度投资的作用仅仅体现在担任公司独董的样本中，这进一步表明科学家独董在抑制公司过度投资方面扮演的角色主要是监督者，而非咨询专家。

第一节　科学家独立董事的任职现状与本章的研究贡献

独立董事制度是全球主要证券交易所要求公司董事会形成权力制衡与监督、实现有效公司治理的重要机制。大家普遍认为，独立董事的重要职能包括：代表全体股东监督公司管理层［例如减少过度投资（曹春方和林雁，2017）］和代表中小股东监督大股东［例如抑制大股东掏空和关联交易（武立东等，2019）］。独立董事发挥监督职能的关键在于：第一，地位“独立”，即独立董事对上市公司及全体股东负有诚信与勤勉义务，应当维护公司整体利益，尤其要关注中小股东的合法权益不受损害；应当独立履行职责，不受上市公司主要股东、实际控制人或者其他与上市公司存在利害关系的单位或个人的影响；第二，具备监督的能力，即“懂事”，因此独立董事往往需要具备专业的会计、法律、金融、市场营销、公司战略等背景，甚至本身也同时担任其他公司的董事长、总经理等职务（Kang et al.，2018）。

本章基于抑制公司过度投资的视角对科学家独董的监督职能开展研究，原因有三：第一，在我国资本市场实践中，上市公司聘任具备行业技术专长的科学家担任独立董事已是较为普遍的事实，例如京东方（000725）的液晶物理理论专家、中国科学院院士欧阳钟灿，青岛海尔（600690）的自动控制专家、中国工程院院士吴澄等。现有研究往往关注顶级技术专家独董影响公司的 R&D 支出和创新绩效的咨询职能（Faleye et al.，2018），而忽视了监督职能。因此，有关上市公司治理的一个悬而未决的重要问题是：担任独立董事的科学家能否发挥独特的监督职能，维护中小股东利益免受大股东侵占？第二，科学家尤其是取得较高科学成就的科学研究者，从经济学视角看其研究成果是向全社会提供准公共产品（Stephan，1996），往往需要具有服务于全人类福祉的宽广胸怀，因而相较于大部分具有会计、法律、金融等实务工作背景的独立董事而言，其地位有可能更加超脱。不仅如此，科学家还具备独特的求真务实的精神（潜伟，2019）。这种求真务实的精神意味着科学家独董相对不容易受到大股东和高管人情，以及个人经济利益的影响，即更加“独立”。第三，公司治理领域中的典型代理问题大多涉及财务会计专业领域，例如盈余管理、财务重述、管理层薪酬、关联交易等，相关的监督职能的发挥效率取决于独立董事的财务会计以及法律专业知识。但是过度投资则是一类较为特殊的代理问题，对一个投资项目的成本和收益的分析判断主要取决于相关行业的专业知识（Drobetz et al.，2018）。科学家往往对行业前景、战略定位和产业环境等有着更强的洞察力和前瞻性，因而可以更准确地评估潜在投资项目的风险、收益和价值，即更加“懂事”。① 因此，可以合理预期，相比其他背景的独立董事，科学家独董有可能因为具备行业技术专长而能更好地抑制公司过度投资。

本章的主要贡献包括以下方面：首先，本章拓展了关于独立董事的背景特征与公司治理的系列文献。独立董事的背景特征对其监督职能发挥的影响一直是学术界研究的热点话题，例如，最新的研究探讨了独立董事的行业经验（Ke et al.，2020）、政治关联（Hu et al.，2020）和海外经历（Wen et al.，2020）等背景特征对公司治理的影响。本章利用手工搜集的

① 一些上市公司网站上公布了科学家独董指导生产项目的报道和照片，例如山西同德化工股份有限公司在公司网站主页上专题报道了中国工程院院士、公司独立董事汪旭光在生产车间现场检查并指导工作。

院士及其候选人在上市公司担任独董的独特样本，首次发现科学家独董可以在抑制公司过度投资方面发挥有效的监督职能，从而拓展了该系列文献的研究边界。其次，本章拓展了公司治理与公司过度投资的系列文献。自从 Jensen（1986）和 Richardson（2006）等人提出自由现金流代理理论以来，国内外文献主要基于委托代理理论，围绕董事会治理（曹春方与林雁，2017；陈运森与谢德仁，2011；向锐，2015）、股东治理（胡诗阳与陆正飞，2015；窦欢等，2014）、利益相关者治理（Chiu et al.，2019；Choi et al.，2020）等公司内外部治理机制探讨了公司过度投资的影响因素。本章研究表明：科学家独董因具备行业技术专长，可以有效抑制公司的过度投资行为，从而为该领域的研究提供了新的证据。此外，本章在以往文献中“独立董事具备行业经验，因而可以更好地发挥监督职能”这一方向上进行了更为深入的挖掘，利用科学家独董的详细科研方向和发表成果的公开信息，克服了有关具备行业经验的独董的研究文献的局限，识别出独立董事因为具备行业技术专长这一更加细分的特征，因而可以更好地发挥监督职能的证据。从学术文献看，行业技术专长是和近年公司治理研究领域重点关注的行业经验紧密关联的概念，可以视为行业经验的独特子集，具备行业技术专长的人必定具备行业经验，然而具备行业经验的人未必具备行业技术专长。已有文献发现，独董具备行业经验既有可能发挥咨询职能，如影响公司 R&D 支出和创新绩效（Faleye et al.，2018；Kang et al.，2018；Masulis et al.，2012），也有可能发挥监督职能，如降低上市公司的盈余管理水平（Wang et al.，2015；Cohen et al.，2013）、财务重述概率（Cohen et al.，2013；Masulis et al.，2012）和管理层过高薪酬（Wang et al.，2015），并显著提高管理层的薪酬绩效敏感性（Masulis et al.，2012）、职位更替绩效敏感性（Wang et al.，2015；Masulis et al.，2012）。然而，现有文献针对具有行业经验的独董进行的研究或者根据对独董背景特征和公司经营范围的描述进行判断，当独立董事有着和公司所在行业相关的教育背景或者工作经历时则被看作具备行业经验（张斌与王跃堂，2014），或者根据独董曾经任职的公司的行业分类码与现任公司进行匹配（Wang et al.，2015；Drobetz et al.，2018；Faleye et al.，2018；Kang et al.，2018；Masulis et al.，2012）。这导致已有研究存在两类局限：第一，行业经验变量无法准确度量行业技术专长，例如独立董事在同行业从事过财务会计工作和从事过具体的科技研发工作所具备的行业技术专长显然存在较大差异；第二，难以区分虽然都具有行业技术专长但存在水平差异的独董之间的技术水平差异。

第二节　有关独立董事监督职能的文献回顾与研究假设

一、文献回顾

1. 独董的异质性、行业经验与监督职能

随着独立董事制度的强制推行，上市公司的独立董事占比日益趋同，仅仅用数量占比简单刻画独立董事特征的局限性日益突出。因此，越来越多的学者开始研究独董的异质性特征，如社会网络（梁上坤等，2018；刘斌等，2019）、是否为官员独董（Hu et al.，2020；Hu et al.，2019）、海外或学术经历（Chen et al.，2019；Wen et al.，2020；向锐与宋聪敏，2019）等对监督职能的发挥和公司价值的影响。Fedaseyeu 等（2018）发现：独立董事在法律、会计、学术和管理甚至军事等方面的专长会显著影响董事会赋予该独立董事的职责，例如进入某专门委员会等，并且该独立董事也会相应地获得更高的酬薪。

在独董具备的各种异质性特征中，引起研究者特别关注的是独董是否具备相关行业经验。2009 年 12 月，美国证监会新修订的信息披露规则要求上市公司披露每一个董事及董事候选人的行业经验和个人贡献等符合董事任职资格的专长，在这之后，董事的行业经验成为美国上市公司最乐于披露的董事专长之一，同时独董的行业经验对其监督职能发挥的影响开始成为学术界研究的热点话题（Faleye et al.，2018）。在早期的研究中，（Masulis et al.，2012）发现：具有行业经验的独董能显著更好地发挥其监督职能，对公司绩效有着积极的影响。具体而言，具有行业经验的独董占比较高的上市公司的盈余报告重述行为更少，持有现金更多，管理层的薪酬绩效敏感性和职位更替绩效敏感性更高，专利数量及引用量更多，并且具有行业经验的独董任职时的市场反应也显著更好。随后，Cohen 等（2013）发现：如果董事会下设的审计委员会中的董事同时具有会计专长和行业经验，那么将显著改善审计委员会的监督效率，并降低上市公司的盈余管理水平和财务重述概率。Wang 等（2015）在 Cohen 等（2013）的研究的基础上进一步考察了董事会其他专门委员会中具有行业经验的董事的监督职能的发挥，发现审计委员会中具有行业经验的独董会显著抑制上市公司的盈余管理，薪酬委员会中具有行业经验的独董会显著减少管理层的过高薪酬。整体而言，董事会中具有行业经验的独董显著提高了管理层的职位更替绩效敏感性，并通过并购多元化策略改善了上市公司的并购绩效。Denis 等（2015）发现：当公司分拆建立新公司和新的董事会时，其独董中有较高比例具有行业经验，其背后的原因则是独董的行业经验有利于评估管理层的能力。此外，还有一些文献发现：上下游行业的工作经验也能帮助独董更好地发挥其监督职能，例如，Nanda 与 Onal（2016）发现：具有上下游行业经验的独董往往掌握了更多的产品市场相关信息，从而具备了更强的监督和咨询能力，使得管理层的薪酬和职位变更不再过分依赖于股票市场绩效，增强了管理层薪酬激励的有效性。Dass 等（2014）则发现：具有上下游行业经验的独董能够缩小董事会和管理层之间的信息差距，从而提高了董事会监督管理层绩效的能力，并对上市公司绩效和价值具有显著的正向影响。

2. 独董的行业经验提高了公司投资效率

近期的研究深入探讨了独董凭借行业经验更好地发挥监督职能的具体渠道，发现优化和改善上市公司投资行为是具有行业经验的独董更好地发挥监督职能的主要途径。例如，Faleye 等（2018）发现：具有行业经验的独董可以有效制约管理层为了满足短期盈余目标而削减 R&D 支出的短视行为，从而增加了公司的 R&D 支出，提高了公司的创新绩效，并提升了公司价值。Drobetz等（2018）发现：董事会中具有行业经验的独董比例越高，公司价值（托宾 Q）越高。具有行业经验的独董的价值效应在投资项目更大的公司中更为显著，表明提高公司投资效率是具有行业经验的独董更好地发挥监督职能的重要渠道。

3. 对独董的行业经验的深入区分：高管任职经历与行业技术专长

随着对具备行业经验的独董的监督职能的深入研究，研究者们不再满足于仅仅依据是否具有相关行业的任职经历对独董进行简单区分，而开始更加深入地挖掘独董具备的行业经验的独特类别，包括高管任职经历和行业技术专长。

有些文献专注于独立董事是否曾经担任相关行业的高管，把独董的行业经验和领导力相结合。例如，Kang 等（2018）发现，在同行业有过 CEO 任职经验的独董可以显著提升上市公司的经营绩效。这些独董发挥作用的具体渠道是利用自身的行业经验为董事会提供咨询服务，为上市公司搜寻更有价值的研发项目，从而提高公司的创新绩效。在最新的研究中，Ke 等（2020）发现：具有上下游行业高管经验的独立董事对公司供应链和客户需求等外部经营环境更加熟悉，因而可以帮助公司提高自愿性信息披露质量。

虽然近年来公司治理研究领域重点关注了行业经验，但是由于度量上的困难，目前还鲜有研究关注独立董事的行业技术专长。行业技术专长是和行业经验紧密关联的概念，可以视为行业经验的独特子集：具备行业技术专长的人必定具备行业经验，然而具备行业经验的人未必具备行业技术专长。例如，即使在同一家公司内，会计人员和研究工程师在产品研发方面的专业知识也有很大差距。现有文献关于具有行业经验的独董的判断多数是基于其职业经历：或是根据独立董事背景和公司经营范围的描述——如果独立董事具备和公司所在行业相关的教育背景或者工作经历则被视为具有行业经验（张斌与王跃堂，2014）；或是根据独立董事曾经任职的公司的行业代码与现任公司的匹配情况——如果行业代码相同则被视为具有行业经验（Drobetz et al.，2018；Faleye et al.，2018；Kang et al.，2018；Masulis et al.，2012；Wang et al.，2015）。这导致已有研究存在两类局限：第一，行业经验的概念较为宽泛，无法准确度量特定行业的技术专长；第二，难以识别拥有更高行业技术专长水平和专业成就的独立董事。

4. 公司治理与公司过度投资

过度投资是因公司管理者将自由现金流投资于负净现值项目而造成的非效率投资行为（Jensen，1986）。根据 Jensen（1986）以及 Richardson（2006）等提出的自由现金流代理理论，导致公司过度投资的主要根源在于管理者与股东之间利益不一致产生的代理问题。管理者为了追求个人私利，具有构建庞大公司帝国的强烈偏好，倾向于把公司自由现金流投资于净现值为负的项目，从而造成过度投资。Richardson（2006）的研究进一步论证了自由现金流与过度投资之间的关系，发现过度投资行为往往集中出现在自由现金流水平较高的公司中，而完善的公司治理机制可以缓解自由现金流过度投资行为。此后，国内外文献主要基于委托代理理论，围绕董事会治理（曹春方与林雁，2017；陈运森与谢德仁，2011；向锐，2015）、股东治理（胡诗阳与陆正飞，2015；窦欢等，2014）、利益相关者治理（Chiu et al.，2019；Choi et al.，2020）等公司内外部治理机制探讨了公司过度投资的影响因素。

二、研究假设

独立董事发挥监督职能的关键在于监督意愿（即“独立”）和监督能力（即“懂事”），下文从这两个方面对科学家独董影响公司过度投资的逻辑和机制进行理论推演：

从监督意愿来看，首先，科学家尤其是取得了较高科学成就的科学研究者，从经济学视角看其研究目的是向全社会提供准公共产品（Stephan，1996），往往需要具有服务于全人类福祉的宽广胸怀，因而相较于大部分具有会计、法律、金融等实务工作背景的独立董事而言，其地位有可能更加超脱，即更加“独立”。不仅如此，科学家还需要具备独特的求真务实精神，这种求真务实精神也是科学家精神的集中体现（潜伟，2019）。在2018年3月举办的“中国科学家精神”座谈会上，中国工程院院士杜祥琬将科学家精神概括为：第一，科学家要有追求真理的科学精神，要有实事求是的态度，要有对真、善、美的追求和严谨的学风，科研工作来不得一点马虎，要做老实人、说老实话、办老实事。第二，科学的灵魂在于创新，创新驱动发展是国家重要战略，科学家不能满足于已有的认识、能力、技术和产品，需时刻牢记以科技创新推动社会进步。第三，科学家要有家国情怀、社会责任感和历史使命感。因此，我们可以合理推断：科学家独董相对不容易受到大股东和高管人情，以及个人经济利益的影响，更加注重投资项目的实效。他们更有可能在董事会上保持独立性并对低效投资勇敢说“不”，从而有利于抑制公司的过度投资。其次，科学家在长期的科研经历中对学术声誉的追求，会使他们在履职过程中更加爱惜自己的羽毛，因此声誉机制也是激励科学家独董发挥监督职能的重要机制（Li et al.，2018；Sila et al.，2017）。在我国制度建设和法律体系尚不健全的情况下，劳动力市场机制对于激励独立董事发挥监督职能的实际效果有限，声誉机制成为我国当前激励独立董事勤勉履职的首要机制（黄海杰等，2016；Lel and Miller，2019）。由于科学家的声誉和他所从事的科学研究事业和个人长远利益息息相关：从科研成果的发表到科研项目的申报、人才计划评选、同行合作等都受到科学家声誉的影响，因此科学家会更加注重维护好个人声誉（李曙光，2007）。一旦因监督不力造成所在公司投资失败，科学家独董将会面临巨大的社会舆论压力和声誉损失及由此带来的经济成本。因此我们可以合理预期，科学家独董将有可能在声誉机制的作用下更为勤勉尽职地发挥监督职能，抑制公司的过度投资行为。

从监督能力来看，第一，不同于对盈余管理、财务重述等典型代理问题的监督效果取决于独立董事的财务会计知识，过度投资是一类较为特殊的代理问题，对一个投资项目的成本和收益的分析判断主要取决于相关行业的专业知识（Drobetz et al.，2018）。科学家独董拥有较高的科学成就，他们往往具备一般公司董事或者高管所不具备的对于某一专业方向发展的洞察力，对行业前景、战略定位和产业环境等有着更加准确的预判，可以更准确地评估待投资项目的潜在风险、收益和价值，因而有可能对公司投资方向做出更加精准的判断。美国无线电公司（RCA）在液晶显示技术领域投资失败的案例，也充分说明了科学家独董对公司投资决策的重要作用，正如第九届“最具影响力独立董事奖”得主、京东方的院士独董欧阳钟灿所说：“如果当时的RCA有科技专家做独立董事，可以前瞻性地看到液晶显示技术的巨大价值，很可能就不会丢掉这个项目。”① 因此我们可以合理预期，科学家独董可以通过对公司投资项目的事前可行性论证和事后跟踪咨询，避开或及时停下净现值为负的投资项目，减少公司的过度投资（Drobetz et al.，2018）。第二，科学家作为知识权威，在董事会上发表意见更容易受到其他董事的重视和认可，从而更有可能对管理层决策发挥作用。尤其在公司重大投资方向的选择上，科学家独董的专业意见更有可能被董事会接受，这是科学家独董发挥影响力的重要基础。可以设想这样的场景：如果科学家独董在董事会上对一个投资项目给出了负面意见，他们在专业领域的权威地位可能会对其他董事产生重要影响，导致CEO和其他董事很难继续推进该项目。从此次新冠肺炎疫情也可以看出，钟南山院士等科学家们每一次关于疫情的讲话都能引发社会各界的强烈反响，而这正是源于他们在专业上的精深造诣和严谨求实的作风，以及作为知识权威的影响力。

基于以上分析，本章提出了以下待检验的假设：

*H*1：在其他条件不变的情况下，科学家独董能抑制公司的过度投资行为。

在上文的基础上，我们结合科学家独董的行业技术专长，进一步分析科学家独董是否在高技术行业任职、行业技术专长是否与任职公司主营业务一致，以及是否具有较高的行业技术专长水平对抑制公司过度投资的影响。首先，科学家独董如果在高技术行业公司中任职，则更有可能抑制公司的过度投资行为。原因在于：相对于一般行业（例如服务业），医药制造和信息技术等高技术行业的R&D投入强度和创新活跃度往往相对较高，公司投资项目更多地涉及研发创新，此时科学家独董更有可能通过发挥行业专长来提高公司的投资效率，抑制过度投资行为。其次，如果科学家独董的行业技术专长与任职公司主营业务一致，则更有可能抑制公司的过度投资行为。行业技术专长与任职公司主营业务一致的科学家独董往往享有业内专家的声誉，他们不仅掌握了足够的专业知识，而且往往掌握了

① 严学锋. 院士欧阳钟灿：多引入科技独董［J］. 董事会，2013（7）：32-33。

较多前沿的行业信息，从而能够对公司的投资决策起到更积极的作用，减少无效率投资。最后，如果科学家独董具有较高的行业技术专长水平，则更有可能抑制公司的过度投资行为。行业技术专长水平较高的科学家不仅拥有更加丰富的专业知识，而且拥有更多的社会资本和信息（Schiffauerova and Beaudry，2011）。此外，科研成果卓著的科学家往往还有着良好的社会声誉，这也会增强科学家独董的意见的可信度和影响力，有利于监督职能的发挥。

基于以上分析，我们提出以下待检验的假设：

*H*2a：在其他条件不变的情况下，在高技术行业公司中任职的科学家独董对公司过度投资的抑制作用更大。

*H*2b：在其他条件不变的情况下，行业技术专长与任职公司主营业务一致的科学家独董对公司过度投资的抑制作用更大。

*H*2c：在其他条件不变的情况下，具有较高研究技术专长水平的科学家独董对公司过度投资的抑制作用更大。

第三节　监督职能的研究设计

一、科学家独董的界定与数据来源

本章将我国的两院院士及其历届候选人界定为科学家，如果两院院士及其候选人担任独立董事则界定为科学家独董。具体数据搜集和处理方法同第七章。为便于阅读，我们把数据处理过程汇总成了表 8－1。

表 8－1　　**数据处理过程**

处理步骤	处理方法	处理结果
统计候选人姓名-个人信息数据表	以姓名为对象，统计每个姓名对应的候选人基本信息（出生年份、专业、任职单位等）、参加历届选举的年份，以及该姓名是否存在重名现象	统计得出包含4 865个候选人姓名的数据表
统计上市公司独立董事名单数据表	从锐思金融数据库中搜集到独立董事姓名、职位、性别、出生年份、任期起止日期等相关信息	统计得出有关上市公司历届独立董事信息的数据表
初步匹配	根据候选人姓名-个人信息数据表和上市公司独立董事数据表按姓名进行初步匹配	得到初步匹配成功的上市公司独立董事名单

续表

处理步骤	处理方法	处理结果
精确匹配	根据候选人和独立董事的出生年份、任职单位、专业、学历、籍贯等信息，考虑重名现象后，进一步精确匹配	得到 589 个院士候选人独立董事，分布在 462 家上市公司
检查与校对 1	比对基于上市公司公告得出的院士独董名单和通过匹配得出的科学家独董名单	凡是通过公司公告披露的院士独董，均能在匹配的名单中找到
检查与校对 2	根据匹配的科学家独董名单，逐个和上市公司高管个人简历进行仔细比对	匹配得到的科学家独董无“多余”名单

二、模型设定与变量定义

1. 模型设定

为检验上文提出的研究假设，设定以下双向固定效应模型：

$$OverInv_{i,t+1} = \beta_0 + \beta_1 Scientist_{i,t} + \gamma Controls_{i,t} + \theta_t + \alpha_i + \varepsilon_{i,t} \quad (8-1)$$

模型（8－1）中被解释变量为公司的过度投资水平，为了缓解反向因果关系带来的内生性问题，即治理机制完善、投资效率高的公司更容易吸引到科学家独董，过度投资变量采用未来一期值。在解释变量中，变量 *Scientist* 衡量了上市公司当年是否有科学家独董。如果 β_1 显著为负，则表明科学家独董可以显著抑制公司未来一期的过度投资水平，是有效的公司治理机制。*Controls* 为一系列控制变量。此外，本章还控制了年度固定效应（θ_t）和公司个体固定效应（α_i），以控制宏观层面经济环境随着时间推移的变化趋势以及公司层面不可观测且不随时间变化的个体异质性。

2. 过度投资的估计

借鉴 Richardson（2006）的研究，本章使用以下模型来估计公司的正常投资水平：

$$\begin{aligned} Inv_{i,t} = &\beta_0 + \beta_1 TQ_{i,t-1} + \beta_2 Lev_{i,t-1} + \beta_3 Cash_{i,t-1} \\ &+ \beta_4 Age_{i,t-1} + \beta_5 Size_{i,t-1} + \beta_6 Ret_{i,t-1} \\ &+ \beta_7 Inv_{i,t-1} + \sum YearDummy \\ &+ \sum IndustryDummy + \varepsilon_{i,t} \end{aligned} \quad (8-2)$$

其中因变量 $Inv_{i,t}$ 为上市公司 i 在第 t 年的投资支出，定义为购建固定资产、无形资产和其他长期资产支付的现金减去处置固定资产、无形资产和其他长期资产收回的现金，再除以总资产（杨华军与胡奕明，2007）；*TQ* 为公司的成长机会，用托宾 *Q* 衡量；*Lev* 为公司的资产负债率，为负债总额与资产总额的比值；*Cash* 为公司的现金持有量，为货币资金与总资产的比值；*Age* 是公司的上市年龄，用公司自 IPO 起的年数的自然对数衡量；*Size* 为公司规模，用公司总资产的自然对数衡量；*Ret* 是公司在股票市场上的年收益率。模型（8－2）中所有解释变量都滞后一期。此外，我们还控制了年度和行业固定效应。回归之后因变量的拟合值衡量了公司的正常投资水平，而非效率投资水平则可以用回归得到的残差来衡量：若残差值为正，则表示投资过度；若残差值为负，则表示投资不足。由于我们重点关注公司的过度投资问题，因此我们仅保留残差为正的样本，按残差构建本章的过度投资变量（*OverInv*1）（Aggarwal and Samwick，2006；辛清泉等，2007）。此外，我们还使用销售收入增长率作为成长机会的代理变量（窦欢等，2014），采用同样的方法得到另一个衡量过度投资的变量（*OverInv*2）。

3. 科学家独董与行业技术专长

我们用虚拟变量 *Scientist* 来测度公司层面的科学家独董特征，定义为：如果上市公司当年至少有一个科学家独董，则该变量取值为 1，否则取值为 0。在稳健性检验中，我们用科学家独董人数占比来重新测度科学家独董变量。

此外，为了衡量科学家独董的行业技术专长水平，我们从三个方面构建公司层面的指标：（1）公司是否处于高技术行业（*HighTech*）。根据国家统计局发布的《高技术产业（制造业）分类（2017）》，高技术行业主要包括医药制造业，计算机、通信和其他电子设备制造业，化学原料及化学制品制造业等 R&D 投资密度较大的行业。变量 *HighTech* 定义为：如果公司处于高技术行业，则该变量取值为 1，否则取值为 0。（2）科学家独董的行业技术专长是否与任职公司主营业务一致。我们先通过比对科学家独董的行业技术专长和任职公司的行业分类以及主营产品类型，来确定科学家独董的行业技术专长是否与任职公司主营业务一致，然后据此构建了公司层面的变量 *Major_Related* 和 *Major_Unrelated*。*Major_Related* 定义为：公司当年至少有一个科学家独董，且其行业技术专长与任职公司主营业务一致时，该变量取值为 1，否则取值为 0。*Major_Unrelated* 定义为：公司当年至少有一个科学家独董，且其行业技术专长与任职公司主营业务不一致时，该变量取值为 1，否则取值为 0。[①] (3) 科学家独董的行业技术专长水平。借鉴 Fisman 等（2018）的研究，我们用科学家独董的 *H* 指数（*H-index*）来衡量其行业技术专长水平。*H* 指数来源于 Web of Science，它同时衡量了科学家的科研成果发表数量和质量。我们根据科学家独董的 *H* 指数构建了公司层面的变量 *High_TecLevel* 和 *Low_TecLevel*。*High_TecLevel* 定义为：公司当年至少有一个科学家独董，且其 *H* 指数在样本中值以上时，该变量取值为 1，否则取值为 0；*Low_TecLevel* 定义为：公司当年至少有一个科学家独董，且其 *H* 指数在样本中值以下时，该变量取值为 1，否则取值为 0。

4. 控制变量

借鉴姜付秀等（2009）、窦欢等（2014）、王化成等（2016），我们选择了如下控制变量：自由现金流（*Fcf*），用经营性现金流量净额减去正常投资水平再除以总资产来衡量；公司规模（*Size*），对年末总资产取自然对数；资产负债率（*Lev*），负债总额与资产总额的比值；总资产增长率（*Gasset*）；总资产收益率（*ROA*），即净利润与总资产的比值；股权属性（*SOE*），当公司控股股东为中央国有企业或者地方国有企业时，该变量取值为 1，否则取值为 0；股权集中度（*Cr*1），用第一大股东持股数量占总股本的百分比来衡量；董事会规模（*Boardsize*），用董事会总人数来衡量；独立董事比例（*Indiratio*），即独立董事人数占董事会总人数的比例；机构投资者持股比例（*Instock*），即机构投资者持股总数占比；高管薪酬（*Expay*），即董事、监事和高级管理人员（合称董监高）排名前三的薪酬总额。主要变量的定义见表 8－2。

表 8－2　　主要变量的符号与定义

变量名称	变量符号	定义
公司过度投资	*OverInv*1	根据模型（8－1）估计得出，以大于 0 的残差度量，乘以 10
	*OverInv*2	用销售收入增长率衡量成长机会，估计方法同上

① 需要注意的是，变量 *Major_Related* 和 *Major_Unrelated* 并不存在共线性问题，因为当公司当年没有聘任科学家独董时，两个变量均取值为 0。只有在聘任科学家独董，且 *Major_Related*（*Major_Unrelated*）在科学家独董的行业技术专长与任职公司主营业务一致（不一致）时才取值为 1。经计算，*Major_Related* 和 *Major_Unrelated* 的相关系数为－0.030 2，且并不显著。变量 *High_TecLevel* 和 *Low_TecLevel*，以及下文构建的科学家独董任职特征变量的逻辑与此相同。

续表

变量名称	变量符号	定义
科学家独董	*Scientist*	当年至少有一个院士（候选人）独董，则取值为 1，否则取值为 0
高技术行业	*HighTech*	公司处于高技术行业，则取值为 1，否则取值为 0
科学家独董的行业技术专长是否与任职公司主营业务一致	*Major_Related*	当年至少有一个科学家独董，且其行业技术专长与任职公司主营业务一致时，取值为 1，否则取值为 0
	Major_Unrelated	当年至少有一个科学家独董，且其行业技术专长与任职公司主营业务不一致时，取值为 1，否则取值为 0
科学家独董的行业技术专长水平	*High_TecLevel*	当年至少有一个科学家独董，且其 *H* 指数在样本中值以上时，取值为 1，否则取值为 0
	Low_TecLevel	当年至少有一个科学家独董，且其 *H* 指数在样本中值以下时，取值为 1，否则取值为 0
自由现金流	*Fcf*	(经营性现金流量净额－正常投资水平)/资产总额
公司规模	*Size*	年末总资产的自然对数
资产负债率	*Lev*	负债总额/资产总额
总资产增长率	*Gasset*	衡量了公司的成长性和投资机会
总资产收益率	*ROA*	净利润/总资产
股权属性	*SOE*	控股股东为中央或地方国有企业时，取值为 1，否则取值为 0
股权集中度	*Cr*1	第一大股东持股比例
董事会规模	*Boardsize*	董事会人数
独立董事比例	*Indiratio*	独立董事人数与董事会人数的比值
机构投资者持股比例	*Instock*	机构投资者持股总数占比
高管薪酬	*Expay*	董监高排名前三的薪酬总额

三、研究样本与描述性统计

1. 研究样本

考虑到股权分置改革对股价以及以股价为基础的指标的影响，本章选取 2005—2017 年所有 A 股上市公司作为初始样本，在此基础上剔除了金融行业公司样本、ST 公司样本、PT 公司样本以及相关变量缺失的样本。上市公司财务数据、公司治理数据、股票收益率数据、独立董事背景特征数据来自国泰安数据库，上市公司独立董事和其他高管名单来自锐思金融数据库，其他数据来自万得数据库或通过手工搜集整理而得。研究样本的具体筛选过程见表 8-3，由表可知，2005—2017 年的初始样本共有 29 263 个，最终样本为 5 509 个，其中步骤 3 删除的样本最多，共删除了 12 991 个投资不足的样本。

表 8-3　　样本筛选过程

操作步骤	筛选过程	删除样本（个）	剩余样本（个）
1	初始样本为 2005—2017 年，来自国泰安数据库	/	29 263
2	删除金融行业公司样本和计算投资效率过程中存在数据缺失的样本	7 804	21 459
3	删除投资不足（残差小于 0）的样本，保留过度投资的样本	12 991	8 468
4	删除 ST 公司、PT 公司样本	378	8 090
5	删除相关变量缺失的样本	2 581	5 509

2. 描述性统计

变量的描述性统计分析结果见表 8-4 的 Panel A，为消除极端值的影响，对连续变量进行了上下 1%的缩尾处理。由该表可知，科学家独董（*Scientist*）的均值为 0.083，表明在我们的样本中，约有 8.3%的样本公司聘用了科学家独董。高技术行业（*HighTech*）的均值为 0.329，表明约三分之一的样本处于高技术行业。变量 *Major_Related* 和 *Major_Unrelated* 的均值分别为 0.071 和 0.012，表明绝大多数科学家独董的行业技术专长与任职公司主营业务一致，二者均值之和正好等于变量 *Scientist* 的均值（0.083）。表 8-4 的 Panel B 统计了科学家独董任职公司的行业分布情况。

可以看出，共有 456 家上市公司先后聘任科学家担任独立董事①，其中制造业有 331 家，占比 72.59%。采矿业以及信息传输、软件和信息技术服务业分别有 26 家和 21 家，占比分别为 5.7%和 4.61%，分别排名第二和第三。

表 8-4　　描述性统计分析

Panel A：公司层面主要变量的单变量统计分析						
变量	均值	中位数	标准差	最小值	最大值	样本量（个）
公司过度投资 1（*OverInv*1）	0.380	0.249	0.380	0.000	1.754	5 509
公司过度投资 2（*OverInv*2）	0.385	0.259	0.380	0.000	1.757	5 509
科学家独董（*Scientist*）	0.083	0.000	0.275	0.000	1.000	5 509
高技术行业（*HighTech*）	0.329	0.000	0.470	0.000	1.000	5 509
科学家独董的行业技术专长与公司主营业务一致（*Major_Related*）	0.071	0.000	0.257	0.000	1.000	5 509
科学家独董的行业技术专长与公司主营业务不一致（*Major_Unrelated*）	0.012	0.000	0.108	0.000	1.000	5 509
H 指数高（*High_TecLevel*）	0.040	0.000	0.195	0.000	1.000	5 509
H 指数低（*Low_TecLevel*）	0.043	0.000	0.203	0.000	1.000	5 509
自由现金流（*Fcf*）	0.006	0.002	0.068	−0.237	0.219	5 509
公司规模（*Size*）	12.790	12.670	1.128	10.100	16.500	5 509
资产负债率（*Lev*）	0.453	0.457	0.187	0.048	0.887	5 509
成长能力（*Gasset*）	0.191	0.129	0.282	−0.338	2.545	5 509
总资产收益率（*ROA*）	0.068	0.060	0.058	−0.161	0.258	5 509
股权属性（*SOE*）	0.470	0.000	0.499	0.000	1.000	5 509
股权集中度（*Cr*1）	0.347	0.329	0.146	0.088	0.750	5 509
董事会规模（*Boardsize*）	9.059	9.000	1.771	5.000	15.000	5 509
独立董事比例（*Indiratio*）	0.366	0.333	0.051	0.091	0.556	5 509
机构投资者持股比例（*Instock*）	0.382	0.386	0.230	0.000	0.864	5 509
高管薪酬（*Expay*）	14.180	14.190	0.729	12.030	16.040	5 509

① 剔除了 6 家已退市的上市公司。

续表

Panel B：科学家独董任职公司的行业分布					
所属行业	公司数目（家）	占比（%）	所属行业	公司数目（家）	占比（%）
制造业	331	72.59	建筑业	8	1.75
采矿业	26	5.70	交通运输、仓储和邮政业	5	1.10
信息传输、软件和信息技术服务业	21	4.61	科学研究和技术服务业	4	0.88
批发和零售业	15	3.29	金融业	4	0.88
电力、热力、燃气及水生产和供应业	13	2.85	住宿和餐饮业	2	0.44
房地产业	11	2.41	其他	6	1.32
农、林、牧、渔业	10	2.19	总计	456	100

第四节　监督职能的实证分析

一、基本回归结果分析

基本回归结果见表 8-5，由第（1）和第（2）列可知，*Scientist* 的回归系数均在 5%的水平上显著为负，表明科学家独董显著抑制了公司的过度投资行为，发挥了有效的监督职能，假设 *H*1 成立。在余下几列，我们进一步检验了科学家独董的行业技术专长对发挥其监督职能的影响。在第（3）和第（4）列，我们加入了 *Scientist* 和 *HighTech* 的交叉项（*Scientist*×*HighTech*），以检验在高技术行业公司中任职的科学家独董对公司过度投资的抑制作用是否更好（假设 *H*2a）。由表可知，*Scientist*×*HighTech* 的系数均在 5%的水平上显著为负，表明在高技术行业公司中任职的科学家独董更能抑制公司的过度投资行为，假设 *H*2a 得到了支持。在第（5）和第（6）列，为了检验是否行业技术专长与任职公司主营业务一致的科学家独董对公司过度投资的抑制作用更好（假设 *H*2b），我们在模型（8-1）中用 *Major_Related* 和 *Major_Unrelated* 代替 *Scientist* 进行了回归，由表可知，*Major_Related* 的回归系数显著为负，而 *Major_Unrelated* 的系数不再显著，并且 *Major_Related* 的回归系数的绝对值和 *t* 值均远大于

Major_Unrelated。这表明如果科学家独董的行业技术专长和任职公司所处行业以及主营业务一致，则科学家独董能更好地发挥监督职能，抑制过度投资，假设 *H*2b 成立。在第（7）和第（8）列，为了检验具有更高行业技术专长水平的科学家独董对公司过度投资的抑制作用是否更好（假设 *H*2c），我们在模型（8－1）中用 *High_TecLevel* 和 *Low_TecLevel* 代替 *Scientist* 进行回归，由表 8－5 可知，*High_TecLevel* 的回归系数分别为－0.111 和－0.114，*t* 值分别为－2.60 和－2.66，均在 1%的水平上显著。而 *Low_TecLevel* 的回归系数分别为－0.049 和－0.048，*t* 值分别为－1.31 和－1.27，不再显著，表明拥有更高的行业技术专长水平的科学家独董能更好地发挥监督职能，抑制过度投资，假设 *H*2c 成立。

在控制变量方面，自由现金流（*Fcf*）的系数在所有回归结果中均显著为正，表明公司自由现金流的增加会恶化过度投资，从而支持了 Jensen（1986）、Richardson（2006）的自由现金流代理成本假说。此外，变量 *Size* 和 *Lev* 的回归系数均显著为负，表明规模越大、杠杆率越高的公司其过度投资程度越低。*Gasset* 的回归系数均显著为正，表明成长性越高的公司越倾向于过度投资。

二、科学家独董任职特征对监督职能发挥的影响

下面我们进一步分析科学家独董的任职特征对监督职能的发挥和公司过度投资的影响。（1）科学家独董是否同时在战略委员会或投资委员会等专业委员会任职。战略委员会或投资委员会的主要工作职责是对公司重大投资决策和长期发展战略进行研究并提出建议。Wang 等（2015）和 Cohen等（2013）的研究均表明：董事会下设专门委员会中的独董如果具有相关行业经验或行业技术专长，则能更好地发挥监督职能。因此可以合理预期，科学家独董同时在这些专业委员会任职将有利于更好地发挥监督职能、抑制公司的过度投资行为。（2）科学家独董是否具有政府官员背景。一方面，已有文献发现，具有政府官员背景的独董虽然能够通过伸出“扶持之手”为上市公司带来财政补贴、税收优惠等公共资源，却并不能更好地发挥监督和咨询职能（叶青等，2016）。另一方面，具有政府官员背景的独董也为地方政府介入上市公司的投融资决策提供了便利，从而加剧了公司过度投资（Chen et al.，2011）。因此我们预期，相对于具有政府官员背景的科学家独董，不具有政府官员背景的科学家独董可以更好地约束公司的过度投资行为。（3）科学家独董兼职的上市公司数量。关于独董兼职的上市公司数量对独董监督职能发挥的影响有两种相互冲突的观

表 8-5　基本回归结果

	$OverInv1_{t+1}$ (1)	$OverInv2_{t+1}$ (2)	$OverInv1_{t+1}$ (3)	$OverInv2_{t+1}$ (4)	$OverInv1_{t+1}$ (5)	$OverInv2_{t+1}$ (6)	$OverInv1_{t+1}$ (7)	$OverInv2_{t+1}$ (8)
Scientist	−0.075** (−2.45)	−0.075** (−2.47)	−0.026 (−0.70)	−0.028 (−0.74)				
Scientist×*HighTech*			−0.113** (−2.07)	−0.111** (−2.02)				
Major_Related					−0.081** (−2.53)	−0.082** (−2.55)		
Major_Unrelated					−0.043 (−0.49)	−0.042 (−0.47)		
High_TecLevel							−0.111*** (−2.60)	−0.114*** (−2.66)
Low_TecLevel							−0.049 (−1.31)	−0.048 (−1.27)
HighTech			0.054 (1.30)	0.044 (1.06)				
Fcf	0.224** (2.02)	0.263** (2.36)	0.228** (2.04)	0.266** (2.38)	0.225** (2.03)	0.264** (2.37)	0.227** (2.05)	0.266** (2.39)
Size	−0.121*** (−5.89)	−0.129*** (−6.21)	−0.121*** (−5.89)	−0.129*** (−6.22)	−0.121*** (−5.89)	−0.129*** (−6.21)	−0.120*** (−5.86)	−0.129*** (−6.18)

续表

	$OverInv1_{t+1}$ (1)	$OverInv2_{t+1}$ (2)	$OverInv1_{t+1}$ (3)	$OverInv2_{t+1}$ (4)	$OverInv1_{t+1}$ (5)	$OverInv2_{t+1}$ (6)	$OverInv1_{t+1}$ (7)	$OverInv2_{t+1}$ (8)
Lev	−0.324*** (−4.50)	−0.277*** (−3.84)	−0.327*** (−4.53)	−0.280*** (−3.86)	−0.325*** (−4.51)	−0.278*** (−3.85)	−0.324*** (−4.49)	−0.277*** (−3.83)
Gasset	0.152*** (5.09)	0.158*** (5.25)	0.152*** (5.08)	0.157*** (5.24)	0.152*** (5.09)	0.158*** (5.25)	0.153*** (5.12)	0.158*** (5.28)
ROA	0.329* (1.93)	0.316* (1.85)	0.333* (1.96)	0.319* (1.88)	0.331* (1.95)	0.318* (1.87)	0.325* (1.91)	0.312* (1.83)
SOE	0.021 (0.45)	0.022 (0.47)	0.023 (0.50)	0.024 (0.52)	0.020 (0.44)	0.021 (0.46)	0.021 (0.46)	0.022 (0.48)
Cr1	0.249** (2.14)	0.248** (2.12)	0.257** (2.21)	0.256** (2.18)	0.252** (2.17)	0.251** (2.15)	0.249** (2.13)	0.247** (2.11)
Boardsize	0.007 (0.92)	0.007 (0.96)	0.006 (0.89)	0.007 (0.93)	0.007 (0.92)	0.007 (0.95)	0.007 (0.91)	0.007 (0.95)
Indiratio	−0.006 (−0.04)	−0.019 (−0.12)	−0.015 (−0.09)	−0.027 (−0.16)	−0.007 (−0.04)	−0.020 (−0.12)	−0.000 (−0.00)	−0.013 (−0.08)
Instock	0.090** (2.22)	0.097** (2.40)	0.094** (2.34)	0.101** (2.50)	0.090** (2.24)	0.098** (2.41)	0.089** (2.21)	0.096** (2.38)
Expay	0.033 (1.58)	0.033 (1.56)	0.035* (1.65)	0.034 (1.63)	0.033 (1.59)	0.033 (1.57)	0.033 (1.59)	0.033 (1.58)

续表

	$OverInv1_{t+1}$ (1)	$OverInv2_{t+1}$ (2)	$OverInv1_{t+1}$ (3)	$OverInv2_{t+1}$ (4)	$OverInv1_{t+1}$ (5)	$OverInv2_{t+1}$ (6)	$OverInv1_{t+1}$ (7)	$OverInv2_{t+1}$ (8)
_cons	1.425*** (3.73)	1.503*** (3.91)	1.387*** (3.61)	1.470*** (3.81)	1.422*** (3.73)	1.499*** (3.91)	1.412*** (3.69)	1.488*** (3.87)
年度固定效应	YES	YES	YES	YES	YES	YES	YES	YES
公司个体固定效应	YES	YES	YES	YES	YES	YES	YES	YES
样本量（个）	5 509	5 509	5 509	5 509	5 509	5 509	5 509	5 509
调整的 R^2	0.071	0.069	0.072	0.070	0.071	0.069	0.071	0.069

说明：括号中报告的为 Huber-White sandwich t 统计量的值；*、**、***分别表示在 10%、5%和 1%的统计水平上显著，本章下同。

点：陈运森与谢德仁（2011）发现，独董兼职的公司数量越多、网络中心度越高，就越有利于充分利用信息优势和社会网络优势，更好地发挥监督职能。而另一些学者则发现，因兼职多家上市公司而更加忙碌的独董不利于监督职能的发挥，且显著降低了公司价值，并且当公司的信息环境较差时，忙碌独董对公司价值的负面影响更严重（Masulis and Zhang，2019）。因此，对于科学家独董兼职公司数量的影响方向我们不做预期。

回归结果见表 8 - 6。首先，我们根据科学家独董是否同时在战略委员会或投资委员会等专业委员会任职，构建了公司层面的变量 *Incommittee* 和 *NotIncommittee*，并用它们代替 *Scientist* 代入模型（8 - 1）进行了回归。*Incommittee* 定义为：公司当年至少有一个科学家独董，且其在战略委员会或投资委员会等专业委员会任职时，该变量取值为 1，否则取值为 0。*NotIncommittee* 定义为：公司当年至少有一个科学家独董，且其均未在战略委员会或投资委员会任职时，该变量取值为 1，否则取值为 0。由第（1）和第（2）列可知，*Incommittee* 的回归系数均在 1%的水平上显著为负，而 *NotIncommittee* 的系数不再显著，表明科学家独董同时在战略委员会或投资委员会任职有助于其监督职能的发挥，从而可以更有效地抑制公司过度投资。其次，我们根据科学家独董是否具有政府官员背景，构建了公司层面的变量 *Official* 和 *NotOfficial*，并用它们代替 *Scientist* 代入模型（8 - 1）进行了回归。我们用是否为厅局级及以上政府高官（例如副市长）来衡量科学家独董是否具有政府官员背景（Fisman et al.，2018）。*Official* 定义为：公司当年至少有一个科学家独董，且其具有政府官员背景时，该变量取值为 1，否则取值为 0。*NotOfficial* 定义为：公司当年至少有一个科学家独董，且其不具有政府官员背景时，该变量取值为 1，否则取值为 0。由第（3）和第（4）列可知，*NotOfficial* 的回归系数均在 5%的水平上显著为负，而 *Official* 的系数却不再显著，表明不具有政府官员背景的科学家独董的监督职能发挥得更好。最后，我们根据科学家独董是否为忙碌独董，构建了公司层面的变量 *Busy* 和 *NotBusy*，并用它们代替 *Scientist* 代入模型（8 - 1）进行了回归。借鉴 Fich 与 Shivdasani（2010）的研究，如果科学家独董在 3 家以上的上市公司兼任独董，则将其定义为忙碌独董。*Busy* 定义为：公司当年至少有一个科学家独董，且其为忙碌独董时，该变量取值为 1，否则取值为 0。*NotBusy* 定义为：公司当年至少有一个科学家独董，且其为非忙碌独董时，该变量取值为 1，否则取值为 0。由第（5）和第（6）列可知，*NotBusy* 的回归系数均在 5%的水平上显著为负，而 *Busy* 的系数却不再显著，表明因兼职公司数量过多造成的忙碌状态会弱化科学家独董的监督职能。

表 8-6　　科学家独董任职情况对监督职能发挥的影响

	$OverInv1_{t+1}$ (1)	$OverInv2_{t+1}$ (2)	$OverInv1_{t+1}$ (3)	$OverInv2_{t+1}$ (4)	$OverInv1_{t+1}$ (5)	$OverInv2_{t+1}$ (6)
Incommittee	−0.090*** (−2.65)	−0.090*** (−2.64)				
NotIncommittee	−0.049 (−1.07)	−0.050 (−1.10)				
Official			−0.205 (−1.55)	−0.207 (−1.54)		
NotOfficial			−0.070** (−2.30)	−0.070** (−2.31)		
Busy					−0.014 (−0.22)	−0.017 (−0.27)
NotBusy					−0.078** (−2.49)	−0.078** (−2.50)
Fcf	0.227** (2.04)	0.265** (2.38)	0.225** (2.03)	0.264** (2.37)	0.223** (2.00)	0.261** (2.34)
Size	−0.121*** (−5.87)	−0.129*** (−6.19)	−0.121*** (−5.88)	−0.129*** (−6.20)	−0.121*** (−5.88)	−0.129*** (−6.20)
Lev	−0.325*** (−4.51)	−0.278*** (−3.85)	−0.323*** (−4.49)	−0.276*** (−3.82)	−0.324*** (−4.50)	−0.277*** (−3.83)
Gasset	0.152*** (5.07)	0.157*** (5.23)	0.152*** (5.08)	0.157*** (5.24)	0.152*** (5.09)	0.158*** (5.25)
ROA	0.327* (1.92)	0.314* (1.84)	0.330* (1.94)	0.317* (1.86)	0.330* (1.94)	0.317* (1.86)
SOE	0.020 (0.45)	0.021 (0.46)	0.020 (0.45)	0.021 (0.46)	0.021 (0.45)	0.022 (0.47)
Cr1	0.251** (2.14)	0.249** (2.12)	0.255** (2.18)	0.254** (2.16)	0.249** (2.13)	0.248** (2.11)
Boardsize	0.007 (0.93)	0.007 (0.97)	0.006 (0.87)	0.007 (0.90)	0.007 (0.93)	0.007 (0.96)
Indiratio	−0.005 (−0.03)	−0.018 (−0.10)	−0.002 (−0.01)	−0.015 (−0.09)	−0.005 (−0.03)	−0.019 (−0.11)

续表

	$OverInv1_{t+1}$ (1)	$OverInv2_{t+1}$ (2)	$OverInv1_{t+1}$ (3)	$OverInv2_{t+1}$ (4)	$OverInv1_{t+1}$ (5)	$OverInv2_{t+1}$ (6)
Instock	0.090** (2.22)	0.097** (2.39)	0.090** (2.24)	0.098** (2.41)	0.091** (2.24)	0.098** (2.41)
Expay	0.033 (1.58)	0.033 (1.56)	0.033 (1.57)	0.032 (1.55)	0.033 (1.55)	0.032 (1.54)
_ *cons*	1.420*** (3.71)	1.498*** (3.89)	1.431*** (3.74)	1.508*** (3.92)	1.428*** (3.74)	1.506*** (3.92)
年度固定效应	YES	YES	YES	YES	YES	YES
公司个体固定效应	YES	YES	YES	YES	YES	YES
样本量（个）	5 509	5 509	5 509	5 509	5 509	5 509
调整的 R^2	0.071	0.069	0.071	0.069	0.071	0.069

三、稳健性检验

虽然我们通过在模型（8－1）中加入公司个体固定效应控制了不随时间变化的个体异质性，并将过度投资变量的未来一期值作为被解释变量以缓解内生性问题，但本章依然可能存在自选择偏误带来的内生性问题。治理机制较为完善、投资效率较高的公司可能更倾向于聘请科学家独董，从而导致自选择偏误。为此，我们采用两种检验方法对这一内生性进行了控制：第一，我们采用 Heckman 两阶段法，通过在模型（8－1）的基础上进一步控制根据 Probit 模型估计出的 IMR 来纠正自选择带来的估计偏误。第二，我们采用 PSM 法为每一个聘任科学家独董的样本构建配对样本，并基于匹配后的样本进行了回归分析。此外，我们还通过改变主要变量的测度方式和控制高管团队其他特征进行了进一步的稳健性检验。

1. Heckman 两阶段法

$$\begin{aligned} Scientist_{i,t} = {} & \beta_0 + \beta_1 L\_Ratio_{i,t} + \beta_2 Size_{i,t} + \beta_3 Lev_{i,t} \\ & + \beta_4 Gasset_{i,t} + \beta_5 ROA_{i,t} + \beta_6 SOE_{i,t} + \beta_7 Cr1_{i,t} \\ & + \beta_8 Z_{i,t} + \beta_9 Expay_{i,t} + \beta_{10} Dual_{i,t} + \beta_{11} Exstock_{i,t} \\ & + \beta_{12} Yidi_{i,t} + \beta_{13} Supervisors_{i,t} + \sum Year \\ & + \sum Industry + \varepsilon_{i,t} \end{aligned} \quad (8-3)$$

在第一阶段，我们使用 Probit 模型估计上市公司聘任科学家独董的

IMR，模型为式（8－3）。

在模型（8－3）中，*Scientist* 的定义与模型（8－1）一致。在解释变量中，借鉴周楷唐等（2017）的研究，我们将上一年度同行业其他公司拥有科学家独董的比例（*L_Ratio*）作为 Heckman 两阶段估计中的工具变量，同行业上一年度其他公司拥有科学家独董的比例越高，行业内上市公司就越有可能聘任科学家独董，但它和公司过度投资没有直接关系。我们还控制了一系列可能影响上市公司聘任科学家独董倾向的财务特征变量和公司治理变量，包括公司规模（*Size*）；资产负债率（*Lev*）；总资产增长率（*Gasset*）；总资产收益率（*ROA*）；股权属性（*SOE*）；股权集中度（*Cr*1）；股权制衡度（*Z*）（用公司第一大股东与第二大股东持股比例的比值来衡量）；高管薪酬（*Expay*）；是否两职分离（*Dual*）（董事长和总经理并非同一人时，取值为 1，否则取值为 0）；高管是否持股虚拟变量（*Exstock*）（当上市公司高管持股时，取值为 1，否则取值为 0）；是否存在异地独董虚拟变量（*Yidi*）（当存在异地独董时，取值为 1，否则取值为 0）；监事会规模（*Supervisors*）。此外，我们还控制了年度和行业虚拟变量。①

Heckman 第一阶段的回归结果见表 8－7，可以看出，变量 *L_Ratio* 在 1%的水平上显著为正，表明上一年度同行业其他公司拥有科学家独董的比例越高，聘请科学家独董的可能性越大，因此工具变量的选择是合理的。此外，变量 *Size*、*SOE*、*Expay* 和 *Exstock* 均显著为正，表明规模大的公司、国有企业、高管薪酬激励强的企业、高管持股的上市公司聘任科学家独董的可能性较大。

表 8－7　　　　Heckman 第一阶段回归结果

变量	*Scientist*	
	系数	*t* 值
L_Ratio	3.289***	(8.96)
Size	0.088***	(4.37)
Lev	−0.006***	(−5.31)
Gasset	0.000	(0.02)
ROA	−0.002	(−0.64)

① 与模型（8－1）不同，模型（8－3）只需控制行业固定效应即可，无须控制公司个体固定效应。

续表

变量	*Scientist*	
	系数	*t* 值
SOE	0.105**	(2.55)
*Cr*1	0.000	(0.33)
Z	−0.001	(−1.19)
Expay	0.123***	(4.21)
Dual	−0.035	(−0.87)
Exstock	0.176***	(4.56)
Yidi	0.039	(1.18)
Supervisors	0.106***	(7.64)
_ *cons*	−4.662***	(−12.32)
年度和行业固定效应	YES	
样本量（个）	14 457	
伪 R^2	0.100	

在第二阶段，我们将第一阶段回归得到的 IMR 代入模型（8－1）中进行回归，回归结果见表 8－8。可以看出，在控制了自选择问题之后，*Scientist* 的回归系数依然在 5%的水平上显著为负。表明即使在控制了选择性偏误后，本章的结论依然成立。

表 8－8　Heckman 第二阶段回归结果

	$OverInv1_{t+1}$ (1)	$OverInv2_{t+1}$ (2)
Scientist	−0.081** (−2.50)	−0.077** (−2.37)
Fcf	0.272** (2.27)	0.277** (2.43)
Size	−0.139*** (−5.72)	−0.137*** (−5.90)
Lev	−0.003*** (−3.72)	−0.003*** (−3.30)
Gasset	0.001*** (4.77)	0.001*** (4.57)

续表

	$OverInv1_{t+1}$ (1)	$OverInv2_{t+1}$ (2)
ROA	0.002 (1.12)	0.003 (1.46)
SOE	0.030 (0.61)	0.008 (0.17)
*Cr*1	0.002* (1.80)	0.003** (2.00)
Boardsize	−0.001 (−0.19)	0.003 (0.42)
Indiratio	−0.064 (−0.34)	−0.028 (−0.15)
Instock	0.001** (2.51)	0.001*** (2.76)
Expay	0.026 (1.16)	0.030 (1.37)
IMR	−0.020 (−0.49)	−0.039 (−0.97)
_cons	1.851*** (3.96)	1.724*** (3.93)
年度固定效应	YES	YES
公司个体固定效应	YES	YES
样本量（个）	4 824	5 023
调整的 R^2	0.067	0.066

2. PSM 法

为了确保聘任科学家独董的样本（处理组样本）和没有聘任科学家独董的样本（控制组样本）尽可能地相似，下面为每一个处理组样本配对一个（或多个）最相似的样本，然后基于配对样本进行回归分析。匹配变量包括模型（8－1）中所有控制变量以及行业、年度虚拟变量。具体匹配过程为：以虚拟变量 *Scientist* 为因变量，以所有匹配变量为自变量进行 logit 回归，回归得到的预测值即各个观测值的得分。如果两个样本得分相近，说明这两个样本聘任科学家独董的需求和倾向相似。然后，我们采用最近邻匹配法在没有聘任科学家独董的样本中分别按照 1∶1、1∶2 和

1∶3的比例进行匹配，并删除匹配不成功的样本后，我们最终分别得到910个（无放回匹配）、1 198个（有放回匹配）和1 503个（有放回匹配）匹配成功的样本。基于匹配样本的检验结果见表8-9①，其中第（1）和第（2）列为基于1∶1匹配样本的回归结果，*Scientist*的回归系数在5%的水平上显著为负。后四列分别基于1∶2和1∶3匹配样本的回归结果也均显示*Scientist*的回归系数至少在5%的水平上显著为负，表明前文结果是稳健的。

表8-9　PSM法的检验结果

	1∶1匹配		1∶2匹配		1∶3匹配	
	$OverInv1_{t+1}$ (1)	$OverInv2_{t+1}$ (2)	$OverInv1_{t+1}$ (3)	$OverInv2_{t+1}$ (4)	$OverInv1_{t+1}$ (5)	$OverInv2_{t+1}$ (6)
Scientist	−0.056** (−2.21)	−0.056** (−2.18)	−0.050** (−2.28)	−0.050** (−2.27)	−0.060*** (−2.87)	−0.060*** (−2.88)
Fcf	0.639*** (2.78)	0.662*** (2.88)	0.388* (1.88)	0.411** (1.99)	0.502*** (2.69)	0.528*** (2.83)
Size	0.023 (1.31)	0.012 (0.71)	0.006 (0.39)	−0.005 (−0.32)	0.003 (0.25)	−0.007 (−0.51)
Lev	−0.209** (−2.15)	−0.169* (−1.75)	−0.055 (−0.64)	−0.010 (−0.12)	−0.051 (−0.64)	−0.007 (−0.09)
Gasset	0.173*** (3.31)	0.176*** (3.34)	0.215*** (4.44)	0.216*** (4.46)	0.243*** (5.17)	0.244*** (5.21)
ROA	−0.842*** (−2.68)	−0.841*** (−2.66)	−0.272 (−0.97)	−0.270 (−0.96)	−0.422 (−1.60)	−0.423 (−1.60)
SOE	−0.053* (−1.71)	−0.049 (−1.57)	−0.053** (−2.03)	−0.050* (−1.89)	−0.069*** (−2.99)	−0.066*** (−2.86)
Cr1	0.026 (0.26)	0.018 (0.18)	0.052 (0.62)	0.046 (0.54)	0.108 (1.42)	0.102 (1.34)
Boardsize	0.009 (0.95)	0.009 (0.99)	0.008 (1.03)	0.008 (1.08)	0.001 (0.15)	0.001 (0.19)
Indiratio	−0.015 (−0.05)	−0.007 (−0.03)	0.131 (0.56)	0.133 (0.56)	0.162 (0.76)	0.160 (0.75)

① 表8-9是基于匹配后的样本进行的回归分析，只需要控制行业固定效应即可，不需要控制公司个体固定效应。

续表

	1∶1 匹配		1∶2 匹配		1∶3 匹配	
	$OverInv1_{t+1}$ (1)	$OverInv2_{t+1}$ (2)	$OverInv1_{t+1}$ (3)	$OverInv2_{t+1}$ (4)	$OverInv1_{t+1}$ (5)	$OverInv2_{t+1}$ (6)
Instock	0.058 (0.88)	0.061 (0.94)	0.022 (0.37)	0.024 (0.43)	0.036 (0.69)	0.040 (0.75)
Expay	0.018 (0.74)	0.018 (0.76)	0.003 (0.14)	0.004 (0.18)	−0.011 (−0.60)	−0.011 (−0.57)
_ *cons*	0.008 (0.02)	0.094 (0.28)	0.203 (0.71)	0.291 (1.02)	0.502** (1.98)	0.592** (2.33)
年度固定效应	YES	YES	YES	YES	YES	YES
行业固定效应	YES	YES	YES	YES	YES	YES
样本量（个）	910	910	1 198	1 198	1 503	1 503
调整的 R^2	0.064	0.063	0.065	0.067	0.071	0.073

3. 主要变量的替代测量

首先，为了保证过度投资测度的稳健性，我们另外构建了两个衡量公司过度投资水平的指标。借鉴 Biddle 与 Hilary（2006）、窦欢等（2014），本章使用公司投资对成长机会的回归模型来估计公司的投资效率。回归模型如下：

$$Inv_{i,t} = \beta_0 + \beta_1 SalesGrowth_{i,t-1} + \varepsilon_{i,t} \tag{8-4}$$

其中，因变量 *Inv* 的定义与模型（8－2）一致，*SalesGrowth* 是销售收入增长率，用来衡量公司的成长机会。我们通过对模型（8－4）进行分行业和分年度的回归，估计出公司的正常投资水平。由此得到的残差即代表公司的非效率投资程度，并仅保留残差为正的样本，以残差衡量过度投资水平（*OverInv*3）。

此外，考虑到公司投资与收入增长的关系在收入增加或减少时可能存在的差异，我们参考 Chen 等（2011），在模型（8－4）的基础上构建了如下回归模型：

$$\begin{aligned} Inv_{i,t} = {} & \beta_0 + \beta_1 SalesGrowth_{i,t-1} + \beta_2 NEG_{i,t-1} \\ & + \beta_3 NEG_{i,t-1} \times SalesGrowth_{i,t-1} + \varepsilon_{i,t} \end{aligned} \tag{8-5}$$

模型（8－5）中，*Inv* 和 *SalesGrowth* 的定义与模型（8－4）中一致。

NEG 为虚拟变量，定义为：如果销售收入增长率小于 0，则该变量取值为 1，否则取值为 0。我们还在模型中加入了 *NEG* 与 *SalesGrowth* 的交叉项。同样，通过对模型（8－5）进行分年度和分行业的回归，估计出公司投资水平，并保留残差为正的样本，以残差衡量过度投资水平（*OverInv*4）。我们将 *OverInv*3 和 *OverInv*4 代入模型（8－1）进行回归，结果见表 8－10 的第（1）和第（2）列，可以看出，*Scientist* 的回归系数均在 5%的水平上显著为负。

表 8－10　　主要变量的替代测量

	$OverInv3_{t+1}$ (1)	$OverInv4_{t+1}$ (2)	$OverInv1_{t+1}$ (3)	$OverInv2_{t+1}$ (4)
Scientist	−0.077** (−2.51)	−0.064** (−2.31)		
Scientist_Ratio			−0.183** (−2.23)	−0.185** (−2.26)
Size	−0.130*** (−5.74)	−0.130*** (−6.11)	0.228** (2.05)	0.266** (2.39)
Lev	−0.003*** (−3.26)	−0.002** (−2.55)	−0.121*** (−5.88)	−0.129*** (−6.20)
Fcf	0.133 (1.03)	−0.061 (−0.51)	−0.323*** (−4.48)	−0.276*** (−3.82)
Gasset	0.001*** (3.28)	0.001*** (3.70)	0.152*** (5.07)	0.157*** (5.23)
ROA	0.002 (1.09)	0.003 (1.60)	0.329* (1.93)	0.316* (1.86)
SOE	0.016 (0.26)	0.001 (0.02)	0.020 (0.43)	0.021 (0.45)
*Cr*1	0.002 (1.46)	0.001 (0.79)	0.252** (2.16)	0.251** (2.14)
Boardsize	0.008 (1.00)	0.005 (0.60)	0.006 (0.82)	0.006 (0.85)
Indiratio	−0.044 (−0.22)	0.007 (0.04)	−0.025 (−0.15)	−0.039 (−0.23)
Instock	0.001** (2.57)	0.001* (1.86)	0.090** (2.21)	0.097** (2.38)

续表

	$OverInv3_{t+1}$ (1)	$OverInv4_{t+1}$ (2)	$OverInv1_{t+1}$ (3)	$OverInv2_{t+1}$ (4)
Exstock	−0.013 (−0.58)	−0.010 (−0.47)	0.033 (1.59)	0.033 (1.57)
Expay	0.053** (2.08)	0.060** (2.50)	1.431*** (3.74)	1.509*** (3.92)
_*cons*	1.310*** (3.01)	1.199*** (2.91)	−0.183** (−2.23)	−0.185** (−2.26)
年度固定效应	YES	YES	YES	YES
公司个体固定效应	YES	YES	YES	YES
样本量（个）	5 081	5 604	5 509	5 509
调整的 R^2	0.065	0.059	0.071	0.068

其次，我们将科学家独董虚拟变量 *Scientist* 替换为科学家独董占比 *Scientist_Ratio*，定义为科学家独董人数占独董总人数的比例。代入模型（8-1）进行回归，结果见表 8-10 的第（3）和第（4）列。由该表可见，*Scientist_Ratio* 的回归系数均显著为负。综上，在变更了主要核心变量的测度方式后，本章的主要结论依然成立。

4. 控制管理层其他特征

为了进一步控制管理层其他特征对本章结论的影响，我们在模型（8-1）的基础上进一步控制了以下管理层特征：年龄（*MeanAge*），用董监高成员的平均年龄衡量；学历（*MeanEdu*），用董监高成员的平均学历衡量，对中专、大专、本科、硕士和博士分别赋值 1、2、3、4、5；管理层是否有女性（*IsFemale*），定义为如果当年董监高成员中至少有一位女性，则取值为 1，否则取值为 0；管理层是否有海外经历（*IsReturnee*），定义为如果当年董监高成员中至少有一位具有海外工作或求学经历，则取值为 1，否则取值为 0；管理层是否有学术背景（*IsAcademic*），定义为如果当年董监高成员中至少有一位在高校或者科研机构等从事研究工作，则取值为 1，否则取值为 0。回归结果见表 8-11。可以看出，在控制了管理层其他特征后，变量 *Scientist* 的回归系数、t 值均与表 8-5 基本一致，结论不变。

表 8-11　进一步控制高管团队其他特征的回归结果

	$OverInv1_{t+1}$ (1)	$OverInv2_{t+1}$ (2)	$OverInv1_{t+1}$ (3)	$OverInv2_{t+1}$ (4)	$OverInv1_{t+1}$ (5)	$OverInv2_{t+1}$ (6)	$OverInv1_{t+1}$ (7)	$OverInv2_{t+1}$ (8)
Scientist	−0.067** (−2.12)	−0.067** (−2.13)	−0.028 (−0.70)	−0.029 (−0.73)				
Scientist×HighTech			−0.093* (−1.65)	−0.092 (−1.62)				
Major_Related					−0.071** (−2.16)	−0.072** (−2.18)		
Major_Unrelated					−0.045 (−0.47)	−0.043 (−0.46)		
High_TecLevel							−0.104** (−2.30)	−0.108** (−2.37)
Low_TecLevel							−0.041 (−1.07)	−0.039 (−1.02)
HighTech			0.046 (1.01)	0.037 (0.82)				
Fcf	0.194 (1.60)	0.235* (1.94)	0.198 (1.63)	0.239* (1.96)	0.194 (1.61)	0.236* (1.94)	0.197 (1.63)	0.239** (1.97)
Size	−0.130*** (−5.92)	−0.138*** (−6.17)	−0.131*** (−5.94)	−0.139*** (−6.19)	−0.130*** (−5.93)	−0.138*** (−6.18)	−0.130*** (−5.92)	−0.138*** (−6.17)

续表

	$OverInv1_{t+1}$ (1)	$OverInv2_{t+1}$ (2)	$OverInv1_{t+1}$ (3)	$OverInv2_{t+1}$ (4)	$OverInv1_{t+1}$ (5)	$OverInv2_{t+1}$ (6)	$OverInv1_{t+1}$ (7)	$OverInv2_{t+1}$ (8)
Lev	−0.358*** (−4.68)	−0.310*** (−4.04)	−0.360*** (−4.70)	−0.312*** (−4.05)	−0.358*** (−4.70)	−0.311*** (−4.06)	−0.358*** (−4.69)	−0.310*** (−4.05)
Gasset	0.170*** (5.33)	0.176*** (5.48)	0.169*** (5.30)	0.175*** (5.45)	0.170*** (5.33)	0.175*** (5.48)	0.171*** (5.35)	0.176*** (5.50)
ROA	0.325* (1.84)	0.310* (1.75)	0.329* (1.87)	0.314* (1.78)	0.326* (1.85)	0.311* (1.76)	0.321* (1.81)	0.305* (1.72)
SOE	0.005 (0.11)	0.007 (0.14)	0.007 (0.16)	0.009 (0.19)	0.005 (0.10)	0.006 (0.13)	0.006 (0.13)	0.008 (0.16)
Cr1	0.265** (2.22)	0.265** (2.20)	0.272** (2.28)	0.271** (2.26)	0.267** (2.23)	0.267** (2.22)	0.264** (2.20)	0.263** (2.19)
Boardsize	0.006 (0.78)	0.006 (0.83)	0.005 (0.74)	0.006 (0.79)	0.006 (0.78)	0.006 (0.83)	0.006 (0.78)	0.006 (0.82)
Indiratio	−0.109 (−0.61)	−0.126 (−0.70)	−0.123 (−0.68)	−0.139 (−0.76)	−0.110 (−0.61)	−0.127 (−0.70)	−0.102 (−0.56)	−0.119 (−0.65)
Instock	0.085** (2.01)	0.092** (2.18)	0.088** (2.08)	0.095** (2.24)	0.085** (2.02)	0.092** (2.19)	0.084** (1.98)	0.091** (2.15)
Expay	0.027 (1.27)	0.026 (1.24)	0.028 (1.34)	0.028 (1.30)	0.027 (1.28)	0.026 (1.24)	0.027 (1.28)	0.027 (1.25)

续表

	$OverInv1_{t+1}$ (1)	$OverInv2_{t+1}$ (2)	$OverInv1_{t+1}$ (3)	$OverInv2_{t+1}$ (4)	$OverInv1_{t+1}$ (5)	$OverInv2_{t+1}$ (6)	$OverInv1_{t+1}$ (7)	$OverInv2_{t+1}$ (8)
MeanAge	−0.002 (−0.50)	−0.002 (−0.41)	−0.002 (−0.46)	−0.001 (−0.38)	−0.002 (−0.51)	−0.002 (−0.42)	−0.002 (−0.53)	−0.002 (−0.44)
MeanEdu	0.010 (0.50)	0.011 (0.57)	0.011 (0.56)	0.012 (0.62)	0.010 (0.49)	0.011 (0.56)	0.010 (0.52)	0.011 (0.58)
IsFemale	−0.031 (−1.33)	−0.033 (−1.38)	−0.030 (−1.29)	−0.031 (−1.34)	−0.031 (−1.33)	−0.032 (−1.38)	−0.032 (−1.35)	−0.033 (−1.40)
IsReturnee	−0.008 (−0.42)	−0.007 (−0.38)	−0.008 (−0.41)	−0.007 (−0.36)	−0.008 (−0.42)	−0.007 (−0.37)	−0.007 (−0.37)	−0.006 (−0.32)
IsAcademic	0.018 (0.76)	0.018 (0.77)	0.019 (0.80)	0.019 (0.80)	0.018 (0.77)	0.018 (0.77)	0.018 (0.78)	0.018 (0.78)
_ *cons*	1.755*** (4.29)	1.814*** (4.37)	1.722*** (4.19)	1.785*** (4.28)	1.756*** (4.29)	1.815*** (4.37)	1.752*** (4.29)	1.811*** (4.37)
年度固定效应	YES	YES	YES	YES	YES	YES	YES	YES
公司个体固定效应	YES	YES	YES	YES	YES	YES	YES	YES
样本量（个）	5 134	5 134	5 134	5 134	5 134	5 134	5 134	5 134
调整的 R^2	0.071	0.069	0.072	0.070	0.071	0.069	0.072	0.070

第五节　监督职能与咨询职能的区分

独立董事的职能主要包括监督职能与咨询职能。其中监督职能是指独立董事通过就薪酬制定、经理人考核等发表异议的方式缓解委托代理问题的职能。咨询职能是指独立董事作为专家和顾问，凭借其行业技术专长、知识和经验，为董事会决策提供咨询服务，以协助董事会做出最优决策的职能。

根据 Jensen（1986）以及 Richardson（2006）等人提出的自由现金流代理理论，导致公司过度投资的主要根源在于管理层与股东之间利益不一致产生的代理问题。按照这个逻辑，科学家独董可以通过发挥监督职能抑制管理层的机会主义行为和过度投资。然而，不同于仅与独立董事的监督职能息息相关的典型代理问题，例如盈余管理、财务重述和管理层过高薪酬等，科学家独董也有可能通过发挥咨询职能抑制公司过度投资。对一个投资项目的判断是否准确主要取决于对相关行业技术知识的掌握情况，因此科学家独董也可以通过在董事会上发表意见，对公司投资项目进行事前可行性论证和事后跟踪咨询，从而减少公司的过度投资行为。本章进一步尝试回答的问题是：在抑制公司过度投资方面，科学家独董扮演的主要角色到底是监督者还是咨询专家？

然而，严格区分科学家独董的监督职能和咨询职能却是困难的。Adams 等（2010）的研究为此提供了启发：独立董事区别于其他董事的最重要一点就是，他代表了中小股东的利益，即发挥独特的监督职能。正如 Adams 等（2010）所强调的，全职的专家顾问具有行业技术专长，可以发挥咨询职能，而且相对于兼职的外部独立董事，公司内部聘任的专家顾问可以投入更多的时间和精力去分析、研究并提供咨询建议。那为何聘任科学家担任独董呢？可能的原因是：具有行业技术专长的独立董事发挥了独特的监督职能，而这一职能是公司其他高管或专家顾问的咨询职能无法代替的。因此我们检验的逻辑是：如果科学家独董主要通过发挥监督职能抑制了过度投资，那么科学家担任公司其他高管时，抑制过度投资的效果将显著减弱；相反，如果科学家独董主要通过发挥咨询职能抑制了过度投资，考虑到公司其他高管和专家顾问也能发挥咨询职能，那么科学家担任公司其他高管时，抑制过度投资的效果将没有显著变化。

本小节进一步手工搜集整理出了科学家担任公司其他高管的数据，具体的搜集和处理过程与科学家独董相似。对公司高管的界定采用锐思金融数据库中的定义，即公司高管既包括上市公司的董监高成员，又包括首席科学家、总工程师、技术总监、专家顾问和核心技术人员等技术方面的高管和专家顾问。据统计，2001—2017 年，科学家共在上市公司担任了 450 个独立董事以外的高管职位，涉及 262 名不同科学家和 202 家上市公司。具体到本章使用的 5 509 个总样本中，263 个样本有科学家担任非独董高管（占比为 4.77%），少于科学家独董的样本量（455 个样本，占比为 8.26%）。

表 8 - 12 报告了科学家分别担任独董和其他高管对公司过度投资的影响。其中变量 *Scientist as Independent Directors* 的定义与前面的 *Scientist* 相同。变量 *Scientists as Other Executives* 定义为：如果上市公司当年至少有一个科学家担任了独立董事以外的高管，则取值为 1，否则取值为 0。

表 8 - 12　科学家担任高管职位类型与公司过度投资

	$OverInv1_{t+1}$ (1)	$OverInv2_{t+1}$ (2)	$OverInv1_{t+1}$ (3)	$OverInv2_{t+1}$ (4)	$OverInv1_{t+1}$ (5)	$OverInv2_{t+1}$ (6)
Scientist as Independent Directors	−0.075** (−2.45)	−0.075** (−2.47)			−0.074** (−2.44)	−0.075** (−2.45)
Scientists as Other Executives			0.071 (1.51)	0.070 (1.48)	0.070 (1.46)	0.069 (1.43)
Fcf	0.224** (2.02)	0.263** (2.36)	0.226** (2.03)	0.265** (2.37)	0.225** (2.02)	0.263** (2.36)
Size	−0.121*** (−5.89)	−0.129*** (−6.21)	−0.120*** (−5.84)	−0.129*** (−6.16)	−0.120*** (−5.85)	−0.129*** (−6.17)
Lev	−0.324*** (−4.50)	−0.277*** (−3.84)	−0.323*** (−4.46)	−0.276*** (−3.80)	−0.325*** (−4.51)	−0.279*** (−3.85)
Gasset	0.152*** (5.09)	0.158*** (5.25)	0.150*** (5.01)	0.156*** (5.17)	0.152*** (5.09)	0.158*** (5.25)
ROA	0.329* (1.93)	0.316* (1.85)	0.326* (1.91)	0.313* (1.84)	0.323* (1.90)	0.310* (1.82)
SOE	0.021 (0.45)	0.022 (0.47)	0.022 (0.47)	0.023 (0.49)	0.022 (0.47)	0.023 (0.49)
Cr1	0.249** (2.14)	0.248** (2.12)	0.256** (2.20)	0.255** (2.18)	0.253** (2.16)	0.251** (2.14)

续表

	$OverInv1_{t+1}$ (1)	$OverInv2_{t+1}$ (2)	$OverInv1_{t+1}$ (3)	$OverInv2_{t+1}$ (4)	$OverInv1_{t+1}$ (5)	$OverInv2_{t+1}$ (6)
Boardsize	0.007 (0.92)	0.007 (0.96)	0.006 (0.82)	0.006 (0.85)	0.007 (0.96)	0.007 (0.99)
Indiratio	−0.006 (−0.04)	−0.019 (−0.12)	0.006 (0.04)	−0.007 (−0.04)	0.000 (0.00)	−0.013 (−0.08)
Instock	0.090** (2.22)	0.097** (2.40)	0.089** (2.20)	0.096** (2.37)	0.089** (2.21)	0.096** (2.38)
Expay	0.033 (1.58)	0.033 (1.56)	0.034 (1.61)	0.033 (1.59)	0.032 (1.55)	0.032 (1.53)
_ *cons*	1.425*** (3.73)	1.503*** (3.91)	1.394*** (3.65)	1.472*** (3.83)	1.415*** (3.70)	1.493*** (3.88)
年度固定效应	YES	YES	YES	YES	YES	YES
公司个体固定效应	YES	YES	YES	YES	YES	YES
样本量（个）	5 509	5 509	5 509	5 509	5 509	5 509
调整的 R^2	0.071	0.069	0.070	0.068	0.071	0.069

为了方便对比，表 8－12 中前两列报告了科学家担任独立董事对公司过度投资的影响的回归结果。由该表可以看出，*Scientist as Independent Directors* 的回归系数显著为负，与表 8－5 的前两列结果相同。第（3）和第（4）列报告了科学家担任其他高管对公司过度投资影响的回归结果，有趣的是，*Scientists as Other Executives* 的回归系数为正，且不再显著。在第（5）和第（6）列，我们同时加入了变量 *Scientist as Independent Directors* 和 *Scientists as Other Executives*，发现 *Scientist as Independent Directors* 的回归系数依然显著为负，而 *Scientists as Other Executives* 的回归系数为正，但并不显著。以上结果表明，相对于科学家独董，科学家担任公司其他高管时，抑制公司过度投资的监督职能消失，因此可以推断：科学家独董扮演的主要角色是监督者，而非咨询专家。

参考文献

[1] 安同良，周绍东，皮建才．R&D补贴对中国企业自主创新的激励效应 [J]. 经济研究，2009，44 (10)：87-98.

[2] 巴志超，李纲，朱世伟．科研合作网络的知识扩散机理研究 [J]. 中国图书馆学报，2016，42 (5)：68-84.

[3] 步丹璐，狄灵瑜．治理环境、股权投资与政府补助 [J]. 金融研究，2017 (10)：193-206.

[4] 操龙升，赵景峰．专利制度对区域技术创新绩效影响的实证研究——基于专利保护视角 [J]. 中国软科学，2019 (5)：97-103.

[5] 曹春方，林雁．异地独董、履职职能与公司过度投资 [J]. 南开管理评论，2017，20 (1)：16-29.

[6] 曹国华，杨俊杰，林川．CEO声誉与投资短视行为 [J]. 管理工程学报，2017，31 (4)：45-51.

[7] 曾萍，邬绮虹．政府支持与企业创新：研究述评与未来展望 [J]. 研究与发展管理，2014，26 (2)：98-109.

[8] 陈冬华，相加凤．独立董事只能连任6年合理吗？——基于我国A股上市公司的实证研究 [J]. 管理世界，2017 (5)：144-157.

[9] 陈林，朱卫平．出口退税和创新补贴政策效应研究 [J]. 经济研究，2008，43 (11)：74-87.

[10] 陈爽英，井润田，龙小宁，等．民营企业家社会关系资本对研发投资决策影响的实证研究 [J]. 管理世界，2010 (1)：88-97.

[11] 陈思，何文龙，张然．风险投资与企业创新：影响和潜在机制 [J]. 管理世界，2017 (1)：158-169.

[12] 陈伟，周文，郎益夫，等．基于合著网络和被引网络的科研合作网络分析 [J]. 情报理论与实践，2014，37 (10)：54-59.

[13] 陈信元，黄俊．政府干预、多元化经营与公司业绩 [J]. 管理世界，2007 (1)：92-97.

[14] 陈艳．独立董事声誉与独立董事劳动力市场有效性 [J]. 经济学家，2009 (4)：5-15.

[15] 陈运森，谢德仁．网络位置、独立董事治理与投资效率 [J]. 管理世界，2011 (7)：113-127.

[16] 窦欢，张会丽，陆正飞．企业集团、大股东监督与过度投资 [J]. 管理世界，2014 (7)：134-143.

[17] 樊纲，王小鲁，朱恒鹏．中国市场化指数——各省区市场化相对进程 2011 年度报告 [M]. 北京：经济科学出版社，2011.

[18] 范子英，李欣．部长的政治关联效应与财政转移支付分配 [J]. 经济研究，2014，49 (6)：129-141.

[19] 范子英，彭飞，刘冲．政治关联与经济增长——基于卫星灯光数据的研究 [J]. 经济研究，2016，51 (1)：114-126.

[20] 龚刚，魏熙晔，杨先明，等．建设中国特色国家创新体系 跨越中等收入陷阱 [J]. 中国社会科学，2017 (8)：61-86.

[21] 关鹏，王曰芬，傅柱．基于多 Agent 系统的科研合作网络知识扩散建模与仿真 [J]. 情报学报，2019，38 (5)：512-524.

[22] 郝治翰，陈阳，王蒲生．“马太效应”与科研网络中的择优依附 [J]. 自然辩证法研究，2019，35 (11)：39-45.

[23] 何郁冰．产学研协同创新的理论模式 [J]. 科学学研究，2012，30 (2)：165-174.

[24] 洪勇，李英敏．自主创新的政策传导机制研究 [J]. 科学学研究，2012，30 (3)：449-457.

[25] 胡凯，蔡红英，吴清．中国的政府采购促进了技术创新吗? [J]. 财经研究，2013，39 (9)：134-144.

[26] 胡诗阳，陆正飞．非执行董事对过度投资的抑制作用研究——来自中国 a 股上市公司的经验证据 [J]. 会计研究，2015 (11)：41-48.

[27] 胡元木．技术独立董事可以提高 R&D 产出效率吗? ——来自中国证券市场的研究 [J]. 南开管理评论，2012，15 (2)：136-142.

[28] 胡元木，纪端．董事技术专长、创新效率与企业绩效 [J]. 南开管理评论，2017，20 (3)：40-52.

[29] 黄海杰，吕长江，丁慧．独立董事声誉与盈余质量——会计专业独董的视角 [J]. 管理世界，2016 (3)：128-143.

[30] 黄继承，盛明泉．高管背景特征具有信息含量吗? [J]. 管理世界，2013 (9)：144-153.

［31］纪雯雯，赖德胜．人力资本结构与创新［J］．北京师范大学学报（社会科学版），2016（5）：169－181.

［32］贾根良，刘辉锋．科学经济学的兴起与最新发展［J］．国外社会科学，2003（2）：32－38.

［33］姜付秀，伊志宏，苏飞，等．管理者背景特征与企业过度投资行为［J］．管理世界，2009（1）：130－139.

［34］解维敏，唐清泉，陆姗姗．政府R&D资助、企业R&D支出与自主创新——来自中国上市公司的经验证据［J］．金融研究，2009（6）：86－99.

［35］孔东民，徐茗丽，孔高文．企业内部薪酬差距与创新［J］．经济研究，2017，52（10）：144－157.

［36］黎文靖，郑曼妮．实质性创新还是策略性创新？——宏观产业政策对微观企业创新的影响［J］．经济研究，2016，51（4）：60－73.

［37］李从刚，许荣，路璐，等．明星科学家在创新活动中的作用：一个文献综述［J］．科技进步与对策，2019，36（21）：155－160.

［38］李纲，巴志超．科研合作超网络下的知识扩散演化模型研究［J］．情报学报，2017，36（3）：274－284.

［39］李梅，余天骄．研发国际化是否促进了企业创新——基于中国信息技术企业的经验研究［J］．管理世界，2016（11）：125－140.

［40］李培楠，赵兰香，万劲波．创新要素对产业创新绩效的影响——基于中国制造业和高技术产业数据的实证分析［J］．科学学研究，2014，32（4）：604－612.

［41］李曙光．科学家的名声问题——从另一个角度谈科学研究职业道德［J］．中国科学基金，2007（4）：207－209.

［42］李爽．专利制度是否提高了中国工业企业的技术创新积极性——基于专利保护强度和地区经济发展水平的“门槛效应”［J］．财贸研究，2017，28（4）：13－24.

［43］李硕豪，耿乐乐．国家社科基金教育学项目科研绩效研究——基于近十年“国家重点”和“国家一般”项目的比较分析［J］．高等教育研究，2017，38（8）：42－50.

［44］李文贵，余明桂．民营化企业的股权结构与企业创新［J］．管理世界，2015（4）：112－125.

［45］李向东，李南，白俊红，等．高技术产业研发创新效率分析［J］．中国软科学，2011（2）：52－61.

[46] 李新功．政府R&D资助、金融信贷与企业技术创新［J］．管理评论，2016，28（12）：54－62.

[47] 李永，孟祥月，王艳萍．政府R&D资助与企业技术创新——基于多维行业异质性的经验分析［J］．科学学与科学技术管理，2014，35（1）：33－41.

[48] 梁上坤，陈冬，付彬，等．独立董事网络中心度与会计稳健性［J］．会计研究，2018（9）：39－46.

[49] 刘斌，黄坤，酒莉莉．独立董事连锁能够提高会计信息可比性吗？［J］．会计研究，2019（4）：36－42.

[50] 刘春，李善民，孙亮．独立董事具有咨询功能吗？——异地独董在异地并购中功能的经验研究［J］．管理世界，2015（3）：124－136.

[51] 刘凤朝，刘靓，马荣康．基于973计划项目资助的科研合作网络演变分析［J］．科学学与科学技术管理，2013，34（6）：14－21.

[52] 刘凤朝，马荣康，姜楠．基于“985高校”的产学研专利合作网络演化路径研究［J］．中国软科学，2011（7）：178－192.

[53] 刘凤朝，孙玉涛．我国政府科技投入对其他科技投入的效应分析［J］．研究与发展管理，2007（6）：100－107.

[54] 刘浩，唐松，楼俊．独立董事：监督还是咨询？——银行背景独立董事对企业信贷融资影响研究［J］．管理世界，2012（1）：141－156.

[55] 刘亮，罗天，曹吉鸣．基于复杂网络多尺度的科研合作模式研究方法［J］．科研管理，2019，40（1）：191－198.

[56] 罗进辉．独立董事的明星效应：基于高管薪酬-业绩敏感性的考察［J］．南开管理评论，2014，17（3）：62－73.

[57] 倪骁然，朱玉杰．劳动保护、劳动密集度与企业创新——来自2008年《劳动合同法》实施的证据［J］．管理世界，2016（7）：154－167.

[58] 潘越，潘健平，戴亦一．公司诉讼风险、司法地方保护主义与企业创新［J］．经济研究，2015，50（3）：131－145.

[59] 裴云龙，郭菊娥，江旭．产学科学知识转移网络中的桥接科学家角色分析［J］．科学学与科学技术管理，2015，36（3）：67－76.

[60] 彭俞超，倪骁然，沈吉．企业“脱实向虚”与金融市场稳定——基于股价崩盘风险的视角［J］．经济研究，2018，53（10）：50－66.

[61] 钱先航，曹廷求．钱随官走：地方官员与地区间的资金流动[J]. 经济研究，2017，52（2）：156-170.

[62] 潜伟．科学文化、科学精神与科学家精神[J]. 科学学研究，2019，37（1）：1-2.

[63] 权小锋，尹洪英．中国式卖空机制与公司创新——基于融资融券分步扩容的自然实验[J]. 管理世界，2017（1）：128-144.

[64] 尚虎平，叶杰，赵盼盼．我国科学研究中的公共财政效率：低效与浪费——来自国家自然科学基金、社会科学基金项目产出的证据[J]. 科学学研究，2012，30（10）：1476-1487.

[65] 唐松，伍旭川，祝佳．数字金融与企业技术创新——结构特征、机制识别与金融监管下的效应差异[J]. 管理世界，2020，36（5）：52-66.

[66] 唐雪松，申慧，杜军．独立董事监督中的动机——基于独立意见的经验证据[J]. 管理世界，2010（9）：138-149.

[67] 田利辉，张伟．政治关联影响我国上市公司长期绩效的三大效应[J]. 经济研究，2013，48（11）：71-86.

[68] 王刚．“看不见的手”与科学规则——科学经济学视野下的科学规范观[J]. 科学学研究，2007（5）：836-841.

[69] 王化成，张修平，高升好．企业战略影响过度投资吗？[J]. 南开管理评论，2016，19（4）：87-97.

[70] 王小鲁，樊纲，余静文．中国分省份市场化指数报告（2016）[M]. 北京：社会科学文献出版社，2017.

[71] 王竹泉，王苑琢，王舒慧．中国实体经济资金效率与财务风险真实水平透析——金融服务实体经济效率和水平不高的症结何在？[J]. 管理世界，2019，35（2）：58-73.

[72] 魏志华，曾爱民，李博．金融生态环境与企业融资约束——基于中国上市公司的实证研究[J]. 会计研究，2014（5）：73-80.

[73] 吴超鹏，唐菂．知识产权保护执法力度、技术创新与企业绩效——来自中国上市公司的证据[J]. 经济研究，2016，51（11）：125-139.

[74] 吴汉东．科技、经济、法律协调机制中的知识产权法[J]. 法学研究，2001（6）：128-148.

[75] 武立东，王振宇，薛坤坤，等．独立董事的执业身份与关联交易中的私有信息[J]. 南开管理评论，2019，22（4）：148-160.

[76] 向锐．CFO财务执行力与企业过度投资——基于董事会视角的分析 [J]. 会计研究，2015 (7)：56－62.

[77] 向锐，宋聪敏．学者型独董与公司盈余质量——基于中国上市公司的经验数据 [J]. 会计研究，2019 (7)：27－34.

[78] 肖文，林高榜．政府支持、研发管理与技术创新效率——基于中国工业行业的实证分析 [J]. 管理世界，2014 (4)：71－80.

[79] 肖兴志，王伊攀．政府补贴与企业社会资本投资决策——来自战略性新兴产业的经验证据 [J]. 中国工业经济，2014 (9)：148－160.

[80] 谢言，高山行，江旭．外部社会联系能否提升企业自主创新？——一项基于知识创造中介效应的实证研究 [J]. 科学学研究，2010，28 (5)：777－784.

[81] 谢志明，易玄．产权性质、行政背景独立董事及其履职效应研究 [J]. 会计研究，2014 (9)：60－67.

[82] 辛清泉，林斌，王彦超．政府控制、经理薪酬与资本投资 [J]. 经济研究，2007 (8)：110－122.

[83] 许年行，李哲．高管贫困经历与企业慈善捐赠 [J]. 经济研究，2016，51 (12)：133－146.

[84] 许荣，蒋庆欣，李星汉．信息不对称程度增加是否有助于投行声誉功能发挥？——基于中国创业板制度实施的证据 [J]. 金融研究，2013 (7)：166－179.

[85] 许荣，李从刚．院士（候选人）独董能促进企业创新吗——来自中国上市公司的经验证据 [J]. 经济理论与经济管理，2019 (7)：29－48.

[86] 杨华军，胡奕明．制度环境与自由现金流的过度投资 [J]. 管理世界，2007 (9)：99－106.

[87] 叶康涛，祝继高，陆正飞，等．独立董事的独立性：基于董事会投票的证据 [J]. 经济研究，2011，46 (1)：126－139.

[88] 叶青，赵良玉，刘思辰．独立董事“政商旋转门”之考察：一项基于自然实验的研究 [J]. 经济研究，2016，51 (6)：98－113.

[89] 叶祥松，刘敬．异质性研发、政府支持与中国科技创新困境 [J]. 经济研究，2018，53 (9)：116－132.

[90] 易先忠，张亚斌，刘智勇．自主创新、国外模仿与后发国知识产权保护 [J]. 世界经济，2007 (3)：31－40.

[91] 于蔚，汪淼军，金祥荣．政治关联和融资约束：信息效应与资

源效应［J］. 经济研究，2012，47（9）：125－139.

［92］余明桂，钟慧洁，范蕊．业绩考核制度可以促进央企创新吗？［J］. 经济研究，2016，51（12）：104－117.

［93］虞义华，赵奇锋，鞠晓生．发明家高管与企业创新［J］. 中国工业经济，2018（3）：136－154.

［94］袁建国，后青松，程晨．企业政治资源的诅咒效应——基于政治关联与企业技术创新的考察［J］. 管理世界，2015（1）：139－155.

［95］约翰·梅纳德·凯恩斯．就业、利息和货币通论［M］. 北京：商务印书馆，2009.

［96］约瑟夫·熊彼特．资本主义、社会主义和民主主义［M］. 北京：商务印书馆，1979.

［97］岳增慧，许海云，方曙．基于个体行为的科研合作网络知识扩散建模研究［J］. 情报学报，2015，34（8）：819－832.

［98］张斌，王跃堂．业务复杂度、独立董事行业专长与股价同步性［J］. 会计研究，2014（7）：36－42.

［99］张峰，黄玖立，王睿．政府管制、非正规部门与企业创新：来自制造业的实证依据［J］. 管理世界，2016（2）：95－111.

［100］张杰，陈志远，杨连星，等．中国创新补贴政策的绩效评估：理论与证据［J］. 经济研究，2015，50（10）：4－17.

［101］张劲帆，李汉涯，何晖．企业上市与企业创新——基于中国企业专利申请的研究［J］. 金融研究，2017（5）：160－175.

［102］张鹏飞，董晓东．技术创新失败挽救中“核心科学家”的行为、特征及管理启示［J］. 中国科技论坛，2020（2）：122－132.

［103］张庆芝，杨雅程，赵天翊，等．科学家参与、知识转移与基于科学的企业持续创新［J］. 科学学研究，2019，37（11）：2082－2091.

［104］张璇，刘贝贝，汪婷，等．信贷寻租、融资约束与企业创新［J］. 经济研究，2017，52（5）：161－174.

［105］张学文．开放科学视角下的产学研协同创新——制度逻辑、契约治理与社会福利［J］. 科学学研究，2013，31（4）：617－622.

［106］张艺，陈凯华，朱桂龙．中国科学院产学研合作网络特征与影响［J］. 科学学研究，2016，34（3）：404－417.

［107］章元，程郁，佘国满．政府补贴能否促进高新技术企业的自主创新？——来自中关村的证据［J］. 金融研究，2018（10）：123－140.

［108］李兰，张泰，等．新常态下的企业创新：现状、问题与对

策——2015·中国企业家成长与发展专题调查报告［J］. 管理世界，2015（6）：22-33.

［109］钟腾，汪昌云. 金融发展与企业创新产出——基于不同融资模式对比视角［J］. 金融研究，2017（12）：127-142.

［110］周楷唐，麻志明，吴联生. 高管学术经历与公司债务融资成本［J］. 经济研究，2017，52（7）：169-183.

［111］朱沆，Eric Kushins，周影辉. 社会情感财富抑制了中国家族企业的创新投入吗？［J］. 管理世界，2016（3）：99-114.

［112］朱丽，柳卸林，刘超，等. 高管社会资本、企业网络位置和创新能力——"声望"和"权力"的中介［J］. 科学学与科学技术管理，2017，38（6）：94-109.

［113］朱雪忠，詹映，蒋逊明. 技术标准下的专利池对我国自主创新的影响研究［J］. 科研管理，2007（2）：180-186.

［114］庄毓敏，储青青，马勇. 金融发展、企业创新与经济增长［J］. 金融研究，2020（4）：11-30.

［115］Aboody D，Lev B. Information Asymmetry，R&D，and Insider Gains［J］. *The Journal of Finance*，2000，55（6）：2747-2766.

［116］Acemoglu D. Reward Structures and the Allocation of Talent［J］. *European Economic Review*，1995，39（1）：17-33.

［117］Acemoglu D，Akcigit U，Kerr W R. Innovation Network［C］. Proceedings of the National Academy of Sciences，2016，113（41）：11483-11488.

［118］Acharya V，Xu Z. Financial Dependence and Innovation：The Case of Public Versus Private Firms［J］. *Journal of Financial Economics*，2017，124（2）：223-243.

［119］Adams R B，Hermalin B E，Weisbach M S. The Role of Boards of Directors in Corporate Governance：A Conceptual Framework and Survey［J］. *Journal of Economic Literature*，2010，48（1）：58-107.

［120］Aggarwal R K，Samwick A A. Empire-Builders and Shirkers：Investment，Firm Performance，and Managerial Incentives［J］. *Journal of Corporate Finance*，2006，12（3）：489-515.

［121］Aghion P，Akcigit U，Hyytinen A，et al. On the Returns to Invention within Firms：Evidence from Finland［C］. AEA Papers and

Proceedings，2018.

[122] Aghion P，Jaravel X. Knowledge Spillovers，Innovation and Growth [J]. *The Economic Journal*，2015，125 (583)：533 - 573.

[123] Aghion P，Van Reenen J，Zingales L. Innovation and Institutional Ownership [J]. *American Economic Review*，2013，103 (1)：277 - 304.

[124] Agrawal A，McHale J，Oettl A. How Stars Matter：Recruiting and Peer Effects in Evolutionary Biology [J]. *Research Policy*，2017，46 (4)：853 - 867.

[125] Akcigit U，Baslandze S，Stantcheva S. Taxation and the International Mobility of Inventors [J]. *American Economic Review*，2016，106 (10)：2930 - 2981.

[126] Ali A，Gittelman M. Research Paradigms and Useful Inventions in Medicine：Patents and Licensing by Teams of Clinical and Basic Scientists in Academic Medical Centers [J]. *Research Policy*，2016，45 (8)：1499 - 1511.

[127] Almeida P，Hohberger J，Parada P. Individual Scientific Collaborations and Firm-Level Innovation [J]. *Industrial and Corporate Change*，2011，20 (6)：1571 - 1599.

[128] Antonelli C. The New Economics of the University：A Knowledge Governance Approach [J]. *The Journal of Technology Transfer*，2008，33 (1)：1 - 22.

[129] Arrow K. Economic Welfare and the Allocation of Resources for Invention. In Universities-National Bureau Committee for Economic and Council (ed.). *The Rate and Direction of Inventive Activity*：*Economic and Social Factors* [M]. Princeton University Press，1962.

[130] Atanassov J. Do Hostile Takeovers Stifle Innovation? Evidence from Antitakeover Legislation and Corporate Patenting [J]. *The Journal of Finance*，2013，68 (3)：1097 - 1131.

[131] Atanassov J. Arm's Length Financing and Innovation：Evidence from Publicly Traded Firms [J]. *Management Science*，2016，62 (1)：128 - 155.

[132] Azoulay P，Graff Zivin J S，Wang J. Superstar Extinction [J]. *The Quarterly Journal of Economics*，2010，125 (2)：549 - 589.

[133] Azoulay P, Stuart T, Wang Y. Matthew: Effect or Fable? [J]. *Management Science*, 2014, 60 (1): 92-109.

[134] Baba Y, Shichijo N, Sedita S R. How Do Collaborations with Universities Affect Firms' Innovative Performance? The Role of "Pasteur Scientists" in the Advanced Materials Field [J]. *Research Policy*, 2009, 38 (5): 756-764.

[135] Balsmeier B, Fleming L, Manso G. Independent Boards and Innovation [J]. *Journal of Financial Economics*, 2017, 123 (3): 536-557.

[136] Barabási A, Albert R. Emergence of Scaling in Random Networks [J]. *Science*, 1999, 286 (5439): 509-512.

[137] Barasa L, Knoben J, Vermeulen P, et al. Institutions, Resources and Innovation in East Africa: A Firm Level Approach [J]. *Research Policy*, 2017, 46 (1): 280-291.

[138] Baron R M, Kenny D A. The Moderator-Mediator Variable Distinction in Social Psychological Research: Conceptual, Strategic, and Statistical Considerations [J]. *Journal of Personality and Social Psychology*, 1986, 51 (6): 1173.

[139] Beck T, Levine R, Levkov A. Big Bad Banks? The Winners and Losers from Bank Deregulation in the United States [J]. *The Journal of Finance*, 2010, 65 (5): 1637-1667.

[140] Bennouri M, Chtioui T, Nagati H, et al. Female Board Directorship and Firm Performance: What Really Matters? [J]. *Journal of Banking & Finance*, 2018, 88: 267-291.

[141] Bentley K A, Omer T C, Sharp N Y. Business Strategy, Financial Reporting Irregularities, and Audit Effort [J]. *Contemporary Accounting Research*, 2013, 30 (2): 780-817.

[142] Bérubé C, Mohnen P. Are Firms that Receive R&D Subsidies More Innovative? [J]. *Canadian Journal of Economics/Revue Canadienne D'économique*, 2009, 42 (1): 206-225.

[143] Biddle G C, Hilary G. Accounting Quality and Firm-Level Capital Investment[J]. *Accounting Review*, 2006, 81(5): 963-982.

[144] Bloom N, Griffith R, Van Reenen J. Do R&D Tax Credits Work? Evidence From a Panel of Countries 1979-1997 [J]. *Journal of*

Public Economics, 2002, 85 (1): 1-31.

[145] Bol T, de Vaan M, van de Rijt A. The Matthew Effect in Science Funding [C]. Proceedings of the National Academy of Sciences, 2018, 115 (19): 4887-4890.

[146] Bouabid H. Revisiting Citation Aging: A Model for Citation Distribution and Life-Cycle Prediction [J]. *Scientometrics*, 2011, 88 (1): 199-211.

[147] Brandt L, Van Biesebroeck J, Zhang Y. Creative Accounting or Creative Destruction? Firm-Level Productivity Growth in Chinese Manufacturing [J]. *Journal of Development Economics*, 2012, 97 (2): 339-351.

[148] Bronzini R, Piselli P. The Impact of R&D Subsidies on Firm Innovation [J]. *Research Policy*, 2016, 45 (2): 442-457.

[149] Burgess R, Jedwab R, Miguel E, et al. The Value of Democracy: Evidence from Road Building in Kenya [J]. *American Economic Review*, 2015, 105 (6): 1817-1851.

[150] Call M L, Nyberg A J, Thatcher S. Stargazing: An Integrative Conceptual Review, Theoretical Reconciliation, and Extension for Star Employee Research [J]. *Journal of Applied Psychology*, 2015, 100 (3): 623.

[151] Campbell E M, Liao H, Chuang A, et al. Hot Shots and Cool Reception? An Expanded View of Social Consequences for High Performers [J]. *Journal of Applied Psychology*, 2017, 102 (5): 845.

[152] Chan L H, Chen K C, Chen T, et al. The Effects of Firm-Initiated Clawback Provisions on Earnings Quality and Auditor Behavior [J]. *Journal of Accounting and Economics*, 2012, 54 (2-3): 180-196.

[153] Chang X, Fu K, Low A, et al. Non-Executive Employee Stock Options and Corporate Innovation [J]. *Journal of Financial Economics*, 2015, 115 (1): 168-188.

[154] Chen F, Hope O, Li Q, et al. Financial Reporting Quality and Investment Efficiency of Private Firms in Emerging Markets [J]. *Accounting Review*, 2011, 86 (4): 1255-1288.

[155] Chen J, Garel A, Tourani-Rad A. The Value of Academics: Evidence From Academic Independent Director Resignations in China [J].

Journal of Corporate Finance, 2019 (58): 393 - 414.

[156] Chen S, Sun Z, Tang S, et al. Government Intervention and Investment Efficiency: Evidence from China [J]. *Journal of Corporate Finance*, 2011, 17 (2): 259 - 271.

[157] Chen X, Chen C C. On the Intricacies of the Chinese Guanxi: A Process Model of Guanxi Development [J]. *Asia Pacific Journal of Management*, 2004, 21 (3): 305 - 324.

[158] Chen Z, Liu Z, Serrato J C S, et al. Notching R&D Investment with Corporate Income Tax Cuts in China [R]. National Bureau of Economic Research, 2018.

[159] Chiu T T, Kim J B, Wang Z. Customers' Risk Factor Disclosures and Suppliers' Investment Efficiency [J]. *Contemporary Accounting Research*, 2019, 36 (2): 773 - 804.

[160] Cho C H, Jung J H, Kwak B, et al. Professors on the Board: Do They Contribute to Society Outside the Classroom? [J]. *Journal of Business Ethics*, 2017, 141 (2): 393 - 409.

[161] Choi J K, Hann R N, Subasi M, et al. An Empirical Analysis of Analysts' Capital Expenditure Forecasts: Evidence from Corporate Investment Efficiency [J]. *Contemporary Accounting Research*, 2020, 37 (4): 2615 - 2648.

[162] Cohen J R, Hoitash U, Krishnamoorthy G, et al. The Effect of Audit Committee Industry Expertise on Monitoring the Financial Reporting Process [J]. *Accounting Review*, forthcoming, 2013.

[163] Cohen L, Frazzini A, Malloy C. The Small World of Investing: Board Connections and Mutual Fund Returns [J]. *Journal of Political Economy*, 2008, 116 (5): 951 - 979.

[164] Cohen L, Malloy C J. Friends in High Places [J]. *American Economic Journal: Economic Policy*, 2014, 6 (3): 63 - 91.

[165] Cohen W M, Sauermann H, Stephan P. Not in the Job Description: The Commercial Activities of Academic Scientists and Engineers [J]. *Management Science*, 2020, 66 (9): 4108 - 4117.

[166] Cole S, Cole J R. Visibility and the Structural Bases of Awareness of Scientific Research [J]. *American Sociological Review*, 1968: 397 - 413.

[167] Crespi G, D Este P, Fontana R, et al. The Impact of Academic Patenting on University Research and Its Transfer [J]. *Research Policy*, 2011, 40 (1): 55-68.

[168] Crissman L W. The Segmentary Structure of Urban Overseas Chinese Communities [J]. *Management*, 1967, 2 (2): 185-204.

[169] Czarnitzki D, Hottenrott H, Thorwarth S. Industrial Research Versus Development Investment: The Implications of Financial Constraints [J]. *Cambridge Journal of Economics*, 2011, 35 (3): 527-544.

[170] Dahlander L, Gann D M. How Open Is Innovation? [J]. *Research Policy*, 2010, 39 (6): 699-709.

[171] Dass N, Kini O, Nanda V, et al. Board Expertise: Do Directors From Related Industries Help Bridge the Information Gap? [J]. *Review of Financial Studies*, 2014, 27 (5): 1533-1592.

[172] Denis D J, Denis D K, Walker M D. CEO Assessment and the Structure of Newly Formed Boards [J]. *Review of Financial Studies*, 2015, 28 (12): 3338-3366.

[173] Ding W W, Levin S G, Stephan P E, et al. The Impact of Information Technology on Academic Scientists' Productivity and Collaboration Patterns [J]. *Management Science*, 2010, 56 (9): 1439-1461.

[174] Drobetz W, Von Meyerinck F, Oesch D, et al. Industry Expert Directors [J]. *Journal of Banking & Finance*, 2018 (92): 195-215.

[175] Durante R, Labartino G, Perotti R. Academic Dynasties: Decentralization and Familism in the Italian Academia [R]. National Bureau of Economic Research, 2011.

[176] Egorov G, Sonin K. Dictators and Their Viziers: Endogenizing the Loyalty-Competence Trade-Off [J]. *Journal of the European Economic Association*, 2011, 9 (5): 903-930.

[177] Etzkowitz H, Leydesdorff L. The Dynamics of Innovation: From National Systems and "Mode 2" to a Triple Helix of University-Industry-Government Relations [J]. *Research Policy*, 2000, 29 (2): 109-123.

[178] Faccio M. Politically Connected Firms [J]. *American Economic Review*, 2006, 96 (1): 369-386.

[179] Faleye O, Hoitash R, Hoitash U. Industry Expertise on Cor-

porate Boards [J]. *Review of Quantitative Finance and Accounting*, 2018, 50 (2): 441-479.

[180] Fama E F, Jensen M C. Separation of Ownership and Control [J]. *The Journal of Law and Economics*, 1983, 26 (2): 301-325.

[181] Faraj S, Jarvenpaa S L, Majchrzak A. Knowledge Collaboration in Online Communities [J]. *Organization Science*, 2011, 22 (5): 1224-1239.

[182] Fedaseyeu V, Linck J S, Wagner H F. Do Qualifications Matter? New Evidence on Board Functions and Director Compensation [J]. *Journal of Corporate Finance*, 2018 (48): 816-839.

[183] Felps W, Mitchell T R, Hekman D R, et al. Turnover Contagion: How Coworkers' Job Embeddedness and Job Search Behaviors Influence Quitting [J]. *Academy of Management Journal*, 2009, 52 (3): 545-561.

[184] Festinger L. A Theory of Social Comparison Processes [J]. *Human Relations*, 1954, 7 (2): 117-140.

[185] Fich E M, Shivdasani A. Are Busy Boards Effective Monitors? [J]. *Journal of Finance*, 2006: 689-724.

[186] Fisman R, Shi J, Wang Y, et al. Social Ties and Favoritism in Chinese Science [J]. *Journal of Political Economy*, 2018, 126 (3): 1134-1171.

[187] Francis B, Hasan I, Wu Q. Professors in the Boardroom and Their Impact on Corporate Governance and Firm Performance [J]. *Financial Management*, 2015, 44 (3): 547-581.

[188] Franzoni C, Scellato G, Stephan P. The Mover's Advantage: The Superior Performance of Migrant Scientists [J]. *Economics Letters*, 2014, 122 (1): 89-93.

[189] Freedman M. Immigrants and Associations: Chinese in Nineteenth-Century Singapore [J]. *Comparative Studies in Society and History*, 1960, 3 (1): 25-48.

[190] Furukawa R, Goto A. The Role of Corporate Scientists in Innovation [J]. *Research Policy*, 2006, 35 (1): 24-36.

[191] Gao S, Xu K, Yang J. Managerial Ties, Absorptive Capacity, and Innovation [J]. *Asia Pacific Journal of Management*, 2008, 25 (3): 395-412.

[192] Garrett Jones S. From Citadels to Clusters: The Evolution of Regional Innovation Policies in Australia [J]. *R&D Management*, 2004, 34 (1): 3-16.

[193] Geroski P A. Procurement Policy as a Tool of Industrial Policy [J]. *International Review of Applied Economics*, 1990, 4 (2): 182-198.

[194] Gersbach H, Schneider M T. On the Global Supply of Basic Research [J]. *Journal of Monetary Economics*, 2015 (75): 123-137.

[195] Giannetti M, Liao G, Yu X. The Brain Gain of Corporate Boards: Evidence From China [J]. *The Journal of Finance*, 2015, 70 (4): 1629-1682.

[196] Gittelman M, Kogut B. Does Good Science Lead to Valuable Knowledge? Biotechnology Firms and the Evolutionary Logic of Citation Patterns [J]. *Management Science*, 2003, 49 (4): 366-382.

[197] Golosovsky M, Solomon S. The Transition Towards Immortality: Non-Linear Autocatalytic Growth of Citations to Scientific Papers [J]. *Journal of Statistical Physics*, 2013, 151 (1): 340-354.

[198] González X, Pazó C. Do Public Subsidies Stimulate Private R&D Spending? [J]. *Research Policy*, 2008, 37 (3): 371-389.

[199] Grigoriou K, Rothaermel F T. Structural Microfoundations of Innovation: The Role of Relational Stars [J]. *Journal of Management*, 2014, 40 (2): 586-615.

[200] Guiso L. High-Tech Firms and Credit Rationing [J]. *Journal of Economic Behavior & Organization*, 1998, 35 (1): 39-59.

[201] Hall B H, Moncada-Paternò-Castello P, Montresor S, et al. Financing Constraints, R&D Investments and Innovative Performances: New Empirical Evidence at the Firm Level for Europe [J]. *Technology*, 2015, 25 (3): 183-196.

[202] Hayter C S, Rasmussen E, Rooksby J H. Beyond Formal University Technology Transfer: Innovative Pathways for Knowledge Exchange [J]. *The Journal of Technology Transfer*, 2020, 45 (1): 1-8.

[203] He J, Tian X. Finance and Corporate Innovation: A Survey [J]. *Asia-Pacific Journal of Financial Studies*, 2018, 47 (2): 165-212.

[204] Hess A M, Rothaermel F T. When Are Assets Complementary? Star Scientists, Strategic Alliances, and Innovation in the Pharmaceutical

Industry [J]. *Strategic Management Journal*, 2011, 32 (8): 895-909.

[205] Higgins M J, Stephan P E, Thursby J G. Conveying Quality and Value in Emerging Industries: Star Scientists and the Role of Signals in Biotechnology [J]. *Research Policy*, 2011, 40 (4): 605-617.

[206] Hirsch J E. An Index to Quantify an Individual's Scientific Research Output [C]. Proceedings of the National Academy of Sciences, 2005, 102 (46): 16569-16572.

[207] Hirshleifer D, Low A, Teoh S H. Are Overconfident CEOs Better Innovators? [J]. *The Journal of Finance*, 2012, 67 (4): 1457-1498.

[208] Hohberger J. Does It Pay to Stand on the Shoulders of Giants? An Analysis of the Inventions of Star Inventors in the Biotechnology Sector [J]. *Research Policy*, 2016, 45 (3): 682-698.

[209] Holmstrom B. Agency Costs and Innovation [J]. *Journal of Economic Behavior & Organization*, 1989, 12 (3): 305-327.

[210] Howell S T. Financing Innovation: Evidence From R&D Grants [J]. *American Economic Review*, 2017, 107 (4): 1136-1164.

[211] Hsieh C, Klenow P J. Misallocation and Manufacturing TFP in China and India [J]. *The Quarterly Journal of Economics*, 2009, 124 (4): 1403-1448.

[212] Hsu D H. What Do Entrepreneurs Pay for Venture Capital Affiliation? [J]. *The Journal of Finance*, 2004, 59 (4): 1805-1844.

[213] Hu R, Karim K, Lin K J, et al. Do Investors Want Politically Connected Independent Directors? Evidence from Their Forced Resignations in China [J]. *Journal of Corporate Finance*, 2020 (61): 101421.

[214] Huang K G, Murray F E. Does Patent Strategy Shape the Long-Run Supply of Public Knowledge? Evidence From Human Genetics [J]. *Academy of Management Journal*, 2009, 52 (6): 1193-1221.

[215] Huckman R S, Pisano G P. The Firm Specificity of Individual Performance: Evidence From Cardiac Surgery [J]. *Management Science*, 2006, 52 (4): 473-488.

[216] Jaffe A B. Real Effects of Academic Research [J]. *American Economic Review*, 1989: 957-970.

[217] Jensen M C. Agency Costs of Free Cash Flow, Corporate Finance, and Takeovers [J]. *American Economic Review*, 1986, 76

(2): 323-329.

[218] Jia J, Ma G. Do R&D Tax Incentives Work? Firm-Level Evidence from China [J]. *China Economic Review*, 2017 (46): 50-66.

[219] Jia R, Kudamatsu M, Seim D. Political Selection in China: The Complementary Roles of Connections and Performance [J]. *Journal of the European Economic Association*, 2015, 13 (4): 631-668.

[220] Kafouros M, Wang C, Piperopoulos P, et al. Academic Collaborations and Firm Innovation Performance in China: The Role of Region-Specific Institutions [J]. *Research Policy*, 2015, 44 (3): 803-817.

[221] Kandel E, Lazear E P. Peer Pressure and Partnerships [J]. *Journal of Political Economy*, 1992, 100 (4): 801-817.

[222] Kang S, Kim E H, Lu Y. Does Independent Directors' CEO Experience Matter? [J]. *Review of Finance*, 2018, 22 (3): 905-949.

[223] Ke R, Li M, Zhang Y. Directors' Informational Role in Corporate Voluntary Disclosure: An Analysis of Directors from Related Industries [J]. *Contemporary Accounting Research*, 2020, 37 (1): 392-418.

[224] Kehoe R R, Lepak D P, Bentley F S. Let's Call a Star a Star: Task Performance, External Status, and Exceptional Contributors in Organizations [J]. *Journal of Management*, 2018, 44 (5): 1848-1872.

[225] Kehoe R R, Tzabbar D. Lighting the Way or Stealing the Shine? An Examination of the Duality in Star Scientists' Effects on Firm Innovative Performance [J]. *Strategic Management Journal*, 2015, 36 (5): 709-727.

[226] Kerri J N, Ayabe T, Bhowmick P K, et al. Studying Voluntary Associations as Adaptive Mechanisms: A Review of Anthropological Perspectives [and Comments and Reply][J]. *Current Anthropology*, 1976, 17 (1): 23-47.

[227] Khandelwal A K, Schott P K, Wei S. Trade Liberalization and Embedded Institutional Reform: Evidence from Chinese Exporters [J]. *American Economic Review*, 2013, 103 (6): 2169-2195.

[228] Kim E H, Morse A, Zingales L. Are Elite Universities Losing Their Competitive Edge? [J]. *Journal of Financial Economics*, 2009, 93 (3): 353-381.

[229] Lach S. Do R&D Subsidies Stimulate or Displace Private

R&D? Evidence from Israel [J]. *The Journal of Industrial Economics*, 2002, 50 (4): 369 - 390.

[230] Lara-Cabrera R, Cotta C, Fernández-Leiva A J. An Analysis of the Structure and Evolution of the Scientific Collaboration Network of Computer Intelligence in Games [J]. *Physica a: Statistical Mechanics and Its Applications*, 2014 (395): 523 - 536.

[231] Lel U, Miller D. The Labor Market for Directors and Externalities in Corporate Governance: Evidence from the International Labor Market[J]. *Journal of Accounting and Economics*, 2019, 68 (1): 101222.

[232] Leonard T C. Reflection on Rules in Science: An Invisible-Hand Perspective [J]. *Journal of Economic Methodology*, 2002, 9 (2): 141 - 168.

[233] Li D. Expertise Versus Bias in Evaluation: Evidence From the NIH [J]. *American Economic Journal: Applied Economics*, 2017, 9 (2): 60 - 92.

[234] Li L. Performing Bribery in China: Guanxi-Practice, Corruption with a Human Face [J]. *Journal of Contemporary China*, 2011, 20 (68): 1 - 20.

[235] Li L, Chen J, Gao H, et al. The Certification Effect of Government R&D Subsidies on Innovative Entrepreneurial Firms' Access to Bank Finance: Evidence from China [J]. *Small Business Economics*, 2019, 52 (1) .

[236] Li W, Krause R, Qin X, et al. Under the Microscope: A Experimental Look at Board Transparency and Director Monitoring Behavior [J]. *Strategic Management Journal*, 2018, 39 (4): 1216 - 1236.

[237] Lin M, Li N. Scale-Free Network Provides an Optimal Pattern for Knowledge Transfer [J]. *Physica a: Statistical Mechanics and Its Applications*, 2010 (389): 473 - 480.

[238] Liu T, Mao Y, Tian X. The Role of Human Capital: Evidence From Patent Generation [C]. Kelley School of Business Research Paper, 2017 (16 - 17) .

[239] Manso G. Motivating Innovation [J]. *The Journal of Finance*, 2011, 66 (5): 1823 - 1860.

[240] Mas A, Moretti E. Peers at Work [J]. *American Economic Review*, 2009, 99 (1): 112 - 145.

[241] Masulis R W, Zhang E J. How Valuable Are Independent Directors? Evidence from External Distractions [J]. *Journal of Financial Economics*, 2019, 132 (3): 226 - 256.

[242] Merton R K. The Matthew Effect in Science: The Reward and Communication Systems of Science Are Considered [J]. *Science*, 1968, 159 (3810): 56 - 63.

[243] Meyer M. Are Patenting Scientists the Better Scholars?: An Exploratory Comparison of Inventor-Authors with Their Non-Inventing Peers in Nano-Science and Technology [J]. *Research Policy*, 2006, 35 (10): 1646 - 1662.

[244] Michael S C, Pearce J A. The Need for Innovation as a Rationale for Government Involvement in Entrepreneurship [J]. *Entrepreneurship and Regional Development*, 2009, 21 (3): 285 - 302.

[245] Mishkin F S. *The Economics of Money, Banking, and Financial Markets* [M]. Pearson Education, 2007.

[246] Moll-Murata C. Chinese Guilds from the Seventeenth to the Twentieth Centuries: An Overview [J]. *International Review of Social History*, 2008, 53 (S16): 213 - 247.

[247] Murphy K M, Shleifer A, Vishny R W. The Allocation of Talent: Implications for Growth [J]. *The Quarterly Journal of Economics*, 1991, 106 (2): 503 - 530.

[248] Murray F. Innovation as Co-Evolution of Scientific and Technological Networks: Exploring Tissue Engineering [J]. *Research Policy*, 2002, 31 (8 - 9): 1389 - 1403.

[249] Murray F, Stern S. Do Formal Intellectual Property Rights Hinder the Free Flow of Scientific Knowledge?: An Empirical Test of the Anti-Commons Hypothesis [J]. *Journal of Economic Behavior & Organization*, 2007, 63 (4): 648 - 687.

[250] Nahata R. Venture Capital Reputation and Investment Performance [J]. *Journal of Financial Economics*, 2008, 90 (2): 127 - 151.

[251] Nanda V, Onal B. Incentive Contracting When Boards Have Related Industry Expertise [J]. *Journal of Corporate Finance*, 2016 (41): 1 - 22.

[252] Nelson R R. The Simple Economics of Basic Scientific

Research [J]. *Journal of Political Economy*, 1959, 67 (3): 297 – 306.

[253] Newman M E. Clustering and Preferential Attachment in Growing Networks [J]. *Physical Review E*, 2001, 64 (2): 25102.

[254] Ni X. China's Research & Development Spend [J]. *Nature*, 2015, 520 (7549): S8 – S9.

[255] Oettl A. Reconceptualizing Stars: Scientist Helpfulness and Peer Performance [J]. *Management Science*, 2012, 58 (6): 1122 – 1140.

[256] Oldroyd J B, Morris S S. Catching Falling Stars: A Human Resource Response to Social Capital's Detrimental Effect of Information Overload on Star Employees [J]. *Academy of Management Review*, 2012, 37 (3): 396 – 418.

[257] Palomeras N, Melero E. Markets for Inventors: Learning-By-Hiring as a Driver of Mobility [J]. *Management Science*, 2010, 56 (5): 881 – 895.

[258] Parsons C A, Sulaeman J, Yates M C, et al. Strike Three: Discrimination, Incentives, and Evaluation [J]. *American Economic Review*, 2011, 101 (4): 1410 – 1435.

[259] Paruchuri S. Intraorganizational Networks, Interorganizational Networks, and the Impact of Central Inventors: A Longitudinal Study of Pharmaceutical Firms [J]. *Organization Science*, 2010, 21 (1): 63 – 80.

[260] Perkmann M, Tartari V, McKelvey M, et al. Academic Engagement and Commercialisation: A Review of the Literature on University-Industry Relations [J]. *Research Policy*, 2013, 42 (2): 423 – 442.

[261] Petersen A M, Fortunato S, Pan R K, et al. Reputation and Impact in Academic Careers [C]. Proceedings of the National Academy of Sciences, 2014, 111 (43): 15316 – 15321.

[262] Prettner K, Werner K. Why It Pays off to Pay Us Well: The Impact of Basic Research on Economic Growth and Welfare [J]. *Research Policy*, 2016, 45 (5): 1075 – 1090.

[263] Redner S. Citation Statistics from 110 Years of Physical Review [C]. ArXiv Preprint Physics/0506056, 2005.

[264] Richardson S. Over-Investment of Free Cash Flow [J]. *Review of Accounting Studies*, 2006, 11 (2 – 3): 159 – 189.

[265] Romer P M. Increasing Returns and Long-Run Growth [J]. *Journal of Political Economy*, 1986, 94 (5): 1002-1037.

[266] Rosen S. The Economics of Superstars [J]. *American Economic Review*, 1981, 71 (5): 845-858.

[267] Scellato G, Franzoni C, Stephan P. Migrant Scientists and International Networks [J]. *Research Policy*, 2015, 44 (1): 108-120.

[268] Schiffauerova A, Beaudry C. Star Scientists and Their Positions in the Canadian Biotechnology Network [J]. *Economics of Innovation and New Technology*, 2011, 20 (4): 343-366.

[269] Schiller D, Diez J R. Local Embeddedness of Knowledge Spillover Agents: Empirical Evidence from German Star Scientists [J]. *Papers in Regional Science*, 2010, 89 (2): 275-294.

[270] Shi Y, Rao Y. China's Research Culture [Z]. American Association for the Advancement of Science, 2010.

[271] Siegel J. Contingent Political Capital and International Alliances: Evidence From South Korea [J]. *Administrative Science Quarterly*, 2007, 52 (4): 621-666.

[272] Sila V, Gonzalez A, Hagendorff J. Independent Director Reputation Incentives and Stock Price Informativeness [J]. *Journal of Corporate Finance*, 2017 (47): 219-235.

[273] Singh J, Agrawal A. Recruiting for Ideas: How Firms Exploit the Prior Inventions of New Hires [J]. *Management Science*, 2011, 57 (1): 129-150.

[274] Slavova K, Fosfuri A, De Castro J O. Learning by Hiring: The Effects of Scientists' Inbound Mobility on Research Performance in Academia [J]. *Organization Science*, 2016, 27 (1): 72-89.

[275] Song J, Almeida P, Wu G. Learning-by-Hiring: When Is Mobility More Likely to Facilitate Interfirm Knowledge Transfer? [J]. *Management Science*, 2003, 49 (4): 351-365.

[276] Srinidhi B, Gul F A, Tsui J. Female Directors and Earnings Quality [J]. *Contemporary Accounting Research*, 2011, 28 (5): 1610-1644.

[277] Stephan P E. The Economics of Science [J]. *Journal of Economic Literature*, 1996, 34 (3): 1199-1235.

[278] Stephan P. *How Economics Shapes Science* [M]. Harvard

University Press, 2012.

[279] Subramanian A M, Lim K, Soh P. When Birds of a Feather Don't Flock Together: Different Scientists and the Roles They Play in Biotech R&D Alliances [J]. *Research Policy*, 2013, 42 (3): 595-612.

[280] Sun X, Li H, Ghosal V. Firm-Level Human Capital and Innovation: Evidence From China [R]. CESifo, 2017.

[281] Tartari V, Perkmann M, Salter A. In Good Company: The Influence of Peers on Industry Engagement by Academic Scientists [J]. *Research Policy*, 2014, 43 (7): 1189-1203.

[282] Teece D J. Profiting from Technological Innovation: Implications for Integration, Collaboration, Licensing and Public Policy [J]. *Research Policy*, 1986, 15 (6): 285-305.

[283] Tichy N M, Tushman M L, Fombrun C. Social Network Analysis for Organizations [J]. *Academy of Management Review*, 1979, 4 (4): 507-519.

[284] Tomassini M, Luthi L. Empirical Analysis of the Evolution of a Scientific Collaboration Network [J]. *Physica a: Statistical Mechanics and Its Applications*, 2007, 385 (2): 750-764.

[285] Tzabbar D. When Does Scientist Recruitment Affect Technological Repositioning? [J]. *Academy of Management Journal*, 2009, 52 (5): 873-896.

[286] Tzabbar D, Kehoe R R. Can Opportunity Emerge from Disarray? An Examination of Exploration and Exploitation Following Star Scientist Turnover [J]. *Journal of Management*, 2014, 40 (2): 449-482.

[287] Waguespack D M, Sorenson O. The Ratings Game: Asymmetry in Classification [J]. *Organization Science*, 2011, 22 (3): 541-553.

[288] Waldinger F. Peer Effects in Science: Evidence From the Dismissal of Scientists in Nazi Germany [J]. *Review of Economic Studies*, 2010, 79 (2): 838-861.

[289] Waldinger F. Bombs, Brains, and Science: The Role of Human and Physical Capital for the Creation of Scientific Knowledge [J]. *Review of Economics and Statistics*, 2016, 98 (5): 811-831.

[290] Wallsten S J. The Effects of Government-Industry R&D Programs on Private R&D: The Case of the Small Business Innovation Re-

search Program [J]. *The RAND Journal of Economics*, 2000: 82-100.

[291] Wang C, Xie F, Zhu M. Industry Expertise of Independent Directors and Board Monitoring [J]. *Journal of Financial and Quantitative Analysis*, 2015, 50 (5): 929-962.

[292] Watts D J, Strogatz S H. Collective Dynamics of "Small-World" Networks [J]. *Nature*, 1998, (393): 440-442.

[293] Weinberg B A. Geography and Innovation: Evidence From Nobel Laureate Physicists [C]. Federal Reserve Bank of Cleveland Proceedings, 2006.

[294] Wen W, Cui H, Ke Y. Directors with Foreign Experience and Corporate Tax Avoidance [J]. *Journal of Corporate Finance*, 2020 (62): 101624.

[295] Williams H L. Intellectual Property Rights and Innovation: Evidence From the Human Genome [J]. *The Journal of Political Economy*, 2010, 121 (1): 1-27.

[296] Woolthuis R K, Lankhuizen M, Gilsing V. A System Failure Framework for Innovation Policy Design [J]. *Technovation*, 2005, 25 (6): 609-619.

[297] Wu Y, Fu T Z, Chiu D M. Generalized Preferential Attachment Considering Aging [J]. *Journal of Informetrics*, 2014, 8 (3): 650-658.

[298] Young A. Gold into Base Metals: Productivity Growth in the People'S Republic of China During the Reform Period [J]. *Journal of Political Economy*, 2003, 111 (6): 1220-1261.

[299] Zhu X. Understanding China's Growth: Past, Present, and Future [J]. *Journal of Economic Perspectives*, 2012, 26 (4): 103-124.

[300] Zinovyeva N, Bagues M. The Role of Connections in Academic Promotions [J]. *American Economic Journal: Applied Economics*, 2015, 7 (2): 264-292.

[301] Zucker L G, Darby M R. Star Scientists and Institutional Transformation: Patterns of Invention and Innovation in the Formation of the Biotechnology Industry [C]. Proceedings of the National Academy of Sciences, 1996, 93 (23): 12709-12716.

[302] Zucker L G, Darby M R. Virtuous Circles in Science and Commerce [J]. *Papers in Regional Science*, 2007, 86 (3): 445-470.

［303］Zucker L G，Darby M R，Armstrong J S. Commercializing Knowledge：University Science，Knowledge Capture，and Firm Performance in Biotechnology [J]. *Management Science*，2002，48（1）：138－153.

［304］Zucker L G，Darby M R，Armstrong J S. Geographically Localized Knowledge：Spillovers or Markets? [J]. *Economic Inquiry*，1998，36（1）：65－86.

图书在版编目（CIP）数据

微观院士经济学：科学家的公司创新效应研究 / 许荣著. -- 北京：中国人民大学出版社，2022.6
国家社科基金后期资助项目
ISBN 978-7-300-30432-8

Ⅰ.①微… Ⅱ.①许… Ⅲ.①企业创新-研究②科研人员-激励制度-研究 Ⅳ.①F273.1②G316

中国版本图书馆 CIP 数据核字（2022）第 048267 号

国家社科基金后期资助项目
微观院士经济学：科学家的公司创新效应研究
许荣　著
Weiguan Yuanshi Jingjixue：Kexuejia de Gongsi Chuangxin Xiaoying Yanjiu

---

出版发行	中国人民大学出版社		
社　　址	北京中关村大街 31 号	**邮政编码**	100080
电　　话	010－62511242（总编室）		010－62511770（质管部）
	010－82501766（邮购部）		010－62514148（门市部）
	010－62515195（发行公司）		010－62515275（盗版举报）
网　　址	http://www.crup.com.cn		
经　　销	新华书店		
印　　刷	唐山玺诚印务有限公司		
开　　本	720 mm×1000 mm　1/16	**版　　次**	2022 年 6 月第 1 版
印　　张	14.25 插页 1	**印　　次**	2024 年 6 月第 2 次印刷
字　　数	245 000	**定　　价**	79.80 元